創造願景、展現實力

楊映煌　敬著

U0080040

出版緣起

　　永懷台塑企業兩位創辦人。自我進入台塑企業 40 幾年而有機會於午餐會接觸兩位創辦人有 36 年之久，而自民國 69 年開始海運籌備，71 年～73 年董座派我前往美國從事資材管理工作，74 年初回台後從事採購工作，也有 26 年之久頻繁的接觸。

　　對於王永慶創辦人的事蹟，以往學者爲王創辦人出書論述，由他人載述以個人特質及其發展企業經過之理念展現而出，而本人在研究所的論文主題，是我與王永慶創辦人長期接觸，經常聽王創辦人講述及王創辦人之手稿了解創業的理念及心路歷程，並對影響台塑企業至鉅之六輕建設，王永在創辦人如何執行之過程，與我實際親身參與之印證，並依學術理論爲根據，撰寫一篇論文主題「台塑企業經營模式與核心競爭力之研究」，經我的指導教授胡同來教授的建議，能寫成一本書，本次爲更深入給企業界社會大眾及年輕學子能更加認識及參考，而編寫這本《創造願景、展現實力－永懷經營之神、六輕總工程師》，也藉此表達我對兩位創辦人之感念。

　　自參與台北科大母校菁英會，在蔡裕慶理事長安排下，將王永慶創辦人管理公司、經營事業的企業文化，及如何成就「台塑企業」版圖，介紹給菁英會會員們參考，本書更詳盡地將各項實作精髓展現，深入著墨管理奧妙之所在。藉以此書，提供予學校出版，也回饋學校本人一點心意，及對校友及企業人士們有所助益。

楊　映煌

推薦序一

－精益求精，止於至善－

國立臺北科技大學校長・姚立德

　　國立臺北科技大學創立於民國元年，為臺灣本土第一個高等工業學府，由工業學校改制成為工專、技術學院，至今天的科技大學，走過一世紀的歲月，為臺灣工業、科技教育默默耕耘，培育無數優秀人才，臺灣上市、上櫃公司裡有超過 10%的負責人或 CEO 畢業自本校，產值約 4 兆元，占 GDP 25%；此外，中小企業老闆裡是本校校友者更不計其數。因而學校向有「企業家的搖籃」之美稱。

臺北科大前身臺北工專畢業校友已在企業界奠基,是學子學習的榜樣,本校鼓勵新一代的學子與校友能創新創業,再創造更多的優秀企業家。本校爲使創業者能有永續經營更紮實的基礎,於民國95年開辦 EMBA 專班,提供交流平台,供校友及社會大眾再進修,吸收許多公民營機構各層主管、甚至大企業的高階主管參與進修,使其理論與實作與日俱進,加之各行各業互相提供特點交流,獲益更大。因此,EMBA 班在管理學院優秀教師及優秀學員用心下,使臺北科大 EMBA 在「3000 大企業經理人 EMBA 評價調查」,最想就讀與最推薦 EMBA,本校排名已進步爲第 5 名,足見本校畢業生的優良表現,在企業界深受企業主管的肯定。誠如台塑海運公司楊映煌總經理大作《創造願景、展現實力》中提到,過去臺北工專畢業的校友不具有大學學位,以專科的資格參與主管培訓人員的招考,與大學畢業生競爭,至今台塑企業經營主管裡相當於中小企業的副總、總經理級,總數約 160 名中,臺北科大的校友就有 26 名,占 16%比率甚高,可見本校校友的水準與努力的程度,並不亞於其他大學,所以楊學長提到他也因與臺北科大校友的相處,得知臺北科大是一所踏實、實作與理論並行、國人相繼以第一志願投入的一流名校,所以楊學長毫不猶豫選擇臺北科大 EMBA 爲第一志願。

楊學長在本校 EMBA 就讀的兩年期間,上課認眞學習,在授課老師口中楊學長上課都坐在前一排,對老師講課相當敬業,認眞聆聽。但楊學長在學校階段相當低調,當其擔任班聯會會長時,本人與楊學長會面詳談,得知他是一位大企業的高層主管,其不斷進修求知,能與他的實務經驗再與理論相結合,使後續實作更有創意,令人敬佩。

後來經當時經營管理系胡同來所長推薦而進入菁英會，並安排於雙月餐會專題演講--如何「建構台塑企業核心競爭力－延伸創造海運事業的地位」，分享職場經驗與會員們交流，令人印象深刻。楊學長於 102 年獲選母校管理學院 EMBA 第一位傑出校友。

楊學長自幼家境清苦，半工半讀完成省商學業。進入台塑企業工作，一路走來與臺北工專、明志工專的學生一樣，在沒有大學學位的基礎下，不斷努力打拼。在本書自序中有詳細敘述他在工作中如何與台塑企業兩位創辦人互動及受教，而王創辦人創業過程所遇到的困境，如何克服忍耐、堅毅的精神，不斷努力以「瘦鵝理論」等待機會到來，不斷創新而茁壯起來，也因有此基礎形成企業文化，建構核心競爭力以開創石化業的願景，而造就了「六輕」。但龐大的工程要如何執行，台塑企業的發展另一創辦人王永在先生是一位重要舵手。楊學長在本書中詳盡說明兩位創辦人的默契、理念等共識，以勤儉、堅毅、努力而具有誠信的處事之道，因而建造舉世聞名的煉化一體的六輕，並表達了對兩位創辦人的永懷感念，提供青年學子及企業界參考，這是楊學長依胡教授建議撰寫本書最大的意義。

本人真心推薦大家閱讀本書，可以瞭解台塑企業兩位創辦人的創業維艱與危機處理方式，並學習經營管理之風範；本人也感佩作者楊學長的胼手胝足打拼精神，為自己創造一片天，相信對讀者助益良多。

推薦序二
－專注的力量－

台塑關係企業行政中心委員　王文潮

　　在日本文化中常可以見到「職人」、「達人」這兩個詞，它們代表著對「職業倫理」的最高禮讚，也由於對工作不停歇的熱情，被視爲是個人將工作奉爲「一生志業」的至高表現。楊映煌先生對事業的專注、奉獻與天賦，在我眼中，正是這樣一位「管理職人」，他眞誠的對待職涯中的每個角色，在自我崗位上努力不懈，無論壓力或挫折，都阻礙不了他對自我的期許。

　　楊先生在民國 60 年進入南亞纖維廠服務，2 年後再到南亞會計處、總管理處經營分析組歷練，進而升任組長，因為用心投入經營分析工作，也讓創辦人王永慶先生在午餐會中注意到楊先生。民國 69 年為因應台塑企業營運發展的需要，創辦人委以重任，交付楊先生籌備台塑海運船隊的事宜，從無到有，建立船隊及船員管理、航線規劃、成本管理…等完整制度。完成這項艱鉅任務後，再度調回總管理處負責財務組及資材管理組的運作，其間適逢台塑企業從英國 ICI 公司接管 Baton Rouge 廠，這是一次跨國企業的購併，為了因應不同的企業文化，建立有競爭優勢的企業，創辦人要求以台塑企業的管理精神來建構合理化經營模式，因此無論技術或管理均由台灣派員去協助建立基礎，當時楊先生也受命派赴美國公司建置資材管理作業，由此也開啟了我與楊先生的淵源。

　　當時我們同在台塑美國公司，跨國企業購併中，最關鍵的問題在於兩造企業文化的融合，而這與管理制度密不可分。接收當時，Baton Rouge 廠正面臨連續三年的嚴重虧損，台塑管理人員進駐後，開始導入種種追求合理化的管理制度，楊先生也在短短一年半間，就為廠內的採購作業建立連貫的制度，從「請購」端開始，連結到「採購」、「收料入庫」，到最終的「會計審核」、「財務付款」等，設計一整套電腦作業，甚至教導當地的人員操作使用。

　　民國 74 年起，楊先生奉命返國擔任採購部副理，在兩位創辦人的支持與指導下，建立起嚴防舞弊、全面電腦化、資訊透明化的採購系統，甚至讓台塑企業的採購制度成為企業管理的經典教案。採購人員

是掌管企業各項原物料、設備的第一線關卡，在許多情況下，必須具備超越常人的自持力來面對廠商的誘惑。過去採購部歷任的經理任期皆不超過 5 年，而楊先生綜理台塑企業採購作業卻長達 24 年，由此可見兩位創辦人對他的高度信任，然深究其根本，還是必須歸功於他對自我品德的高度要求。

民國 79 年，台塑企業大舉投資，在美國德州興建烯烴裂解廠及多座相關石化廠，需要大量採購石化廠各項設備，這可說是企業發展以來第一次最大規模的採購案，當時我擔任採購審核最高主管，楊先生也是第一次遇到如此重大的採購工作，所以部份採購作業程序必須隨之調整，為此，當時人在美國的王創辦人永慶先生指示，對於採購及工程發包若有不合時宜之制度，應該立即進行修改，也因此，楊先生對大型設備採購有了更進一步的經驗，在處理方面也更加謹慎周延，也可說是為後來的六輕工程預作準備。

民國 84 年，王創辦人永在先生親自踏上六輕建廠工程的第一線，楊先生配合創辦人的腳步，充分發揮在美國期間所累積的經驗與實力，為六輕建廠工程品質與進度取得最具競爭力的建造成本，尤其在本書中提到如麥寮電廠的設備採購，更在楊先生的帶領下，以市場機制由多家國際廠商互相比價，經過多次議價協調，取得最有競爭力的建造成本。

另外，當時我負責煉油廠的建造工程，六輕各廠設備安裝、電儀配線、原料輸送之配管、鋼構管架以及保溫基設等，均採整廠工程統包模式，由有設計及施工能力的國際廠商統一規劃承作，可大幅減少

工程發包工作量，以及因多家競價而達到有利的建廠成本。當時煉油廠統包工程，首先以 RCC（重油媒裂工場）、ARDS（重油加氫脫硫製程）進行統包詢價，由於原大型統包廠商如「三星」、「太林」及「中鼎」同時在進行其他工程，為了確保工期，促進廠商公平競爭，發包中心引進其他外商，並開發了多家國內廠商參與競標，經過來回多次議價，該等廠商陸續降低報價，最大降幅達到 35%，由此為企業創造出有利的建造成本。

回想 20 年前六輕建廠過程，台塑企業背負數千億元的資金和利息壓力，建廠工程只能往前沒有退路，更不容許絲毫耽擱。其間若有工程遭遇問題，原廠商無法繼續施作就必須進行改包，而改包必須針對新舊廠商的工程進度協調付款、罰款、工程進度及物料清點交接等事宜，其中所牽涉的問題相當複雜，難度亦高。楊先生配合六輕總工程師王創辦人永在先生的指揮，擔任戰線的後勤補給，穩健且迅速進行各項設備機具採購及工程發包的重要工作，並且對於前線所遇到的各種施工問題立即蒐集資料及提供因應對策，隨時回報予總工程師，以利做出正確判斷。也就是在全企業上下一心，如火如荼、日以繼夜下，才能在一片汪洋大海上填砂造陸、築堤建港，同時建造數十座石化廠，終能完成此一跨世紀的重大工程，其間所獲取的各項經驗更是彌足珍貴。

六輕建廠告一段落後，楊先生再受命督導台塑海運及麥寮港口營運，憑藉著 20 年前籌備海運船隊的經驗，以及 20 年來在經營分析及採購部門所累積的寶貴經驗，獲得兩位創辦人的支持及信任，他精準

掌握各項原料及大宗材料物資的行情漲跌趨勢，搭配船價起落時點，做出有利的船隻買賣，也讓船隊規模由初始的 10 餘艘快速擴張到將近 70 艘；即使 2008 年金融海嘯襲擊全球航運業，在其他大型船運公司連年虧損的一片不景氣聲中，楊先生所督導的海運團隊仍然站穩腳步，5 年中僅有 1 年虧損，同時大幅提升台塑海運資產總值至 1,000 億元。

楊先生不但參與了台塑企業從中小企業邁向跨國經營的關鍵轉折，乃至於參與創建石化上中下游產業鏈高度垂直整合的六輕園區，他的種種歷練隨著企業不斷豐富，同時在長期追隨兩位創辦人之下，他也承襲其待人處事的態度：堅毅、勤儉、努力、誠信。正如所有格局遠大的管理者一樣，他從不自滿於眼前的成就，為了進一步提升決策精準度，讓實務與理論能相輔相成，在我的推薦下進入台北科技大學 EMBA 碩士班進修，並以「台塑企業之經營模式及核心競爭力」為題撰述論文，此篇論文不僅集結了楊先生畢生的管理經驗與哲學，更深入淺出的道出兩位創辦人的經營智慧，讓台塑企業的經營理念廣為流傳。

楊先生在指導教授胡同來所長的提議下將此論文彙編成書，提供社會青年學子及企業人士進一步參考。本人不但樂見，也願意為之作序引介。

推薦序三

－勤勞樸實、實事求是－

台塑集團南亞塑膠工業公司

董事長　吳嘉昭

民國 102 年 7 月，楊映煌先生將他在「國立台北科技大學」經營管理系 EMBA 班的碩士學位論文「台塑企業經營模式與核心競爭力之研究」贈送給我，在這篇論文中，詳細闡述台塑企業發展的過程與策略，值得一提的，是將台塑企業經營管理的精髓幾乎融會貫通的呈現在該論文中，若不是親身經歷，是無法論述的，這也是他經過千錘百鍊所得的成果。

映煌先生是一個有恆的勤學者，是一個腳踏實地的工作者，在職場生涯中，仍能勤學而獲得 EMBA 的碩士學位，將工作實務與學業融會貫通，他一生奉獻予台塑企業，幾乎經歷了台塑企業成長茁壯的實際歷程，也因為在這段親身參與的經歷中，能在核心圈中學習與貢獻，並得到寶貴企業經營管理的經驗與智識，從而產生智慧，並畢生貢獻

予企業，我與映煌先生結識多年、相知多年，他緊跟著台塑企業的成長、茁壯，而在人生中寫下了光彩的職場生涯。

我比映煌先生早進台塑企業三年，當時的台塑企業就像在平地中萌出的新芽，正邁向發展，民國 59 年，我有幸在進入企業不久，就跟隨兩位創辦人參與全企業性最早期的檢核與改善實務，也從中學習許多的實戰經驗，後來在強勢推動的表單與制度管理檢討改善中，更學到管理精隨，瞭解甚麼是有用的管理，這是在映煌先生進入總管理處參與經營管理改善工作前的一段過程，我也將台塑企業管理制度初創期的一段經過，補述一下，僅供參考。

建立完整的管理制度，是企業經營的核心基礎，小企業靠人治，大企業靠制度，一個成功的企業，必定要有一套完整的管理制度來維繫企業的正常運作，如果說企業是一棵成長茁壯中的樹，管理就是樹根，唯有根深蒂固的根基，才能支撐茂盛的枝葉。有鑑於此，在民國 62 年至 63 年間台塑企業的管理制度，經歷了一個非常徹底的檢討與改革，在創辦人〈董座〉親自主持的檢討會中，要求從最基本的表單運用開始檢討，每張表單都要徹底的檢討它是否必要，表單怎麼設定欄位，怎麼排列，實際怎麼填寫，點點滴滴都要深入，使每一張表單都能發揮它的功能，並詳細檢討每一張表單所流經的部門或留存的部門是否必要，簡化作業流程，使整個表單設計與流程臻於合理化，建立了基礎管理的功能，再就合理化後的管理予制度化，並納入電腦管理作業中。後來，再經過持續精煉成為目前執行中的一套完整的電腦化管理制度。

到了民國 74 年，董座有鑑於當時的中小企業雖然在業務上發展快速，但管理的基礎尚有待強化，唯有建立完整的管理基礎，才能支撐業務的持續擴張。因此，交代幕僚整理台塑企業的管理制度，分營業、財務、資材、生產四類，利用週六、週日整整兩天的密集課程，將整個電腦化制度及管理的要點與精神，介紹給企業界的相關主管。

為能使參加者得到實質的效果，對研討會課程的安排與教材的編撰，可說是相當用心，完全以實務為主，並採取個案研討的方式，加深參加者的吸收能力，企業界的主管也從課程中，有系統的瞭解制度管理的全貌，並深入各項管理的細節，以為借鏡，我當時擔任營業及資材管理兩項課程的開場主持人，往事歷歷仍深刻留在腦海中。

董座每週必定出席主持綜合管理研討會，他強調「管理就是不斷追求合理化」，台塑企業將本身的經營管理方式，向下游客戶毫無保留的公開，這是相當值得的事。藉由下游客戶在管理基礎上建立，強化公司經營體質，進而開展業務，更能使中上游產業持續擴展。

民國 75 年 9 月，因新台幣兌換美元匯率大幅升值，對出口業者不利。國內三次加工業者擔心匯率波動大，而不敢接單，當時在創辦人〈董座〉指示下，基於脣齒相依的共存共榮理念，為維持下游客戶接單生產再出口的競爭能力，南亞塑膠公司仍決定從 75 年 9 月起依當時的美元兌換匯率 37.29 比 1 為基準，全面吸收匯率升值之價差及風險，無論台幣如何升值，南亞的產品價格均以 37.29 比 1 之匯率基準計價，新台幣升值的價差，全部由南亞公司吸收。

　　這是為照顧下游客戶因應新台幣對美元匯率持續升值，而採行匯率折價之計價方式。董座的高瞻遠矚，使當時無數中小企業能放心接單，奠定了這些企業永續發展的契機。概略統計實施至 81 年 5 月，6 年期間，共吸收新台幣 150 億元〈當時是很大的金額〉之匯率價差，對下游加工業者的接單信心，確有相當大的幫助。

　　台塑企業正式踏入電子產業，應該是民國 72 年 11 月，在南亞塑膠公司成立電路板專案組開始，由當時塑膠第三事業部與工務部的王文淵經理〈現任總裁〉兼任負責人，並與惠普公司合作，引進惠普的製造技術，當時台灣惠普公司的董事長是柯文昌先生，南亞從傳統的印刷電路板做起，在桃園的南崁建立起第一座工廠，並逐漸擴張及積極往高階產品發展，目前是全球最大的覆晶載板供應廠商之一。

　　後來在民國 75 年，成立銅箔基板專案組，再往上游相關產業發展，包括銅箔基板與基材、玻璃纖維布、銅箔、環氧樹脂，並與美國PPG 公司合資成立台灣必成公司，生產電子級玻璃纖維絲，而形成目前南亞塑膠公司完整的電子材料產業鏈，銅箔基板、玻璃纖維布、環氧樹脂、電子級玻璃纖維絲等項之產能，均居全球第一，如今是南亞塑膠公司重要的產業項目。

　　大約在民國 82 年，南亞塑膠公司開始評估双 D〈DRAM 與 LCD〉產業投資的可行性，並請亞太投資公司進行評估，後來選定從 DRAM 產業開始，當時半導體產業的生產廠商很多，在日本就超過 10 家，83 年全球半導體市場市佔率之前 10 大，日本就佔了一半，最大的是美國的 Intel，南亞並選擇了 Oki 合作〈為增層式製程技術〉，如今回想起來，

那是踏出錯誤的第一步，因為 Oki 後來就不繼續 DRAM 的技術研發，不久之後，也結束這行產業。

由於 Oki 製程技術落後，生產力無法提升，初期經營相當不順，到民國 87 年計劃引進 IBM 深溝式製程技術，並於年底與 IBM 簽訂深溝式技術移轉合約，由於這樣由增層式變更為深溝式，設備及製程有相當大幅度的更動，轉換製程相當艱辛。當時深溝式製程的代表是美國 IBM，德國英飛凌與日本東芝，增層式的代表是韓國三星、海力士及日本多家 DRAM 廠〈後來退出的退出，留下的三菱、NEC 及日立等合組成爾必達公司〉。

民國 90 年，全球記憶體市場崩盤，IBM 也放棄了 DRAM 產業，南亞科技公司就與同為深溝式的英飛凌〈後來分割 DRAM 事業為奇夢達公司〉結盟，共同研發製程技術，並興建今日華亞科技公司的第一座 12 吋廠。

民國 96 年，南亞科認為深溝型技術，將來可能遇到瓶頸，開始尋求增層式製程技術合作夥伴，97 年 3 月與美國美光公司決定共同研發技術及共同興建目前華亞科第二座 12 吋廠，當時再從深溝式轉換為增層式製程，亦歷經了一段艱辛的路程。

我特別提到 DRAM 這一段辛苦經營，是因為在 90 年度全球記憶體市場崩盤後，南科亦陷入艱困時期，當時創辦人〈總座〉開始召集相關重要幹部密集檢討，在一個完全沒有接觸過的科技產業，總座展

現驚人的精力與毅力，並籌建南亞科第一座 12 吋廠，這是總座為人所知六輕總工程師之外，另一重要而艱辛的事蹟。

堅守勤勞樸實，追根究柢是台塑人一生信奉的工作理念，經營管理就是要不斷的追求合理化，而管理制度與活動的推動就要靠執行力，傑出經營的公司，是由好的經營理念與信念所累積而成，且能透過員工的共識與遵守，而形成企業文化。「勤勞樸實」、「實事求是」幾乎是台塑企業每一位員工所共知的企業文化，「追根究柢、止於至善」則是處事的基本理念，以「勤勞樸實」、「實事求是」的生活習性和工作態度，持之以恆的專注於企業經營，而要以追根究柢的精神追求合理化，以達到至善的境界。除此之外，在企業經營上，必要體驗「一分耕耘，一分收獲」的道理，要腳踏實地，勤勉以赴，並維持不鬆懈的態度，才能將整個企業的巨輪，不停地往前推動。

映煌先生的論述中，無論在初期的參與經營管理改善，以及後來參與實際經營，都能秉持及發揮這樣的精神及力道，也因而才能有機會受到兩位創辦人的信任、教導與賞識，並賦予重任。現在，映煌先生更進一步將 40 餘年在台塑企業的職場實際歷練與理論結合，彙編成書「創造願景，展現實力」永懷經營之神與六輕總工程師，以此書來緬懷兩位創辦人開疆闢土，造就了台灣最出色企業王國的偉大成就，並將兩位創辦人創業以來的經營管理理念、實務與精神，貢獻給後學者，這是一本最佳的經營管理實務教材。

推薦序四

－兄弟同心、其利斷金－

台北科技大學經營管理系教授、北京大學
光華管理學院市場營銷系

訪問教授　胡同來

　　很榮幸為楊總經理映煌的新書寫序，映煌是我在台北科大指導的
經營管理碩士，聰敏好學、深謀遠慮之企業領導者，有長遠性思維及
執行力貫徹之特質，為人忠誠、連結、謙和，在台塑集團服務多年，
一直是王永慶信任的左臂右膀，倚以採購重責大任，也是王永在執行
任務的幹才，受台塑文化的薰陶甚深，頗有生為台塑人，永為台塑魂

之英雄風範。非常高興看到映煌帶著對台塑集團深厚的熱請與使命感，使我們可以瞻仰台灣偉大的企業家－王永慶及王永在兄弟的雄才大略、叱吒風雲的風采，更體驗台塑集團一覽眾山小的非凡氣勢。

王永慶及王永在兄弟，二人同心、其利斷金，兄弟兩人、手足情深，兄帶弟，弟挺兄，兩人合作無間，一路走來、風風雨雨，篳路藍縷、以啓山林精神，同心協力，建立台灣第一、世界知名的台塑集團。寫下兄弟創業、建功立業的最佳典範，足爲台灣企業人士學習榜樣。

台塑集團在王永慶、王永在兩兄弟的用心經營上，以上善若水、依勢而爲之方式，洞悉環境變化，抓住時代脈動，深入了解顧客需要，適時推出新產品，創造顧客滿意，並進行多角化佈局，建構台塑集團在產業的持續競爭優勢。

台塑集團在王永慶的強人領導下，建立優秀的台塑經營團隊，旗下兵多將廣， 人才輩出。王永慶董事長盱衡時勢，設立宏大的願景，訂定公司追求目標，選擇卓越的策略，並得到王永在全力支持及調和鼎鼐的執行下，整體目標顯著。在台塑產業，王氏兄弟經營有成、戰功彪炳，成爲此行業的龍頭老大，特別王永慶博得經營之神的美譽，受政府讚許、民眾高度認同的偉大企業家，而王永在亦同享榮耀，兄弟兩人功成名就，成爲台灣產業史上一段榮耀輝煌佳話。

台塑集團設計紮實的組織結構，建立嚴謹的管理制度，在企業模式的通作下，由王氏兄弟率領的集團大軍，追求合理化，親力親爲由上而下到作業流程，做到點點滴滴、追根究柢之效率化管理，使公司

營運績效穩定成長，而企業績效反映在台灣股市之台塑集團股價上，成爲投資人心目中民列前茅的績優股。

台塑集團在市場成就，令人敬仰，王永慶的經營之道，王永在的兄規弟隨，兄弟同心協力建立的強大企業王國，是台灣企業史不可不看的一頁風景。王氏兄弟倆人，在台灣企業史上寫下了兄弟合作的最佳典範，值得後人歌頌的一對偉大的王氏兄弟傳奇。

這本書是映煌在弘揚台塑集團王氏兄弟的英雄之旅，也在實踐他對王永慶、王永在兩企業家的無盡緬懷與追思，我羨慕他的忠誠，也感謝它帶來的台塑精神，希望很多人可以跟我一起分享閱讀此書，喚醒台灣人打拼記憶與見證王氏兄弟泰斗的點滴。王氏兄弟故事恆久遠、台塑集團傳奇永流傳，在我們心中引發共鳴，再創台灣美好的明天。

台北市台北科大校友會專訪

——傑出校友楊映煌學長

民國 60 年進入南亞纖維廠，擔任成本會計工作，歷經台塑企業總管理處總經理室，專門從事經營分析財務及資財管理，在這段工作期間，還前往美國各廠執行資材管理電腦化，擔任台塑集團採購發包大宗原物料及大型工程發包長達 26 年之久，民國 69 年負責籌備台塑海運公司成立事宜，民國 101 年擔任海洋運輸事業群總經理，於台塑服務 40 餘年，目前擔任企業集團資深副總經理，民國 100 年畢業於母校經營管理系的 EMBA，102 年獲選母校傑出校友，並且也是母校菁英會的會員，行事低調的他就是楊映煌學長。

七月三日一個豔陽高照的日子張理事長水美、魏榮譽理事長國樑、張常務理事競生、魏副總幹事佐容等一行人來到敦化北路的台塑大樓七樓台塑海運股份有限公司拜訪楊學長。

　　楊學長出生屏東，小時候家境很清苦，他 24 歲退伍後就進入台塑，當時是以高商的學歷進入會計組，那時台塑選擇員工要求很嚴格，一定是要國立學校畢業的學生，剛進入時是負責材料部份的帳目，在那時又沒電腦，還好楊學長以上段的珠算得以從容應付，成本分析是他的專長，派他去虧損連連的南亞化纖整頓，民國 69 年奉派籌組台塑海運公司，楊學長好像是棒球隊的救援投手，隨時準備上場，而且每次都救援成功長期追隨在「經營之神」王永慶創辦人身邊學習，他覺得相當興奮，楊學長很客氣的說他能有今天的地位，主要是他跟對一位具有高瞻遠矚，經營理念明確強而有力的領導人，他有責任也有義務將王創辦人治理公司，經營事業的企業文化，成就了「台塑王國」的領導人風格及特質，介紹給學弟妹們參考以為效法，楊學長說:王創辦人自創業以來，突破困境不斷擴充企業版圖，這與王創辦人領導風格有關，主要是由王創辦人集權領導，安排人才「唯才是用」，「適才適所」，講求管理事理分明，且他的「正派經營」恪守倫理與守法的原則，帶領著人才做事也是實事求是懂得不斷檢討改善並以股東、員工及顧客與社會責任考量，這是台灣企業極需效尤的地方，楊學長說每個領導者每個人的性格不同，成為領導人之後自然會有不同的作風，不同的領導風格，不同的領袖魅力，以王永慶與許文龍為例，王永慶與許文龍均具有共同的領袖特質，簡樸、執著，果決，高瞻遠矚，他們二位不同地方在王永慶鉅細靡遺，事必躬親，有時給人高壓霸氣的感覺，以工作而生活其「生命的意義要在工作中開創」，他並且逐漸發展出一套運用在為人處世與經營管理的「瘦鵝理論」，瘦鵝之所以瘦，問題不在鵝，而在飼養的方法不當所致，企業經營的道理也是

一樣，企業經營不善，問題不完全在員工，而在老闆管理方法不當所致。同時在面對困境時堅毅等待機會到來。要奉行「**瘦鵝理論**」、「**留著青山在，那怕沒才燒**」只要沒餓死一但機會到來就能像瘦鵝一樣迅速的強壯起來，我們經營事業就要多多的向王永慶董事長學習，王創辦人在經營事業過程中，實際的參與親身經歷的了解，希望把每一件事情做好「**日也想，暝也想**」目的就是要把品質做好經營上軌道。

創造「**核心競爭力**」，組織能力中最為關鍵的因素是核心競爭力(Core Competency)，其強調核心競爭力是指公司產品間的共同技術，也就是產品等於樹上的果，而樹的根等於核心競爭力，也就是技術及一種獨特管理能力，而這項技術或管理必會優於競爭者，對於歷史悠久的企業，其核心競爭力不侷限於一個，也可以數個，而台塑企業其核心競爭力亦有數個而每階段亦會有不一樣；而企業的策略，就是建構核心競爭力，核心競爭力如何建構，核心競爭力，創造維持久競爭優勢是每個企業要追求的目標，要持久核心競爭力的培養不是一蹴可幾，而是一步一腳印，一點一滴長年累積創造出來，主要來自於王創辦人策略性領導之領導特質，管理理念及領導模式，為此而培育人才，有賴於組織一套作法，以公司文化及價值觀將各樣程序串流成一體，才能創造組織能力維持競爭優勢。

經營模式與策略的成功執行取決於組織設計：

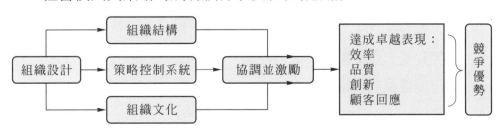

　　王創辦人策略性領導採用 5E(1)願景(envision)(2)願景可以激勵人心)(excite) (3)再充實能力(enable)(4)執行上授權(empowerment)(5)有成績的員工要給予鼓舞獎勵(energetic)形成企業文化產生核心競爭力，以獨一無二經營模式，開創台塑企業石化王國，形成企業文化必須要具備下列條件：

1. 學習面對困境時的堅毅，王創辦人說：「**光復初期台灣老百姓生活處境極為艱苦，為求生存，他們發揮了中國人刻苦耐勞的美德，終於能夠突破困境，謀得成就。**」所以他勉勵後進，「**凡事不可超之過急，成功絕非一蹴可幾，一定要 有先苦後甘的體認，學習瘦鵝耐飢耐餓，刻苦耐勞才能有成**」。

2. 經營者要注意細節，不是去執行細節：王永慶創辦人認為「細節問題重大，要做好管理工作，一定要從細微末節著手，從中找出問題，進而掌握狀況。」王創辦人認為任何大小事務，成本要對其構成要素，不斷進行分解，把所有可能影響成本的因素一一納入，像魚骨一樣具體分明而且詳細這就是「魚骨論」。

3. 一勤天下無難事鋼鐵般的核心競爭力：「勤勞樸實，追根究底，止於至善」是台塑的品牌精髓，不是口號，而是一種如鋼鐵般堅硬，有形市場競爭力。他將台灣人傳統的勤勞，善良與責任心帶進台塑，形成台塑文化的脊樑。他看清，要從單調落後的農業生活抽身，就要工作，工作是幸福的全部。他把握這時代的鐵律，在臺塑勞資雙方建立默契，努力幹活，員工不負企業，企業不負員工，是一個雙贏的局面。

　　至於培育人才，王創辦人認爲要有一套好的制度，可以使壞人無法橫行，制度不好可以使好人無法充分做好事，人才是事業最大的資產，唯才是用使企業與員工間有「伯樂識良駒」的感情與互動，激發企業成員的切身感，王創辦人說:人一旦勤勞自然有把握，不必虛僞不必自我誇張，所以說樸實就是腳踏實地的做事，而不是刻薄自己，更不是違反人性，創辦人一生堅信只要腳踏實地艱苦奮鬥，天下沒有做不到的事，如果遇到困境唯有不斷追求合理，在困苦中得到經驗收穫也會更多。

　　台塑這麼龐大的企業體，小至辦公用具之採購，大至大宗原物料之採購及大型機具之採購，甚至更大至整廠工程之採購、發包，如何取得物美價廉之原料與績效，王創辦人對採購之重視長期來在採購實務上所產生問題，影響企業形象，爲能落實集中採購達到公平公正原則對待供應商，而採取通信投標之作法爲能確實有效執行，王創辦人親自支持再修訂採購作業辦法，予以明文化提供同仁有所遵循。

　　一個企業的成功關鍵在於領導者，如何提升競爭力產生優勢，而不能僅藉環境變化之「依事而爲，隨機調整」就好，而須練基本功，穩固自己的實力，市場好時大賺，景氣不好時別人大虧情況下，我們還能穩住小賺或小虧，也就是王創辦人已做好管理，賺管理財。王創辦人說：我們雖然年年有些成長，但仍落伍，原因何在？我想責任不在被領導者，他指出，效率差是領導者的問題，是管理的問題。工廠的生產管理沒做好，品質管理沒做好，是管理者沒有設定良好的制度，沒有教導就要求他們的工作人員，不是工人不守規矩、不用功或者是

不重視品質效率。管理沒有做好，要怪動腦的人沒有用心去思考、研討，設定合理妥善的各項管理制度，進而教導、要求基層的工作人員。他進一步指出，企業要提高團隊的經營績效，必須要有一個能幹的領導人，企業經營的成敗關鍵全看領導人。有能幹的領導，就能培養能幹的部屬，自然就能提高團隊的經營績效。

「環境永遠在變，有些事卻是永恆」，台塑集團董事長王永慶就代表一種永恆的精神。他垂直整合台灣的石化業，並跨足醫療、科技產業、海運。憑著他的強勢領導風格，建立了跨越國際的「台塑王國」，他白手起家的經驗和台塑的管理模式，始終是台灣企業的標竿。

個人自序一
一耐力、毅力及忠誠度之本質

一、幼年時期

我生於 1949 年 12 月 26 日,出生在屏東市郊區小鄉村,家裡務農,父親也是一位公務員(農田水利會工作),自幼家父管教甚嚴,但我在 10 歲小學四年級升五年級時,父親長年來因肝病而逝世,適逢如此家裡那麼大變化,小學五年級開學,我大舅舅將我們全家搬至屏東市內,能在外祖母及大舅照顧下生活,我媽媽將留下一點田地賣掉,有少許資金即在市場從事早上飲食生意,我自小學五年級上學期開始,在屏東市唐榮國小就讀,當時老師'黃老師'認為我在原來郊外學校前進國小一直成績都在前三名,考我一些問題,但我答不出來(因父親過世不久,功課未能趕上),被老師激勵,當時我很想回原來學校讀,但一想家裡變化,為求生存,即在老師鍥而不捨教導下,我也漸漸有自信,功課也趕得上,到六年級與班上幾位要好同學成績都是名列前茅,如林東泰(現任師大社科院院長)及許天得(屏東中學秘書,現已退休為美術家)等,經常一起做功課,我當時成績亦是前幾名,老師預測可考入屏東中學初中部,但記憶中僅林東泰等二位考上,我與許天得沒考上,記得當時考試時我得重感冒,相當不舒服,是不是這個原

故不得而知，許天得再考第二志願縣立初中，高中考上屏東中學，我當時不知如此思考，如果再往普通中學發展，依我當時情境是不可能上大學。在此狀況下依我的成績我可以到高雄考省立雄商，則自動向老師說明此原委，老師認為我可以考上這所在南部相當有名商校，當時記憶中約有十位前往考試，只有我一位考上雄商分部，在鳳山就讀。從此與我幾位小學要好同學，也就少有聯絡，再進到另外一個環境。屏東小學同學或校友們，幾個較特殊同學，很巧的是，經過 30 年後在台北相約見面聚會，如林東泰(在師大任教屬於大眾傳播專家)、林國棟(在警界也是出人頭地，曾任警政署副署長，現已退休)，還有一位也是小學學長，名叫鄭源和博士，在政商亦相當有名，與我們企業王創辦人有相當長時間交情，這幾位與我都是屏東市大埔囝仔。

二、青少年時期

初商階段，每天坐火車屏東到鳳山通學，少年時期叛逆性較強，在此一階段經常與屏東大埔之少年在一起，與人打架等。但我大舅舅在屏東是位有名氣的人，受到地方黑白兩道尊重，派人瞭解我的動態，阻止我與地方幫派少年接觸，在年少剛氣時段，使我不致於潦下去變壞，這也是我成長過程一個很大轉變，大舅舅照顧，我對他相當的感念。

初商求學是學商科基礎，在此階段雖然成績不是前茅，但也是在十名左右，一年級班上 47 位，至三年級畢業剩一半加上上年級留下來共三十幾位。在這三年初級商業學校，學習過程，對於數理科方面有

感力不從心，無法融會貫通，但對於商業科目及社會科目還不錯，故升高商考試選擇了兩所學校參與考試，一所屏東商校高級部，放榜時，報紙一登榜上有名列前三名，另一所就是本校高級部，當時已獨立為省立鳳商，來考成員亦來自高市二中等名校，男生錄取僅 32 名，我名字也在榜上。終於實現讀省立商校願望，註冊費低約 800 元比私立屏東商校差 3 倍。

當我考上省立高商時，我心裡有數，因當時家裡環境不好，註冊時勉強繳費，第一學期不多久，又因家兄再背負債（當事人問題外，在那時候亦結婚），使整個家庭陷入困境，成為屏東貧民戶，如此之環境，我心裡想，我還能讀下去嗎？不出所料，家兄即向我講，不要讀去工作賺錢，那時候心裡想，好不容易考上省立高商，沒讀以後我要做什麼，故我未答應，自行想辦法完成學業。

三、半工半讀(屠宰場的我)

當時 17 歲的我，為了完成學業，毅然決然的找我外祖母，表明我要到屠宰場幫舅舅們打雜一些殺豬後的清理工作，這工作要從凌晨三點多就要起床至屠宰場工作，大約早晨六點半完工，須再載豬肉至市場才告一段落，外祖母之表示工作很辛苦，但我為了讀書，我不怕，只要給我學費註冊，當時每月 150 元，半年 900 元，足夠我一學期學費。如此週而復始，時間一晃三年很快就過了，終於完成我省高商畢業的願望。

在這段期間給我體會到，做一件事情決心、毅力，因長時間以來，尤其遇到寒冬時候，我外祖母凌晨三點多叫我起床（因那時我住在外祖母家）一剎那，講實在年青人總有偷懶的心態，但又一想如果如此放棄，要如何完成我求學目標？也只有克服自己的心態，養成習慣，也就是要決心及長時間的毅力。

在這段期間除了早晨工作以外，晚上七～八點還要將隔天殺多少頭豬的繳稅工作完成，首先要去屏東稅捐處申請稅單，因我從鳳山放學回來時間都是下班後，我騎摩托車到稅務人員家載至辦公室辦理稅單工作，後續再到屏東合作金庫繳錢。在那時候常遇到一位合庫辦事人員，謝銀岸先生（那時候剛大學畢業）與他結一個緣（後來合庫經理退休）。我在那時候學校有學銀行會計，所以在那時候，謝先生有時也請我幫他忙，因我珠算功力不錯，幫他計算作表等，我也可以學到銀行方面作業程序，所以我在學校銀行會計學成績不錯。

雖然這段期間凌晨的工作辛苦，但我學習與人相處之道，誠意實在、熱心參予工作。在那時候有一些小插曲，也順便提一下吧。在屠宰場這段期間，每天上課照正常趕火車時間是在早上6點45分屏東開往高雄，但因我時間來不及，只有坐早上7點15分到學校大約8點左右，遲到有時被教官罰站等，我也不解釋，同學們也不知道為什麼經常遲到，但同學之中有一位成績第一名，他是來自高市二中名校，人講義氣，打抱不平的人，名叫鄭居文，性格上類似我們兩人很投緣，至目前我們倆保持往來，他長期來經營海產進口，在台灣這行業算是大亨，在高商三年他維持全班第一名，也有激勵我的作用，故在畢業

前一年商科方面，如成本等，我也相當興趣，當時我有所認知這些科目對我在職場上定有用。所以我也曾經在一次月考得第一名，我們幾位在學校成績名列前茅，我也帶桌球隊，縣運比賽，得到冠軍回來，但我們有一股講義氣，打抱不平，教官亦認為是頭痛人物，但鄭居文與我們一樣有善良心，看不慣欺侮弱小的人，如有一次放學時間，我正在練習珠算（因我是校隊集中練習），有人來告知，有一位善良校友被欺侮，我們即前往處理解危，種種這類事情···一談到學校生活就談不完！但我現在須再一提‘鄭居文’是我三年高商生活每天趕火車，雖我小弟幫我到市場「我媽媽早上在賣飲食攤」帶便當，到學校因早上沒吃，有時第二節下課就吃掉一半，到中午剩一半或沒有，但鄭居文知道我早上需要工作的事情，有他也主動拿錢給我一碗米粉湯1.5元等···支援，使我點滴在心頭。現在有需要再一提，就是有一次 1 位外校生到學校打擾正練習桌球的選手，我需出面化解，但此外校生事後再次到學校趁我不備，從後面偷襲打破我的耳膜，當時是星期六下午未上課，鄭居文已回到住在學校附近的家裡，聽到我被打，即馬上趕來，那位外校生(高雄高工學生)已速離開，「鄭居文了解是一位學校學弟通風報信，那位來學校鬧事的外校生說我下通牒該員不許再到校內而引起」，到星期一上課鄭居文找我一起去這位學弟班上教訓一頓。後來這班導師知道講話了，「責備這班同學沒人出面？」。因當事者事理不對！對這位不知內、外，不懂照顧同樣校隊的學弟妹，也應該受到懲罰吧！雖然鄭居文與我均會照顧弱者，屬於正直凡事講求事理的人，我倆這三年漸漸建立〝焦不離孟，孟不離焦〞之友誼。我高商時期我需半工半讀，我與外祖母住在一起，所以我的生活環境都

與舅舅們在一起，我的一舉一動舅舅們都掌握清楚，所以這次「耳膜」破的事情大舅舅知道了，但我也不知道這位外校生叫什麼名字，只知道讀高雄高工住在學校邊的公家宿舍(鳳山)，沒多久有一位警察先生到我外祖母家要找我，原來就是那位高雄高工外校生的父親，由鳳山來到屏東找我和解並簽署把我耳膜醫好，指定鳳山一家有名耳科醫院，若爾後仍有問題，仍須負責任等等…。事後治療階段知道我大舅舅是全省屠宰公會理事，還透過這層關係，找到當事者的父親是位警察。如果當今社會對此事能那麼順利善了嗎？又當今社會學校打架會像以前那麼單純？有感當今社會年少氣盛叛逆期，在學校容易被幫派吸收，如此的話就踏入歧途，所以現在為人父母者，須建立一個正規家庭，自年幼年少能正常發展到成人階段，如果要像以前一樣，可能就沒有那幸運了，所以我對我三個兒子的成長，我很欣慰，非常感謝我摯愛的太太錦招。

高商畢業至當兵之前，家兄已入伍服兵役，但我為家兄在水利會所欠債務，則由我進入屏東農田水利會做臨時雇員還債將近一年，每個月1千元薪水袋打開只剩少許銅幣，為了母親也只好付出了!所以當時我想一心一意提早當兵，早一點退伍工作賺錢，當時民國58年年中前，與同鄉朋友提早登記入伍，雖然我們都抽中特種兵，但我沒被徵調，等了約兩個月，通知我被選調憲兵役，這時才知道憲兵是要身家調查，個人清白資料及家世上代良好之紀錄才能當上「憲兵」，這也是一種榮耀。

四、鐵衛隊訓練(憲兵)

1. 在憲兵訓練中心，訓練四個月，前半段是不能出營，每星期假日都有親人來訪，因我當兵時我的長兄也同時入伍，父母親對長子期望甚深（這是傳統吧）前去探視。遇到星期日那種心酸只能暗流眼淚，但有一天也就是民國 58 年中秋大水災過後，突然有一位訪客來訪，我不知是誰，相見後是'鄭居文'來了，那時候心情如泉湧心頭，不知要說什麼！唯有獨立勇敢的思維，在憲訓中心鍛鍊出鋼鐵般而具有忠貞情操的憲兵，對爾後踏出社會工作有所幫助。

2. 隨扈最高領袖特別警衛勤務訓練，憲訓中心四個月很快過了，結束前憲兵司令都會前來挑選特勤憲兵，首先分發到特勤憲兵隊如士林、陽明山憲兵隊等，我是被分配到士林憲兵隊，爾後為了執行特別勤務如隨扈或最高領袖官邸須再到公西(苦苓林)現在林口長庚醫院附近步兵營訓練四個月也是強硬訓練，結訓時仍由特勤指揮官(侍衛長)，訓話當大太陽時段站 2-3 小時，如有倒下就淘汰，最後剩下來派到陽明山憲兵隊執行勤務，在此要說明最後階段訓練出耐力毅力吧！

3. 暫調支援另一特勤營，由陽明山憲兵隊共派 10 人前往該營部，抵達時其中有一連須挑選 1 名參與該連任務，當時該營副營長即選站在我旁邊一位袍澤，當時那位連長不同意那位憲兵同志，隨即面向我指定要我，但我即表示我們 10 位是同一單位前來協助不想分開，該連長不知所措再三勸導，我也隨連長前去該連部，(後來

這位連長升到憲兵副司令退役)，過了幾天才知道要隨扈前往梨山、日月潭護衛總統，這個工作是艱苦工作，須有相當警覺心及責任感。幾個月後任務結束，班師回陽明山，但出勤務期間有犯錯或有失職責者(因隨時都有高級人員查勤)均須關禁閉，而未有出差錯之人員約有 1/3 可放假，我也沒有給連長〝漏氣〞，則連長即告訴我可從台中回屏東。這段期間回想我也太直了，但給我體會，凡事用心去做，訓練出負責任態度，既然長官那麼信任我，我更要把事做好，予以回報長官。爾後我在職場對張仁恭亦如此，後來得到董座、總座之教導，對我的重視、信任，使我更加忠於人忠於事之心態，這可能是我的本質吧！但最重要還是出自老板的心，這也是王創辦人用人之道吧。

4. 執行中山樓勤務:中山樓也是陽明山憲兵隊勤務之一，最大任務就是每年開全國軍事會議期間安全維護任務，在開會期間，什麼階級車子可進到大門口都有規定，僅有總統及蔣經國座車可進入，當時高參謀總長也想進入少走一段路，我當時擋下請總長步行進入，而總長當時不高興就找我們王司令，但我們司令即向我鼓勵，你執行這樣是對的，這也證明凡事照規定辦理，不受高壓或關係的影響吧!這也是奠定出社會辦事原則。但我回想一路走來，相當辛苦，若沒有兩位創辦人對我了解，對事求合理之本質，而受到支持，那就難走了。

5. 善良及惻隱之心，「天也在助」:記得仍在陽明山憲兵隊期間，派駐中興賓館官邸（今陽明書屋）有一排在那邊駐守，有一天早上排長每天須清點放在他抽屜的子彈，結果缺一包捆好的 53 顆子

彈，因每包都有寫名字，欠缺這包不見的同袍，也開始心慌，找了一會兒都沒找到，如果丟掉的話呈報上去，在那時候是要判軍法！那位同袍也開始哭哭啼啼，在那時候發覺排長抽屜有一塊木板掉在地上，那時候我說會不會掉進桌子下垃圾桶，剛好那天早上輪到我倒垃圾，會不會早上「少女的祈禱」垃圾車來時倒進車裡，是在那時唯一能找的希望，經排長報告連長，即中午派車前往士林社子垃圾場，在車上我們討論那麼大的垃圾場經過一上午，大概也都整平了，那裏找得到，車上有排長與我及那包子彈的主人，我們都一致認為難找，非送軍法不可，排長說話：「在我抽屜丟的，而我年紀也大，要關就關我吧！」到了垃圾場，一看那麼大場地，而且又被整平了，大家下車開始找，在那時候說也奇怪，我一走到旁邊往下一看，有一包像是我們找的那包子彈，浮在大片垃圾場上，這真是個「奇蹟」，那時候已經下午一、二點，排長馬上電話報告連長，吃碗麵後回陽明山憲兵隊，一下車整個憲兵隊的長官在門口等，連長即開口說話：「楊映煌你回去打包到連部關禁閉」，排長即表示「要關關我，與楊映煌無關」，最後連長做罷！由這次事件發生，使我遇到這麼有擔當的上級，那麼夠義氣，與我類同本性吧！如今的人私心搶功又不負責任的心態，這樣如何把事情做好呢？幸運的我，在職場也遇到有明理、有智慧、有魄力、有責任感的主管，爾後依我木性，能符合創辦人的企業文化，所以我在這個工作環境下，才能得到培養及發揮的空間。

五、進入職場第一站－人生開始精彩版

　　於民國 60 年 8 月退伍回屏東，在那時候我回顧想一想，年輕時候叛逆性強，因而認識當地一些幫派的人，但我一心一意為自己前程而著想，才半工半讀完成基本能找工作的學業，並經當憲兵洗禮，不能因藉著長輩在地方勢力或舊識的關係，一個人多少均會「仗勢而為」的影響，所以我須離開這個地方到北部求生存吧！因為年輕時種種作為，家鄉長輩對我很照顧，大舅舅幫我找工作，引進我到台北泰山找表舅，介紹到南纖參與考試，因我珠算高段，所以派到製程複雜加工絲廠做紀錄工作，須將原絲投入生產多少產量，有的須染色，有的原白加工絲，都須經筒子機製成產品包裝出貨，所有南纖製品，此製程複雜，但我把各製程段半成品及成品、在製品及庫存量記錄的條條有序、帳目清楚之統計資料，當時我的課長邵課長也相當重視，而獎勵我的表現優良。這些工作也奠定了我以後成本計算及分析之基礎。

　　如今我需要一提於民國 61 年為什麼要離開南亞纖維廠呢?自進入南纖，首先住表舅家(當時他是主管級配有宿舍)，當時我是位年青小伙子，約 23、4 歲吧！在當兵時認識女孩子來工廠找我，因我在上班，先帶到表舅家，在那階段，工廠也常舉辦戶外郊遊等活動，難免與男女從業員同遊，在工廠大家都知道有時候旁人就會傳言誰跟誰的雜音等等，後來我在加工絲課遇到一位處事幹練，又生得蠻標緻的女班長，在三位班長中這位能力最強人緣最好，帶領數十位女從業員認真工作，當時很得南纖主管的賞識，後來得模範女從業員，在這之前我已在追求這位班長，好不容易能得到她的首肯，兩人經常在一起，也因

此對我而言定下心，一心一意以她為結婚對象交往，後來她得獎，整個廠區的男作業員對她更有認識，有的想要追求但也來不及。當我們在一起更熱絡階段，於民國 61 年之間，我的表舅認為我有很多女孩子也想與我交往，認為我很〝花〞，家境又不好，在那時一位未結婚的年青人總是有選擇權利吧！他認為這位模範員工那麼優秀，當時也有一位逢甲大學紡織系畢業的主管也在追求她或是會影響到他呢？即百般阻撓，但我們倆還是在一起，雖然我的主管(表舅)不斷反對，但我記得當時有一批明志工專第一屆畢業生也與我同一辦公室，于雪民、黃士豪、許蓬祺和另一位夋宇仁同事(後來到美國)，大家對我的支持叫我不要放棄，使我更加有力量再一起，在那時候，民國 61 年近年終吧！大舅也介紹我到合庫考試，又逢南亞會計也在招考，但在那時點我想離開南纖，經與當時女朋友（我的太太）及省高商最要好的朋友鄭居文商量，他們鼓勵我參加南亞會計處考試，而這個決定影響我一生吧！

六、太太的付出與支持

■ 堅韌的台灣傳統女性

我進入台塑企業南亞公司纖維廠，在南纖會計時與太太結婚，當時的會計工作我很喜歡，開始建立的家庭，什麼都沒有，靠了一份薪資，太太做手工藝品的代工收入，兩人過著量入為出的生活，我太太是一位庄腳善良傳統女子，在南亞纖維廠當班長，工作勤奮，帶領女作業員有術，並當選模範女從業員，當我們結婚生子，不只在經濟上的支援彌補家用，也為了這個家全力付出。而當時母親與家兄住在一起，不知何故我母親將祖先牌位從高雄也搬來台北與我同住，為此我急須申請一間眷屬宿舍，當時我會計課長詹國政極力與總務交涉，才能有得配住!也非常感謝他。後來二弟退伍後也來，小弟在南亞也來住。我太太那種勤勞本性任勞任怨，為兄弟付出沒有怨言，當今社會有幾個能抵擋得住，所以我要先感謝她的付出。

現在我需再提一段，就是當年我太太在家裡做鞋帶代工時，每次須到原廠拿素材原料，當時已生兩個孩子，一個牽著一個背著，每次去拿素材如有新的款式須在當場熟悉做法，也因如此我的大兒子就在附近別人家裡看其他小孩玩，當我太太手工學習結束要回家時，找不到大兒子，工廠旁邊是泰山與五股隔離一條大排水溝，那時因大雨過後水漲急流，那時候工廠內主人及員工都出來找，沒有找到，大家以為被大水流走，她在岸邊哭得都要崩潰，不多久工廠附近人家說他們家有一位陌生小孩，在當時我太太抱著大兒子的情境真的不可言喻!後來數十年後太太提起當時看了那一幕她腿都軟了，如果沒有背著第

二兒子，她跳進大水溝要尋救大兒子，那她沒救到反而犧牲生命也說不定？當晚回到家當作沒一回事的心態繼續為家人煮飯，聽到這一段我都鼻酸，非常感謝她為了這個家犧牲奉獻。回想當初結婚後幾年，一位 20 幾歲年輕婦女，不要說現在年輕人，就是當時對一個年輕女子，若不是有那種刻苦耐勞，對長輩的遵從，為這個家的生活打拼，猶如台灣「阿信」的特質，有幾個能像她這樣的含辛茹苦呢？

■ 太太讓我專注於工作

自民國 66 年調總管理處總經理室從事經營分析工作，經營分析階段生活重心專注於工作，民國 67～69 年為分析企業內產品，走遍全企業各廠區，高雄、宜蘭、彰化、台北、三峽、關渡各工廠，這兩年來，每個月約有一星期至兩星期出差在外，每次午餐會報資料整理後，需準備講稿，晚上請太太聽，須注意修正之演詞是否順口，太太自己工作顧家庭，又要顧到我工作上的順利與否，她常講我工作上的順利最重要。

於 67 年提升為專員後有特別獎金收入，生活稍有改善也買了房子。民國 70 年後，我的工作已由王創辦人親自訓練，72 年升高專家裡生活改善很多，並派往美國各廠執行資材管理實務工作，及籌備海運並隨船執行管理工作兩次。民國 70～74 年，陸陸續續在美國不在家，這幾年時間適逢小孩開始上小學，我太太為著我能專注於工作，用心督促小孩的課業。也因如此打底，後來小孩升學免操心，一路上建中到台大、留學就業結婚生子，這一切都要感謝太太。

民國 74 年王創辦人特意指派我至採購部，建立採購制度。在採購期間，承蒙兩位創辦人的教導督促，一方面為創辦人執行任務，奠定 E 化作業，一方面在工作中求經驗，取得大宗物資、大宗設備採購實作經驗，爾後完成美國及六輕等重大擴建。董座對建立的採購系統長期引以為傲，採購 23 年來一路升副理、經理至協理。在此階段稍有成就，在那時段親戚們拜託的事情也特別多，但我有一個堅定原則，做生意免談，我太太也堅持這個原則；但對於親戚的子弟找工作或安排

醫院之事宜，可以做的範圍，夫妻倆也都盡力而為。另家兄女兒也來我家長住一段時間，太太把他當著女兒的照顧數年，後來家兄調到台北時也住我家。工作上因我在職場的關係，家兄也同樣受到王創辦人的關顧，在職場一路來升高專，董座王創辦人在那段期間，不時地關照家兄，後來調到印南，而有充沛收入安穩十幾年，我們夫妻倆為兄長做了很多事，對我太太的付出，我衷心感謝。對這方面事情有感而發，享受要求的人永無止盡，有還要更多就是貪，須能兼顧每一個人的立場，否則造成困擾！

■ 長輩的疼惜與欣慰

自古以來婆媳之間，問題層出不窮，永遠沒解，每個人都有自己的本性，但站在每個角色，如何做好自己的角色，這是一個重要的課題。以家鄉長輩及我親身經歷來論述，我太太為人處事之道。首先談到我大舅，他對我從小的愛顧，我一路打拼沒給他失望，當我要結婚時，多次接觸，對我要娶的太太十分滿意，對人有禮節、得體，是一位聰敏賢慧的女性。

當我弟弟回高雄做生意，有點基礎那時尚未結婚，隨後母親要到高雄幫他顧店，當時我太太買車票，送母親到板橋車站，安全回到高雄。當時雖有一些是非的事情，但大舅對我們不起疑心地向四舅探詢，因四舅在我那裡住過一段時間，很清楚我們家的生活狀況，又問表舅我太太是怎樣的一個人，不可能如他人所說的是是非非，後來大舅舅來對此事也沒有與我提起過，可見對我太太信用多高。這件事對我來

講，家兄曾向我講，去過我岳父家，當時我完全沒有體會事情的原委，敏覺度實在太差，對不起我太太！

爾後我太太也秉著一貫做法，用心積極為家人做好一切，如兄嫂的家人大大小小在我家住過長時間日子，我太太從沒有在我面前說過一句怨言，長期來無論直接或間接為兄嫂們做得很多。隔了一段時間，當我從美國回來後，據高商同學表示，弟弟向其信用合作社貸款事宜，得知我兄長與弟生意失敗，也將我爸留給母親唯一的一棟房子都賠進去了。後來母親在我們四位兄弟間輪流居住，哪個家與她相處對她照顧如何，母親自己心裡最清楚。這 30 年來舅舅這邊親戚或父親姊姊那邊親戚，因其子弟進企業工作關係，又逢每年太太與我一起回屏東掃墓，所以跟我們夫妻倆走得很近，長輩們對我太太更加了解，大姑們曾經向我太太表示，「一路來妳對你婆婆那麼好」，這就是我太太善良、遵從長輩的特質，這也是親戚長輩一致的看法，這也證明婆媳之間看你個人心態如何做，近 8 年來我母親曾當面向我們夫妻講，有「錦招」你真好，映煌你娶到這樣妻子是你的福氣。這是我的榮幸，值得欣慰之所在。

長期以來太太為這個家付出，尤其對母親點點滴滴的服伺及以前對她父母親的照顧，為人基本原則，盡到為人子女的孝心，這點我太太所作所為，連我們兄弟妹們所不及的，最小弟弟也曾為前誤會是非而抱歉，使我對她更加敬意，感謝之致。當今瞭解為人兒子娶的太太很重要，為人太太不幫先生的立場考量，那婆媳之間，要一起長住的

話，就會產生問題，則婆媳之間就沒解。長久來先生（丈夫）就會想辦法選擇逃避，那這樣如何和睦相處？

我長期來跟隨台塑企業兩位創辦人身邊，瞭解到身為長兄王永慶創辦人，無論賣米或做木材生意時都負起當長子照顧全家人，無私作風，事母盡孝自然得到弟妹們擁戴，當事業遇到困境，為人弟的王永在創辦人義不容辭帶大筆款項投入解危。這是身為長子為人兄長的風範，這是值得後人年輕一輩學習榜樣！

七、讀書是我的願望：
在職進修－充電練基本功

▋中興法商學院進修階段

在六輕廠地還未展開前民國 79~82 年 4 年時間再到中興法商學院(台北大學前身)充電，再學習大學理論課程，在此時段我將我實務相互配合學習，更多專業知識，我在此特別提起這一段因當時頭一年有點不能適應想放棄，當時一位助教謝錦堂先生(現在台北大學副教授)給我打氣鼓勵，使我勇往直前，完成四年在職教育，也得到第 1 名。特別感謝他外，也感謝徐純慧、古永嘉、陳銘勳等教授給我在課程上的平台。

▋準備考 EMBA，前往台北商學院進修

我希望能進入 EMBA 研讀，但一般人聽到須考試而却步，而當時我年齡雖然長，要考試講實在拼不過較年輕，而為了達到我願望，毅然再去台北商學院二技進修，這所學校前身約在民國 30 年初，台灣光復前我父親曾在此讀過書，那時候可能有點亂被祖母召回屏東未完成學業，則我利用假日三年完成學業，在這期間除商學專業科目外，也讀了經貿情勢、策略管理、談判及金融投資學等課程，在這段每學期亦需準備期中、期末考，既然要讀那就認真點吧!還考得不錯，所以我就準備參加考 EMBA 吧!選擇了國立台北科大，因為北科大前身是台北工專，他是當時專科領域第一志願，在公司很多優秀同事來自此學

校，所以僅參加此學校招生，要筆試好像參加聯考，如果答不出來或答不好，成績出來一翻兩瞪眼，雖然我的書審及口試可名列前茅，但筆試如果 65 分以下，那就沒辦法錄取，還好這段期間有來台北商學院進修，筆試還可考了 79 分得第四名，雖然不是前茅，對我這種年數已相當不錯了，所以我要感謝台北商學院提供這個平台給我們有機會就讀，畢業典禮因有考上北科大 EMBA 也頒了一個獎，這三年使我對經貿情勢、金融貨幣衍生之產品及匯率操作更加有所了解，幫助我在海運經營上之應用，非常感謝台北商學院教導的老師們。

▌為什麼選擇北科大 EMBA

台北工專是一所歷史悠久百年以上的名校，是國內一所一流第一志願國立專科學校，現在依我所瞭解敘述一下，早期台灣農業社會普遍性吃苦耐勞精神，這是台灣人民寫照，於民國 50 年代漸漸步入工業社會，當時鄉下很會讀書成績前茅的學子，在較困苦的環境下，為能早一點改善家裡生活，而選擇第一志願台北工專就讀的甚多。另於民國 52 年台塑企業王永慶創辦人成立明志工專，創立學校宗旨就是招攬家境困苦又會讀書，有上進心吃得了苦的學子青年，給予優惠學費，在學校期間又可將所學的理論到工廠去體會實作並賺取學費、生活費，所以招收一批一批較清寒優秀學生畢業後為企業培訓人才，台塑企業招考大專新進人員儲備主管，2 所五專學校列入與各大學競爭，其中一所明志工專為子弟兵，另一所就是台北工專，進到台塑企業仍須憑本事，這兩所學校在企業各部門各階層對企業舉足輕重，這兩所學校有一個共同特質，他們很清楚自己沒有大學文憑，以這樣的條件

如何在職場上與人競爭呢？就要憑著自己比別人更加努力，這方面與我略同吧！

　　我於民國 60 年 9 月進入台塑企業，因為我在工作上關係，曾頻繁與這兩所畢業的同事相處。在民國 60 年代，我剛進台塑企業我是學商科，對工科學校不怎麼熟悉，但在工廠裡面明志工專第一批畢業生剛進入職場，並與台北工專畢業的學生分布各廠區甚多，大家一起互動個個都是優秀人才，以當時民國 60 年代在聚合段也認識一批台北工專畢業進來的同事，在南纖時有嚴隆財先生，將他在校所學與實作上經驗，後來自行創業研究 PTA 製程觸媒曾任校友總會理事長，也是傑出校友，還有周世良等都是很優秀的台北工專人。民國 64 年在會計階段，到南亞研究中心設定標準成本又認識一位台北工專化工畢業鄒明仁先生，現任已接南亞總經理，都是優秀之選。當我調到總部總管理處總經理室擔任經營分析工作階段，前往全企業各廠區對各產品做成本分析，此工作須與各產品負責經營主管相互配合，由我將現狀成本，如何改善降低成本，須從產量如何提高，品質如何提高附加價值，原料配方不影響品質情況下降低成本，均須提出實作，其結果如何由我們分析人員將由技術專業人員提出改善事項，轉換成數據於午餐會提出報告，這項工作與配合最長久就是一位台北工專化工畢業高材生名叫王壽錄先生，當時 68 年時代，其職位已是南亞公司的高級主管屬於專案經理人，在化工領域有其獨到之處，為了追求合理改善，其工作態度與所謂紅衛兵(總管理處總經理室分析人員)雙方配合得體，亦因有化工專業技術又符合董座追求合理化的理念，頗受董座的賞識，後來亦追求自行創業頗有成就。在此階段，也與一位從事企業人力資源主

管鍾弘治校友，也是一位相當優秀的同事，後來被請到永豐餘造紙集團，表現得受何壽川先生的賞識，當上總經理、董事長，爾後從學校傑出校友名單是民國 103 年當選之傑出校友，實至名歸。我在採購期間因總裁是當年台化總經理，購買設備及大宗原料均須與總經理接觸，當時認識台北工專化工畢業黃棟騰先生，他的努力、腦力的靈活也是實幹型，如今當上台化總經理，因他傑出表現於 102 年也當選傑出校友。

所以北科大自台北工專時代其畢業生均受業界的青睞，至今以來北科大仍為業界之首選，我以統計在台塑企業人力資料顯示，在生產事業總人數有 48,257 人，其中基層主管以上有 13,836 人，而台北科大(含台北工專)就佔有 926 人，約 6.7%，一級主管以上 207 人，經營主管(也就是以前事業單位專業經理人)就佔有 26 人，佔全企業各產品經營主管的 16%，這個比率甚高，在企業內北科大人表現突出，也成就了多位傑出校友。所以台北科大每年都呈現業界對人才需求視為首選，也是我嚮往再進修的學校，所以我秉著企業『勤勞樸實』精神，也選擇同樣腳踏實地，實實在在的幹活並創新求變的台北科大校訓『誠樸精勤』一樣，最後，我唯一選擇讀 EMBA 的台北科大，雖然一廂情願想進去讀，但仍須參加甄選，筆試好像聯招，每一項也不能馬虎呀!在 2、3 百人競爭下僅錄取 32 名，而我排在前幾名，終於完成我進入台北科大(前台北工專)就讀的心願。

■ 台北科技大學 EMBA 研讀階段

　　進入國立台北科技大學經營管理研究所 EMBA 專班就讀，就讀成員來自各行各業，也有高等公務員，其中也有修過碩士學位，也有正在讀博士班的，也有讀不久再去考台大 EMBA 而轉讀的，有感他們學習毅力很強，在這 2 年來個人有其專業領域，他們在個案研討表現上均有他們的特色與我們企業有不同地方，這也是讀 EMBA 能互相學習之所在，求學問求知識均需嘗試不同領域、不同環境，以活到老、學到老的精神。在校上課如有分組或個人專題報告，各位學長姐合作無間發揮其所能，表現得可欽可點，校內、校外活動很多，事先各有主見到最後。大家還是以北科大的校譽為出發點表現與有榮焉，不愧為北科大 EMBA 的學生，各位活耀神情，也帶給我的活力快樂非常感謝。各位學習不吝嗇付出，尤其我當班聯會會長這段時間，無論迎新或四校聯賽及其他大小活動，容億、業鑫、榮寶等全體學長姐們的投入付出再次感謝。在 EMBA 研習階段最需要感謝就是師長們，胡同來所長、蔡瑤昇老師、廖森貴老師、林淑玲老師、耿慶瑞老師、吳國棟老師、葛建培老師，還有各位兼任老師。而須再感謝的是我的指導教授蔡瑤昇老師這段期間很有耐心指導，將我的論文內容實務經驗如何與理論結合，並將複雜內容整理出有條理的架構。最後須再提起胡所長安排了談判及全球組織營營策略暨領導策略之課程，台大許鉅秉教授、交大馮正民教授、中央林明杰教授以及胡幼圃博士、黃河明博士及本校應國欽博士，尤其是許教授及應教授以及林靖博士對歷史人物解說應用於策略管理上，大家非常感謝他們的傳授。也再次感謝胡同來所長的安排。最後也感謝胡所長對我 EMBA 論文的指導，並建議我能再編成一本書提供青年學子參考。

▋ 傑出校友菁英會

　　我很榮幸進入我嚮往的台北工專，現今台北科大就讀經營管理所的 EMBA 完成碩士學位，有幸承蒙胡同來所長推薦給校方姚校長、林副校長能參與北科大菁英會。經由菁英會理事會蔡裕慶理事長、王小潘副理事長親自洽談，最後獲得理事會通過為母校菁英會會員，也因為有此關係認識菁英會會兄、會姊們，尤其是電子學界老師王瑞材教授及校友總會學長、學姊們，我才有機會獲選為 102 學年度的傑出校友，這對我是畢生榮譽非常感謝。在我參加母校菁英會一年多來，多次參與活動，真正體會早期台北工專培育出的菁英，也是公家機構或台灣工商界的菁英，個個在自己領域都有突出表現，有感與有榮焉。

■ 102 年 7 月 30 日菁英會蔡理事長、王副理事長來訪

　　校方有感鄒明仁、黃棟騰兩位校友傑出表現，透過楊學長安排由詹理事長、林副校長、王副理事長，前來專訪，邀請兩位總經理加入菁英會，壯大菁英會陣容，共同推動產官學研跨界交流與合作。

■ 104 年 7 月 30 日菁英會來訪

引言：摘要

一、午餐會報－關關難過

　　本文作者自民國60年9月進入台塑企業南亞公司纖維廠並在參加考試進入南亞會計處。首先從事材料帳務，爾後擔任成本會計及分析工作，而有機會參加王永慶創辦人所成立之專案組。對南亞纖維事業部進行整頓成本分析工作，也因此於民國64年中首次於「午餐會」見到台塑企業王永慶董事長，並須當面向王董事長報告。當時作者為年僅26歲的年輕小伙子，見到一位嚴肅威嚴具有霸氣追求事理的長者，他就是後來眾人尊稱為「經營之神」台塑企業王永慶創辦人。爾後在總管理處總經理室經營分析組從事台塑、南亞、台化各生產事業之產品進行「成本分析以追根究柢從影響成本因素最根本的地方分析到最後一點」這就是台塑企業王創辦人時時刻刻「念茲在茲」的單元成本分析。

　　自民國64年～69年走遍全企業各地區工廠，這段期間經營分析工作在工作中就是訓練，能瞭解企業所生產產品、製造過程、用何種設備、使用何種原副料，對我爾後在採購時幫忙甚大。長期來於「午餐會」中作者是常座客，當時每個月須準備5次左右的專案報告，也學會分析、歸納、重點表示，並而有邏輯的程序報告，對數據有高深的敏感度對每一個專案能有所交代，又要負起對小組每一成員之訓練，當每一專案報告能呈現在王創辦人及公司高層主管面前不能有差錯，則需下很大苦心，所以當時秉著這一關得到讚賞而過，但是還有

明天，還是要為明天而過。當時對我而言可說是「關關難過關關過」，也學習到王創辦人的「追根究柢、實事求是、止於至善」沒完沒了的境界！另對各公司產品事業部經營主管學習到「單元成本分析方法，追求改善，週而復始，永無止境」。

所以王永慶創辦人以「午餐會報」用「追根究柢」的方式對每一件分析案追問到底，無論是分析人員或經營產品主管們，如果準備不夠充分者，一定被問倒，所以當時「午餐會報」的戰將至今留下甚少，而經營單位主管被換掉的也不少，因此企業各部門主管們皆起敬畏之心，對每一件事情之追求合理不斷改善，不敢掉以輕心，而形成企業文化。

二、學習管理工作於工作中就是訓練

▌制度表單化→表單電腦化→人員合理化

民國 70、71 年實施電腦線上作業，當時被調到總經理室財務管理組工作，針對各管理類別之付款程序及使用表單，須重新設定，尤其會計開立傳票核簽後送至財務部出納審核付款，對每一表單（傳票）程序如何簡化。王創辦人對各類表單如何有效運用，每一欄位須做說明，針對各類表單檢討仍排中午會或利用星期日也曾於春節假期利用放假最後一天檢討。王董事長親自參與追求設定合理性，做到人員合理化，這方面對現場事務人員、會計及出納影響甚大，減少約有一半人員可調到其他單位再發揮。人員合理化是王董事長從「點」深入檢討研究，但對新的制度或修改制度即需表單化，表單則須電腦化。

　　王永慶董事長認為要做好管理，需從「點」為根源去追求改善，所以台塑企業的管理工作都是從細微末節處著手，奠定台塑企業管理基礎。如果管理基礎不夠堅固，只顧經營績效好壞，等到經營績效變壞時其管理基礎被腐蝕就來不及了。所以針對管理工作對根源「點」的追求改善是「永無止境，止於至善」的道理。

■ 賣米經驗─「存量管制」

　　民國 71 年～73 年從事資材管理工作，對「存量管制」這一門專業知識，首先僅得知與材料帳、收料、領料及結存有關，但不知如何設定請購點(也就是最低存量，一次要請購多少量)，關於此項目的管理，受教於台塑企業王永慶創辦人的指導。王創辦人以賣米經驗傳述，如一家幾口人數每月約須用多少斤米，這家客戶米缸容量多少，大概用到剩多少，「這一點就是最低存量」須補庫存的道理。但要實踐也不是那麼容易的事情，但王創辦人直接找我詢問推行怎麼樣。站在幕僚單位立場為了完成任務，而展現執行能力，每天請台塑、南亞、台化各公司總經理室負責資材管理之主管，將所設定輸入電腦運作項目及新設定遇到就輸入方式處理。當時每日由我呈報董座，週而復始的把台塑企業常備材料「存量管制」設定完成，由電腦依實際庫存自動控制列印請購單直接由採購辦理訂購。

■ 美國工廠四支鑰匙之推行

王永慶創辦人海外投資向美國廠商收購塑膠粉工廠，並在德州設新廠，技術及管理由台灣派員前往作業。資材管理部分，董座指派我前往，前後約一年半，首先配合 IBM286 電腦系統設定表單，初期董座亦經常前往美國 N.J 總部主持各類別整頓，資材部分由我帶 1 名需長駐人員。首先由以設定作業系統，董座參與檢討表單並由程式人員寫程式測試系統，自存量管制開請購單開始，經採購輸入訂購資料至倉儲收料，最後完成付款之電腦作業，此為本文中提到之四支鑰匙之材料付款之管控。我在 N.J.測試到一段落即前往德拉瓦州之工廠，然後再到德州，續下至路易安州…最後到加州管廠總部，每到一個地方均有當地之程式人員配合完成測試並當場指導該廠負責資材採購之人員如何輸入、輸出之表單正確性及使用表單目的，待熟悉後由當地人員延續運作才告一段落完成任務回台灣。

三、通信投標－改變採購文化

原來舊制買辦式的採購，也就是由採購經辦自行詢問幾家，其實有的案件是同一老闆報價，也有案件經辦自主性很高，要向那家買就向那家買。如此做法，沒有門路的廠商想要做生意也不得其門而入，當時黑函滿天飛，也有審核人員不公的話，那更不敢想像，所以王創辦人為能建立一個公平公正環境，即採取「通信投標開標作業」，演進網際網路投標報價，其做法在本文內容有做詳細說明。這是台塑企業改變採購重要的一個作法。

自民國 74 年初，作者完成美國各廠資材管理及 4 支鑰匙之電腦管控作業後，王創辦人即調我到採購部執行通信投標制度，起初企業高層很多人認為哪有可能開標就決。但為公平公正處理，董座不斷親自了解執行情形，我每天仍將機械組開標案件自己親自裁決要決否，加上採購部經董座予以整頓去留後之採購人員，這些成員也很珍惜自己的工作，所以推動起來大家都能以新制度徹底去做（可能大家心裡沒有罣礙吧！），否則要順利就難！長期下來開標就決不再議價之案件有 80％以上，若依前購紀錄須再議價者，也須以最低報價為優先決購。如此這個做法給廠商一個公平公正之交易平台，在採購人力方面也很多人件費用。對於後來六輕龐大工程所須材料相當多又雜，如果沒有此套採購文化，要配合工程進度所須，那難度甚高，則投資成本增加甚多。但由此事件我個人感受到推行一件新制度或個案也好，「對的事情」就堅持去做。所以我在 23 年採購工作生涯使我感受最深就是這套「通信投標開標制度」與六輕建造期間對小案件開標就決，而對大案件也是以此公平公正之作法，依最低價或最有利之報價者為優先決購之對象。

我在台塑企業擔任採購工作，對一般而言，採購與回扣好像是劃等號，但對我來說，"回扣"這兩個字對我而言是不識的，您們會相信嗎？我也沒有班底，一做就是 26 年！組織內的人都是為企業做事，我僅代表各公司負責採購，也就是對兩位創辦人負責，如何改變外界對台塑企業採購煥然一新的形象。後續在本書內容中，談起我在台塑企業擔任採購工作之實例是如何做，又如何擔任內部牽制的機能，為此得到兩位創辦人支持我才能達到兩位創辦人所需吧！

■ 王創辦人用人之道

今回想於民國 70～71 年左右，我在海運籌備並隨船執行制度及課長級訓練班時，王董事長已開始注意到我，後調到資材組開始工作就是訓練，後來又因張仁恭副主任提拔之恩，而要辭職，最後被王董事長擋下，開始從事美國資材管理電腦化之執行，這段時間是在測試我的實務能否展現實力，還好我曾經歷練工作可應用於本次工作上。王董事長經 3～5 年短距離接觸，及了解我未到職場前的困境（本文自序中提到）及這幾年工作態度可能符合王創辦人的理念吧！所以找一位擔任採購主管，能為兩位創辦人分憂吧！擔任採購主管以來與兩位創辦人接觸更加密集，對我所做所為了解甚多之原故，董座後來知道我有兄弟在南亞，董座也特別關照，詢問我的兄弟南亞主管，有時會問我現在如何等關心之表意，還有我一位弟弟已離開南亞，還請南亞主管能再找回來，種種之關照，使我由衷的感念，這些在我身上發生，其他的人員仍有此例子，這是對有在為企業而打拼的人一種關照，也是創辦人的為人及用人之道，若有不法者，都會交代送法究辦的賞罰分明、適才適所之用人之道。

■ 受教於總座，學習採購技巧

　　則自民國 74 年 2 月～96 年共 23 年時間擔任採購及發包相關工作，自長庚採購併入後，台塑採購專外組及各公司大宗原料相繼併入採購部，擴建設備及製程改善設備陸續增加，這項工作對我及採購部人員也是一種挑戰。當時董座推行之通信投標作業，已漸漸能使廠商有所習慣，但對設備各家所報設計、效率不同，須作分析評估，但大型設備一次採購，後續再等到擴建時才會再競標，所以每一次採購如果提供一個公平公正交易平台者，各家廠牌會全力競標。當初採購在處理設備案件，因金額甚大，自感覺經驗不足，所以當初仍要請教董座，但董座指示機械設備向總座報告就好。

　　就這樣與總座一接觸有 24 年，不只在設備採購方面得到相當經驗，比如較無技術性依圖製作機械類的設備(塔槽等)，能了解以何種材質製作及當時之材料價格，因從機械部製作經驗提供何種材料其製作工資等之製作費如何，如此可了解各家報價後之合理性，經比價後更加有自信地予以決購。如有技術性設備則以產能大小可依機械系數計算及供應範圍多少計算做參考，尤其在六輕採購設備發揮相當功效，也讓我養成習慣統計如發電廠大小發電量各項設備之價格。

▌取得資訊，搶得先機

原料採購方面，總座在成本方面概念相當深，比如 SM 用乙烯、0.285 苯、0.785 之配比加上製造工資每 T 約多少，則 SM 行情在成本邊緣以下者可大量採購並建槽都有利。其他原料可比照此做法，也得到大宗原料採購心得，也養成每種化工原料行情統計製成趨勢圖比較，此做法也養成各船種市場行情或船價變化，可依此提供層峯做決策之參考。

也因為有以上各項資料取得，起先能引起總座興趣，談話有主題，每次都有新的資料，所以我經常向部門同仁說，總座長期來尤其六輕擴建期間，一星期至少約 3~4 次，找我談不是「開講」，所以跟我一起工作同仁都知道須取得新資訊，為此董座曾向我說「聽說要甚麼資料向你要就有」，使我對各方面資料統計都須更新存底，隨時提供參考，使我在台塑企業採購工作階段對大宗原料採購及六輕建設設備採購及工程發包於本文中見證成效。

▌正派經營

最主要台塑企業兩位創辦人在經營理念上是正派經營，因有一位已離開台灣的集團負責人，向王董事長提起採購設備等可在海外設貿易公司從中刮取利潤之作法，王董事長向我說，他不要這麼做，還有政治人物來關說換取採購、發包工程案件，王董事長仍以社會公益回饋，但不影響企業正常運作的規律而破壞制度，使我在執行上不受阻撓能一片忠誠地忠於人忠於事，於工作上追求每一件合理，創造企業最大利益。

■ 六輕總工程師－總座強有力執行

　　麥寮工業區規劃設計係以「煉化一體」的經營模式，自原油進口年約 2500 萬噸，以管路輸送至煉油廠生產輕油，再以管路輸送至烯烴廠生產乙烯、丙烯、丁二烯，各項上游原料再以管路輸送至各中間原料廠生產。加上麥寮電廠 7 部 X60 萬 KW 之發電廠及 350 噸 X5 套，500 噸 X8 套之汽電共生廠，總共可供電 520 萬 KW，約 416 億度，煤用量一年約 1,400 萬噸占台電總售電量之 18%。六輕使用廠地 2,255 公頃，當時看到都浸在水裡。這要怎麼建廠?王永在創辦人看了之後心都涼了半截，唯有抽沙造陸別無他法，這麼大的面積相當於台北市 8%，約為林園、大社、頭份工業區合計面積之 4 倍，但要填到可建廠的高度，剛開始建廠，當時適逢日本阪神大地震，總座即派員並親自前往了解，如何防震是相當重要的課題。自 84 年 7 月建廠，第 1 階段 5 廠須於 87 年中同時完工，各單位同時集中同一時間完成，對於包商及材料取得，需要相當多資源並對公共工程進度如何掌控如公共管線、碼頭、汽電共生廠等，初期係由台塑王金樹先生及王文洋為正副召集人，廠地規劃整理及各公共工程發包係以簽辦分配特定對象處理但起先推行不力，後來由總座親自主持每週工程會議，對工程進度及品質有問題者，即會議檢討解決，總座強調不能議而不決，認為「對的事情就去做」。工程會一週在麥寮，一週在台北，每次到麥寮須於早上 4 點多出發 7 點左右到達，與各公司主管早餐後，巡視廠區聽簡報，返回行政大樓會議室馬上開會，由各工程部門提出報告，報告內容為目前進度如何？包商能力如何？施工品質或材料品質如何？均須提出

檢討，任何擴建案所發生的問題均與我負責採購、發包有關，如果發生問題都怪給廠商或包商這樣也不公道，為能針對癥結點解決，我的單位也有 1 組人員在工地能即時處理並記錄進度，提供給我作為會議之參考，為此，在會議時，各工程部門提出報告資料也是戰戰兢兢的，均能針對事合理性檢討，「對的就去做」，所以總座在每次會議也能果斷速決，也因為每一件事與我有關，有時找我一起坐車到麥寮，可以事前研討，也因如此經常找我到總座辦公室洽談，每星期 3~4 天每次約一個多小時，除大宗原料行情或發電廠各項設備採購案件處理情形以外，並詢問麥寮各工程發包廠商施工能力及速度，所以我需做功課。長期來對各項設備之了解，每一工程施工發包需用人力工時或鋼構連工帶料之發包建造費用需整理每一工程做比較，爾後可取得更合理費用，所以使我對每一工程速度及建造成本瞭若指掌，尤其是發電廠方面之採購、發包使我累積相當經驗而能展現實力。在本文中提到總座在會議中所裁決之案例說明，足以看出總座長期以來與董座合作無間，將企業追根究柢的文化貫徹到底，就有強有力的執行根源所在。

■ 建立船隊之願景

　　董座為能將美國之塑膠原料運回而成立船公司，當初董座在籌備船公司時，曾向我表示前有經營船公司失敗經過，所以對這次相當重視，在管理上之部份由我籌備，希望這次能成功，經對這行業進一步了解，也有這個行業之專業，最主要就是「人」，如何取得優良船員這是當時先決條件，所以在當時薪資福利等各條件均比業界為優，這是

成功之基礎。經船隻開始行駛台灣經太平洋到美灣，如何使船上之船員做好管理工作，為此董座即找我談，制度你設的，到底船上有沒有落實執行，即安排上船執行管理工作前後兩趟，爾後，穩定由台塑經營團隊運作自 70 年～89 年，20 年時間由 2 艘增加至 10 艘，並向運化學品之市場發展，因適逢台塑企業六輕建造陸續完成，而停止美國原料之運回，而遭受虧損，當時因六輕漸漸完工，董座向我表示由我接管海運之經營並表示依六輕使用之原料如原油、煤等資源，能好好規劃建立自有龐大船隊，爾後對化學船之改革，其他船種之擴充，至今增加到 70 艘，總噸位超過 800 萬噸，台灣最大噸位船公司之一，而完成董座之願景(vision)。

➜ ◆ 目錄 ◆ ➜

一、如何學習理論充實實務經驗－展現實力

以實作與學校理論並行，以台北科大前身台北工專時代，招考學員很多放棄南一中、中一中、附中甚至也有建中等優秀清寒子弟，而台北工專亦有一批優秀的老師們的教導，如電子方面王瑞材老師等，學生也有實幹的精神。在理論學習中與實作互相應用，最後能在其專業領域展現實力。

■ (一) 實務經驗之由來

新進人員從基層幹起，在工作中如何把事情做好，一點一滴累積，能體會其工作精髓，中間需有耐力、毅力而有苦思，用心去做才能想出解決問題之所在，不但對企業有所貢獻，而同時也獲得處事之經驗，進而增加其智慧，一層次一層次的長進累積其經驗，可以幫助你創造事業，財富亦會跟隨而來，所以經驗是你自己的，別人也搶不走，這就是世上最寶貴的東西。

■ (二) 實際經驗－創造實力

實力得從實際經驗而來，有了經驗，能將其實際做法依多年來之經驗，具有豐富的作戰力量，進而延伸其競爭力，擴大其產業印證理論上各項論點。由此了解，參與實務工作，無論理工或商學在學校所學課程，基本條件亦能用於實務上，而實務上所遇到問題，為能求生存如何解決，必須了解當時發生問題、困境，就問題之難易度，依其多年來累積實務經驗－實力，再加以苦思產生解決策略，必須自己親

身去體驗判斷，才能理出其中之道理，展現其實力。所以世界經營者認為唯有經驗才是最有價值的東西。

凡是由基層幹起，不斷對自己所從事工作用心去做，會其精髓道理，一點一滴累積，屆時用到就會知道經驗的可貴。經驗越多其實力更堅厚，成功的機會越大。

＊學以致用，發揮功效

由以上了解實務經驗的重要性，依此累積經驗產生知識，進而運用，展現實力。既然經驗與實力如此重要，那讀書有用嗎?當然有用。為何企業招募新進人員依所學分類，而進行招募程序，也因此新鮮人為能在社會從事其對他有興趣的工作，就必須從學校開始說起。

1. 讀書必須認清你的目的

小學畢業後要考普通中學或職業學校，若還要上大學者則要以普通中學為首要，若無能上大學者，則考慮往職業學校邁進。依我為例，我小學畢業參加屏東中學初級部考試，因故未能上，但同等實力同學即以第二志願上普通中學，高中再上屏東中學，當時我不知何故有此思考動機，依我當時家境根本不能上大學，則依我實力向老師表明要到高雄商職初級部考試，而考上南部有名省立高雄商職初商部，一路對商科有興趣，爾後也考上省立商校高職部，畢業後對商科的興趣，而有一技之長。

　　而在當時仍有很多有實力考上第一志願高中的青年學子，但因家境不好，仍以工專爲首要，無論對電機、化工等興趣爲主而走向工科前程，仍可依其興趣投入工作，依所讀的理論在職場上取得經驗。最後有了經濟基礎後再進修研讀進一層攻讀碩、博士，進到人生另一個階段，而具有專業在該領域有傑出表現，由此了解讀書是爲了能夠「致用」，而認清目的之後，在求學過程你讀書的態度，有沒有達到用功的程度，不是以填鴨惡補方式，而須以用心融會貫通，才能眞正學習將來所用。

2. 求得學問必須在實際工作中驗證

　　在學校所得專業知識，個人依其專業項目如:商科會計、企業管理就須找會計方面或管理方面工作。首先以專業知識參加應試，工科如電機就從事電氣儀錶或電廠方面，化工就進入石化工廠其製造過程方面工作。由此了解依你學校所學到職場第一步就是從事相關專業知識工作。

　　雖然在學校所讀專業科目如未能用功學習，亦未能得到該專業科目精髓，要跨入所嚮往企業之門檻亦有困難。當進入該企業以後，在同樣基礎條件下，就要看個人努力表現出來。如果有的人高學府學問高深，但因在工作崗位上，他的學問無從表現出來，在工作中他的理論無法用於實務上，而貢獻其成果，那麼再大學問也是他個人的，所以每個人都有其性向及認知，對於工作興趣、對於該企業文化認同，則在此環境下認眞工作，將其所學的理論應用於實務上，而有所發揮其效果，也就是應證理論用於工作中。也因此所學的學問才會越精純，於工作中越做越好。

比如以本人為例進職場以學商科的知識從事會計基本工作料帳借貸處理、成本會計，在學校成本會計了解原料、人工、費用三要素，若製程產品則以分步成本、轉步計算為成本會計基本工作，均需要有會計學基本原理做背景，進而從事經營分析之成本分析，在會計階段僅對量差、價差作分析比較，為追求成本實質上的差異原因何在，則需從生產產品製造過程瞭解，產量為何有差、品質良率為何不良，即需與生產製造專業技術人員檢討，生產問題何在、如何改善，而反應在成本上促成有效競爭力。此作業為台塑企業「單元成本魚骨圖分析」，以「追根究柢」的精神分析到最後一點。

＊學問無理論與實務之分

一本書、一篇文章，作者智慧的結晶，這份智慧是作者的經驗，而把自己的心得印成書傳授大家，這是他的知識、是經驗的累積。如果讀書的人沒有經過實際體驗，沒有融會貫通者，只有死背，沒有自己的心得，就說他是理論的，那麼經驗還是作者的，不能成為你的經驗。所以讀書沒有應用於實務就沒有經驗，對所讀理論就不會引起共鳴，或深度不足，往後就難以發揮了。

■ (三) 時代變遷，專業學習之選擇

在我們這一代以前，約在民國 50 年代，在學校所讀科系單純，電機(電力方面為主)、化工(石化工業方面)，唸商科大部分從事銀行或工商會計方面為主，後來科技的開發各項工具，如民國 60 年代電算機、工業用大電腦設備相繼出籠，而學校教育為配合這些新的工具使用，商科就衍生電腦資訊方面如何使用的教育課程，而硬體方面須了解其構造，並於理工科課程了解製造內容並能研發的學習基礎。爾後網路的發展，NB 大量生產，當時大學科系，資訊管理對軟體需求最大，填志願也被擠在前三名，但後來網路泡沫化此項志願又往後退，僅能在職場上的一份工作，而讀電子、材料工程等化工科系，科技業如電路板、半導體、IC 設計、太陽能面板及 DRAM 等硬體的研發，接觸面較廣，所以於民國 80 幾年代依我兒子為例，一位讀電機資工類，一位雖考上化工，但專業課程以材料工程為主，在工作上較能發揮其專業，所以各階段科技業的發展，在選擇學習相關科系在其領域工作領得薪資比其他服務業為高，但逐年來服務業超過 70%，服務業所佔比例提高，而近年來大學錄取率高到人人可入大學，這方面服務業相關科系相對增加甚多，畢業後因薪資較低、流動率很高留不住人，要到其他領域也因無相關科系背景，在職場找工作也不易，如有也是較低薪資之工作(除了物價指數外，這可能影響到薪資倒退之原因之一)，所以無論商科、理工科均以個人興趣為出發點之選擇，但最重要還是在其專業立場用心去做，取得經驗以學以致用往上發展求得高薪較確實際吧！

二、台塑企業 40 餘年職場經驗歷練

民國 60 年 9 月進入南纖工作階段依前面所述再考南亞會計處，當我考進南亞會計處，在南纖會計課工作。

■ (一) 會計材料帳處理建立材料管理之基礎

會計第 1 份工作就是材料帳務處理，也就是將每天資材倉儲收料資料及廠商交貨發票金額與採購訂購價格核對，數量附合收料原則相符後整理付款，開立付款傳票由出納支付。然後將每筆材料、收料、數量、金額記錄於材料帳簿上，這是收料部分。

關於領料部分，工廠內依廠處到課至各製程之成本部門，將每天所需用的材料開立領用單，於每月底採加權平均法，計算由每筆材料耗用成本，依材料別登錄於材料帳簿內。領用成本歸屬各成本部門，每月將幾千張領用單除依材料別登帳外，須將依各部門領用成本詳列於部門別明細表，並依製成部門別開立成本單供各產品計算成本之人員。這項結算集中在月底至月初 5 天內（當時均以人工處理）非常忙碌，且須有高度算盤能力，才能符合這項急迫的工作。還要投入時間，加班時數最高曾達到 98 小時，這項工作都是新進人員在做，當時對一位年輕人也是一種磨練吧！後續還要將 3000 筆(10 本帳簿)各材料計算月結存數量、金額，對於入帳、出帳與成本歸屬金額須相符，不能有差錯，否則當成本計算人員算出各產品負擔原料成本及材料費用差異大時就須了解其變化原因。另外為求「帳」「物」合一需每個月向資

材倉庫之實際物品抽點，再於定期執行總盤點。雖然此項工作對會計僅收料、領用、入帳、出帳、轉成本計算等，看起單純工作，但要做好「資材管理」工作，也因有此基礎之打底，在財務結構分析上之存貨內容能詳加了解是否實質存貨能即時變現的能力，種種判斷都與材料帳處理有關！

■ (二) 會計成本計算及分析，為經營分析之基礎

於民國 63 年間轉換工作擔任成本計算，此項工作於月初將上月某產品生產，依製程製造各段間產生多少在製品、多少產量，以學校所學成本三要素：原料人工、費用於成本部門各自發生，以分步成本計算方式一部轉一部，以不同產品經過不同部門計算出各產品之成本，在此階段做成本計算，須了解各產品製程，以南纖為例，分為多元酯棉、原絲、加工絲等產品，其製程原料投入 → 聚合體 → 紡絲 → 原絲 → 再經假撚生產加工絲，有部分需染色，部分原白，都須經過筒子機製成加工砂，後來研發不必經過筒子機，直接由新型假撚機生產 POY 加工絲，所以在南纖產品中成本計算最複雜是加工絲，此項一般安排由資深成本會計人員擔任，但要做好此項產品的成本計算及分析，最重要還是要了解生產製程來龍去脈則可駕輕就熟，在我擔任南纖會計成本組長時，承蒙曾毓郎課長及蔡茂林副處長推薦進入總管理處總經理室張仁恭先生所組成成本分析專案，參與董座、總座主持的改善團隊。

▌(三) 經營分析－午餐會報

＊進入企業總管理處總經理室幕僚單位從事經營分析工作展現實力

經營分析工作就是以單元成本分析追根究柢之做法，追求改善、降低成本，此工作也就以會計成本分析為基礎，再進一步細分發掘問題，不斷改善，「止於至善」。

在經營分析組這段期間，對本人而言可說是受益良多，對全企業所生產的產品有所瞭解，尤其是南亞公司的產品如纖維及各項壓出塑膠製品、三次加工製品。新東廠以單元成本分析方法，與經營主管檢討如何降低原料配方成本，如何提高產量、降低成本等等，均從成本會計實務進而與經營面結合。

經營分析機能除將每一產品如何降低成本以外，亦將每一產品做一評估，是否依勢而為而隨需調整，如新東廠是否繼續存在之價值及玻璃紙之包裝用紙及被當時新開發 BOPP 包裝用紙所取代。這都是長期來累積成本分析之經驗，及經營分析產品是否存在永續經營的價值。經營分析，進行了解該產品在市場佔有率，是否有高品質優勢，相對加工使用價值比同業為高，如南亞膠皮、膠布等任何產品。為能不斷成長，唯有不斷創新開發新產品，如皮包、鞋類用新材料(各種不同類別膠皮)，為能生產具有競爭力商品及低成本的產品，經營條件重要項目如:(1)原料成本:尋找對換原料廠商，以品質為優兼具有競爭之原料價格；(2)生產產品設備效能亦相當重要，選擇全球優良廠家參與競爭取得優惠價格，生產高品質而有效率高產能之設備。

在經營分析階段對於上述兩項重要分析項目對我在採購期間，關於大宗原料採購及大宗設備採購影響甚大(核心競爭力之一——採購、發包另行說明)。

在這段時間每一專案均須提供台塑企業有名「午餐會報」，也瞭解到王創辦人對台塑企業經營之用心，依其經營理念與員工有所共識，而形成企業文化如下說明，在這一文化下，所有台塑人均能徹底落實去執行。

在「午餐會報」這段時間，無論是制度表單檢討，經營分析診斷以單元成本分析方法進行發掘問題，在午餐會的時候面對台塑企業王董事長，大家一股嚴肅表情，心理內有「挫咧等」的感覺。如果不夠深入就被追問，久而久之，企業內各層主管在這種具有相當壓力的工作環境下，才能真正鍛鍊出你的本事。當時對我一位年輕人而言，有此機會也是一種榮幸，雖然壓力大但可鍊就一身膽識，在專業領域又學習更多。

「追根究底」在經營管理上並無花俏，本企業最善用的管理利器是追根究底，凡是不放過細微末節。只有持續不斷的努力，事事追根究底，謀求止於至善。董座面對問題一定要追究到水落石出，否則絕不罷休。亦因創辦人王董事長在午餐會時對某一事情一定問個究竟，使每一件問題更加深入，追求更合理化。在表單檢討時，對於所設欄位還有何用途功能何在，所以台塑企業主管們戰戰兢兢，不敢稍有怠忽。也因如此，對我長期在他身邊工作的人，時時都需要努力做功課，整理資料以備詢問，亦能幫助自己學習更多，對事情之瞭解更能深入，予以全盤掌握。凡事下足功夫，如經營管理的成本分析就要追根究底，分析到最後一點，能節省一塊錢就是賺的，台塑企業就是靠這一點吃飯。

我在經營分析組民國 67~69 年這段期間很頻繁參加午餐會報，親自而為了解企業內產品與公司各單位主管接觸，在董座主持下，各單位主管也戰戰兢兢的追求改善，這就是台塑企業文化「追根究柢」大家均能徹底去執行，對我學商而言，能了解產品製程、特性，我也學習甚多。但在一次內部會議由主任主持，不知何故屬下成員在會議上砲轟上級主管。為此我也不明白調到幕僚，是否因這次事件須負責任不得而知，事後一批優秀成員向我表明不是在說我，當時事到如今只有坦然以對，能得到寶貴經驗對以後有幫助才是最重要的。

▌(四) 海運籌備－建立船上制度

台塑企業王董事長這次建造 EDC 化學船將美國 EDC 運回台灣補充 PVC 原料不足，董座對這次是否籌備成立海運公司相當重視，在籌備時曾向我說，曾經經營海運有失敗的案例，如木材船。所以特別交代是否自己營運或委外營運需進行評估，所以在籌備時朝著本企業的優勢制度管理方面著手。

1. 船運制度設定：

關於海運經營，台塑企業並無此類經營人才，那要如何籌劃方能使「台塑海運公司」成功呢？1980 年台塑海運籌備階段，為避免失敗，王創辦人依據承運商品特性，及台塑企業本身管理能力的優勢，委派台塑公司塑膠事業部主管蘇忠正先生擔任海運化學品承載之技術研發工作，台塑海運公司之船員管理規劃、會計管理制度建置，則指派總管理處總經理室經營分析組組長楊映煌先生擔任，負責與外界航運管

理顧問公司接觸、討論與評估台塑海運經營管理，同時與「長榮海運」張榮發董事長的經營團隊正式接洽，也評估雙方合作，甚至將台塑海運 2 艘自有船舶全數委其經營，亦可列入評估參考，此一籌備期間，王創辦人不斷地提醒籌備團隊，應細心的向長榮海運求教，經過半年來瞭解，得知海運業成本計算係採航線航次，貨櫃以每櫃成本多少含油料、港口費用及固定成本，而本企業以美灣到遠東(台灣)每船以航次承載量計算每噸成本，若有出租計價則以 T/C(為本企業所稱固定成本)，不同於製造業的分步成本或分批成本，為此張董事長以航運業的 TC 與我方所強調的固定成本是一致的，在成本的追求降低理念是相符的，在這方面本企業是強項。後來考量到台塑集團長期經營需求，籌劃團隊仍決定朝向自己營運之目標進行，唯有實務經驗之航運管理人才要如何取得？考量當時優秀甲級船員均嚮往長榮海運公司工作，針對船長、輪機長、大副、大管等高級船員之薪資除比照業界龍頭長榮海運外，因承運的貨品數屬特殊化學品，業界對於化學船標準津貼普遍較高，為確保台塑海運經營成功，一舉將標準津貼提升高於業界水準 20%，此舉在當時航運界確實發揮到號召力，成功招募到所需優秀人才，所以在結合台塑管理文化後，台塑海運籌備團隊相信，台塑海運成立後應可在航運界佔有一席之地。

2. 管理制度執行－橫渡太平洋

1981 年 4 月台塑海運成立開始營運，首位經營者係由台塑公司派任蘇忠正先生擔任，營運之宗旨係以 EDC 專用之化學船為主，行駛美國 Gulf 往返台灣之固定航線，王創辦人指示管理人員必須上船執行管理制度及設定標準成本，故台塑一號及台塑二號由台灣高雄港首航橫渡北太平洋到美國及加拿大航行時，楊映煌等管理人員均分別搭乘前

往，除確保設定制度在實務上能付諸實行外，主要透過實務操作瞭解到制度設定不足的部份，如輪機部份，是否按各職責分配在機艙及控制室輪班執行，與船長、輪機長核對陸上所設定工作規範是否齊全並能落實，預防保養檢討預防保養是否落實，備品是否備妥等，目的港抵達時，領港上船指揮、船長及當班船副進行操船之操作規範，建立是否完善？管理人員在船上瞭解裝、卸貨工作，藉以評估每小時裝卸效率標準，在港時的發電機、主機耗油量如何，及航行時之耗油量如何，均需一一設定，並設停一個港口須花費多少港埠費用，並有效管制用油量，如何設定最佳經濟航速等，並分析在那一個港口加油是最經濟等，並依航速設定該航線（遠東（台灣）→美國或加拿大→台灣）之航行天數，因承載貨為大批量之 EDC 為主，設定出標準的營運天數應為 65 天，並將該標準天數納入工作規範，確保能有效執行，每艘船用人數亦由 26 人原編制調整成 21 人，以此設定標準成本。也因為有船上執行管理工作經驗，爾後在經營上依此經驗做為追求經營績效之基礎。

■ 圖 1　橫渡北太平洋的險峻

3. 身歷其境－行船甘苦談

在這次隨船航行由高雄港出發，經花東海域，在船艙內看著一群海豚伴遊護送至太平洋，第一天早晨即安排船長、輪機長開會檢討這一趟工作計畫，船長、輪機長負責項目是什麼，我及隨行助手如何整理資料，會議到一半我有感要嘔吐，我即向各位稍等一下，到廁所吐，這一吐之後，整個航程就沒有再暈的現象，依往常上班工作一樣，白天工作、晚上睡覺前思考後續的工作規劃。前往加拿大、美國途中，約一半時間在大片的北太平洋中度過，每天一起床好像在原地一望無際，在大好天氣時〝碧海連天〞，最後經過白令海峽到接近美國海域前〝拂曉未明亮〞前〝漁火萬點〞，感受到漁夫抓魚辛苦與樂趣吧！最後進入溫哥華港嘴前，領港上船，船上各有關人員就位，我也在駕駛室內，聽領港在指揮船上船副們，口號左舷、右舷，大家集中精神為入港而準備。有件事值得一提，就是一位隨同工作的管理人員，中途即暈船「臥在床上」，在那時候據雙方船長通訊，另一艘隨船的管理人員因暈船已受不了，決定到岸後搭機回台灣。在那時候據我判斷，可能只有我能正常工作，又這次董座交代任務，航行還不到一半，要做的事情還沒一段落，當時我即向隨行人員說明，我們不要搭機回台，忍耐一下繼續完成任務吧！

所以我這一組繼續回航工作，回航途中接近日本海域時，遇上一個颱風，當時張仁智船長依氣象分析及預測圖顯示颱風位置，我們船的位置與最接近日本鹿兒島的距離並了解颱風走向時速，依當時有人建議就近鹿兒島入港避颱風，如此者則須耗用時間及各項費用，但張船長估算加速航行可避開此颱風，即向我說明此情況，我即向他表示「你是船長，有你的專業，我相信你的專業，依你的計算判斷，去做吧！」。

當時我與船長船副們一起在駕駛台上看到洶湧駭浪的情景(如圖1)，我也一一拍下我行船的歷史一刻！最後暗夜後黎明的到來，完成我一生難忘行船經歷，也使我完成董座交代的任務，由此次經驗，一個人遇到困苦不退縮，這與我在自序中提到耐力、毅力的特性有關，這次任務也深深影響到我的職業生涯。

▌(五) 調回總管理處總經理室

當完成海運籌備工作並隨船執行制度及設定船運標準成本，當時隨船另有一組因受不了暈船的痛苦而坐飛機回來，而我這組爲了完成任務仍坐船回來，提出午餐會報而受到王創辦人及台塑公司高層主管肯定。有一星期日於董座公館會議檢討正式營運公司人員編制，台塑高層提議調我至海運參與經營，當時我的主管、主任及副主任認爲我須再調回到總管理處總經理室工作，當時「董座」未表示意見，待一會兒即表示「由我本人決定」，因爲我主管已表明態度，所以我也未當場表明，董座表示再檢討，隔天董座找我到辦公室問我意見，我即表示:我回總管理處，如果「董座」有關海運方面之事宜，可交辦我仍可參與海運之事宜，董座表示「這樣思維很好」。總管理處高層主管:「即將坐飛機回來的另一組成員林先生當時擔任財務組組長」調至海運協助經營，而我即接他的位子擔任財務組組長。

當時民國70年台塑企業正推行OnLine電腦化，則進行財務、出納、股務及會計傳票等作業流程及表單做精實化的改善。

1. 財務結構分析之理念

　　財務管理在財務管理組時了解資金來源及運用之操作，另對財務單位付款之作業程序及表單簡化均取決於在會計時之經驗，但對財務結構分析等管理會計之深一層了解，在職當中進修大學部及研究所均對我有更深層的認知，爾後做爲經營事業之活用，如海運公司資金來源除營運賺錢外，並將船當商品買賣做有利增加資金，當時累積了相當資金，王創辦人長期來常說「有錢才來擴大」即進行投資評估，首先做財務分析，在 2008 年資本淨值增爲 13.17 億美元、淨值比 70%、流動比率 150%、財務結構、償債能力強、財務槓桿指數(股東權益報酬率÷總資產報酬率)爲 1.5>1 代表公司運用有利的財務槓桿，對股東爲有利的影響。這些都是我一路來在會計、財務及外部進修學習再以實務驗證結果，應用於決策上。

2. 國際貿易－外匯操作實務之運用

　　在財務組期間對此方面多少了解國際貿易實務如 FOB、CFR 何種材料以 FOB 交易自行攬船，何種特殊設備等以 CFR 由賣方攬船等交易條件，另對長期交易之夥件可以 D/A 或 O/A 爲付款條件爲進口商之優勢。國際貿易交易幣別對於大宗設備或運輸船隻交易，因金額大須向銀行貸款，以何種幣別向銀行貸款如在美金利率高、日幣利率低，兩者利率差大，長期來以日幣對美元兌換匯率之變化趨勢多少仍須有了解，如日幣貶值時可購入日圓或轉換美金計貸，可避險之功效。這方面在學校進修時之國際貿易金融市場之外匯操作實務及經貿情勢分析等課程有所共鳴，而得到此方面經驗，能運用於實務上運作。日幣

貸款長期來受到美金對日幣之變化影響，造成匯兌盈、兌損，依擴建分期說明如下:第 1 期、第 2 期入帳匯率 114.68，還款 105.19，匯率兌損 7,651 萬美元，日幣比美金利息有利 9,715 萬美元，所以 1、2 期以日幣貸款仍有利 2,064 萬美元，所以第 3 期辦理貸款財務部建議不以日幣貸款，但因前 2 期的經驗則建議總座仍以日幣貸款，再視變化做調整，最後交船時貸款日幣入帳匯率 87.84，實際還款如果日幣兌美金以 108 計算，仍有利匯兌盈 2.5 億美元。

3. 董座不同意我前往印南工作

在財務組這 1、2 年期間，我的主管副主任向我表示是否前往南亞印尼廠接李憲寧(因他預定回來接經營分析組)，此去不是半年就是一年以上。經和太太商量，當時家境還不怎麼好，就同意前往。〝事情來了〞我的主管經向董座報告後，董座找我去辦公室向我講印南廠要收起來，再上船去一趟吧！董座這一擋，又改變了我的人生。「董座」交辦由我再上船了解前一次上船執行結果如何，再做第二次 2、3 個月航行執行管理的工作。

4. 安排資材管理組工作

跑船回來後不久我仍參與財務組長工作，後來不知何故經營分析組原安排侯水文接任，但又不知何故李憲寧仍堅持在經營分析組，總管理處主管仍將侯水文(因他也是南亞會計出身)安排至財務組與我共攤財務組工作。綜觀回顧當時看來還有點亂啊！當時約民國 71 年底~72 年初，董座正推行存量管制電腦化，須連結到採購管理系統至收料、領料整系列庫存管理，提出合理請購量。但不知何故資材管理組

長不斷換人，是否無法配合董座推行腳步或因涉入採購審核較敏感吧！

當時被調到資材組主要工作為資材管理制度設定、各公司執行結果之稽核，另一機能就是採購案件審核。

▌(六) 資材管理工作階段

當我接組長後，原組長是陳德耀擔任，我即安排他擔當審核工作，我可專心配合董座推行「存量管制」，由電腦開請購單。

1. 全企業存量管制推行

(1) 常備材料

係為生產上經常須使用的材料如原料、副料及一般經常使用材料。但材料從採購到入廠，如國外材料需要一段時間，計畫性生產或客戶要求的交貨期限又急迫，在時效上必定無法配合，則此項材料必須保持適當的庫存，但庫存需要準備多少?準備多了，造成資金積壓，財務負擔提高，如果準備少了因庫存的材料不夠，無法配合，造成交期延誤或訂單流失，對客戶的信用喪失，損失嚴重。所以對上列常備材料，先設定一個庫存基準，也就是設定(月)旬用量，最低存量及設定請購量，予以控制庫存。存量管制基礎項目設定方法：

A. 設定月(旬)用量:依過去使用情形，並參照年度產銷用料計畫設定。

B. 最低存量(請購點):設定開立請購單之時點，其設定要像計算式如下:購備期間用量+安全庫存量。

① 購備期間用量＝〔採購作業期間 (含運送時間)

　　　　　　　　　　＋檢驗時間〕設定×設定月(旬)用量

　　　　　　　　　÷30 天(10 天)計算。

② 安全存量＝ (購備期間用量×用量容許差異率%)＋

　　　　　　　　交期延誤時間用量。

C. 設定請購量：

應考慮材料性質存放時間，使用金額大小，供應地區交貨條件、倉儲容量及儲備成本等因素綜合經濟量設定。例：外購買材料設定旬用量 30 噸係向美國地區採購。各項基準計算如下：

① 購備期間：採購作業期間（含船運）為 119 天＋檢驗天數

　　　　　　4 天＝123 天。

② 安全存量天數：購備期間 123 天×30%＋10 天＝47 天。

③ 最低存量＝（123 天＋47 天）×30 噸/旬÷10 天/旬

　　　　　　＝170 天×噸/天

　　　　　　＝510 噸。

④ 設定請購量：依地區船運時間及價格變化因素並考慮經濟性設定

　　　90 天×3 噸/天＝270 噸。

常備材料請購時點，依上述設定基準項目輸入電腦，每日由電腦運作，將實際庫存（倉儲量＋在途量）小於或等於最低量時列印「採購單」由採購辦理作業，例：1/22 庫存量 180MT，1/22 在途量 270MT，其採購量及需要日計算如下：

① 採購量：設定請購量(270MT)＋最低存量(510MT)

　　　　　－〔庫存量(180MT)＋在途量(270MT)〕＝330MT。

② 需要日：開單日(1/22)＋庫存可用天數（150 天）

    －安全庫存天數（47 天）－檢驗天數（4 天）

    ＝1/22＋99 天＝5/1。

　　請購材料的存量管制依以上方式運作，但實際用量與原先設定旬用量，比較有所差異時，則原設定基準數量不切實際，及由電腦自動修訂旬用量基準，據以調整請購基準，並以新基準核算庫存量之可用期限(扣除安全存量)若有已訂購未交量者與期約交日比較，須提前或延後時及印「交期變更單」通知廠商，如此以上庫存管制之作法，可以確保合理庫存，以配合生產需要，此為本企業現行運作之辦法。為能再進一步追求更低合理成本，仍必須從各有關方面不斷檢討，如倉儲管理之材料是否導致成滯料或發生時應即將「物」與「帳」明確劃分予以處理不致於影響正常存量管制運作，用料量是否浪費或遺失，均要予以管理。另一點採購作業是否合理、廠商交期是否準確、採購對交期是否跟催均影響購備期間長短及材料品質問題故採購與存量管制息息相關。材料庫存管理的好能使生產順利，須實施「存量管制」做法並能降低庫存、減少財物利息負擔，為能達到此目標須能徹底執行採購管理作業甚為重要。

(2) **備品**

　　係為生產設備需要的備品零件，雖然不是經常在使用，但若設備發生故障，材採購備品零件來更換，其因而生產停頓所造成的損失更是難以估計；因此這類材料亦須備有適當庫存。此項材料存量管制辦法原則與上述常備材料相同，但因備品不經常使用則須備品，故最低存量及設定請購量均以量為輸入基準。例:機械備品材料年領用 3 次，每次領用 3PC。則設定最低存量為 3PC。設定請購為 3PC 補足庫存，

但須考慮一次經濟批量，而本批材料每 PC10,000 元，每批採購費用 300 元，每單位倉儲費用以 10 元計算。其每次經濟批量為：
$\sqrt{(2\times300\times9)/(10{,}000\times0.06+2\times10)} = 2.95PC$。故此項材料設定請購量須符合經濟，材料金額較小時，得提高設定請購量，若領用次數稍多，並須向國外購買者，亦考慮購備時間等。

(3) **零星材料**

係為文具用品及工廠消耗品。任何企業，都需要使用原子筆、信封、表單等等的文具用品，這些用品的使用金額很零星，但領用次數頻繁，如果向上述的常備材料那樣，列入材料帳來管，收發料、填單、記帳的工作，勢必要花費相當的人工，而且每一次需要的時候，須開「採購單」，就由採購零零碎碎一次訂購金額幾拾元或幾百元向廠商訂購送貨，除廠商不勝其煩外，自己採購每一次所辦理案件費約 300 元以上甚不經濟。因此這類材料由各部門列示各類所需項目及一個月約用數量先由採購與廠商議定價格，訂立一年或半年合約，因金額小，可集中一個月一次向廠商叫貨，由廠商直接交到各使用部門，以費用列帳，簡化各部門作業，另一方面為能達到費用之控制，仍沒訂標準使用金額與實際比較之差異，來執行獎罰，如此，可簡化外，並可達到費用管制的效果。

(4) **非常備材料**

凡非經常性使用之材料，於需用時才提出請購之材料例如:特殊訂單生產用材料，工程擴建或修造用材料及試製用材料等，均不能設存量管制，僅於需用才採購，但此類材料何時須用?何時提出請購?甚為重要，使部門之進度計畫須精確，採購作業時效亦須確保，才能配合

需用，如果施工進度拖延而材料已到廠則造成資金積壓或材料滯存，若施工進度超前或臨時急需或廠商延誤交貨，其影響更大，未能做好此類材料的管理，用料計劃如工程進度安排、保養計畫安排、特殊訂單、用料計畫安排等精確做好外，採購作業的管理須執行更好，才能配合所需。

2. 材料付款之控管

進而了解資材管理由請購→採購→倉庫收料→付款（4 支鑰匙）

資材管理：(1)存量管制、(2)採購管理、(3)倉儲管理（倉庫收料）。

材料款付款之管控－4 支鑰匙的形成

(1) 會計材料帳處理材料付款的經驗、會計實務工作：
採購單的採購價總額之核決權限是否與發票金額相符，開立付款傳票。

(2) 財務出納支付此項工作與會計機能分開，本人擔任總管理處總經理室財務管理組檢討會計至出納各項付款傳票之應用。

(3) 擔任資材管理組工作，推行全企業經常使用原料（a）設立存量管制電腦化，採購管理之訂購資料輸入訂量、價格，並建立廠商資料，除詢價使用外，亦引用於財務建立各廠商分別於各銀行交易資料輸入，以利財務部信匯支付貨款。

倉儲作業管理及付款作業：

A.　材料管理除能將存量管制、採購管理作好外，後段倉儲作業須予配合，做好料位管理，使材料收、發情形明確，廠商進料時依所須規格標準辦理驗收，發生交貨異常時依前述做法配合辦理，另對庫存量是否流失，須與帳目核對進行盤點，對滯存不用材料應與正常料分開，確保實質存量，使存量管制之請購量準確。並對滯料部分由電腦處理可否其他單位可用者，進行內部購撥交運之工作。

B.　內購付款作業之牽制：

內購案件於訂購時由採購輸入單價，倉儲部門收料時輸入收料量，由電腦計算總價，然後由會計部門輸入發票金額核對收料後之總價，符合者即辦理付款，若不符時係為收料量之問題由會計退回倉儲部門處理，會計亦無法修改總額，如此達到互相牽制之作用。

3.　美國各廠資材管理之執行

台塑企業進入國際化企業，無論併購或設立新廠要在地主國（美國）占一席之地，除引用當地資源外，最重要有台塑企業優勢：：生產技術優勢，管理技術優勢，但我個人參予瞭解當時景氣不好處於虧損狀態，但董座親自參與，不辭辛勞督促檢討如何做好各項經營管理，奠定在美國設廠基礎，這也是我國在海外購併策略成功的例子。

接受董座(王創辦人)調教－赴美國執行資材管理實務-民國 72 年調資材組，當時董座推行存量管制納入電腦管理，董座以早期賣米補庫存之做法教導我們如何將全企業各常備材料設定庫存量，請購點由電腦開單採購，那時候講實在對於這門新管理工作抱持認真學習之態度，心情亦平穩下來．一心一意要把工作做好，當時存量管制不只將制度作業程序設定就好，還要每天將台塑、南亞、台化逐筆輸入電腦資料，呈報董座，如此不斷建立完成（董座所言遇到就建）。台塑企業董座於 70 年初期在美國購併幾家塑膠工廠，為能突破困境，董座仍將台塑企業現有優勢，能帶到地主國發展，無論技術或管理都由台灣派去。管理部份由經營分析組長潘俊宏（該員係接我經營分析組）帶一批人員前往設定各項管理作業，其中以資材管理工作為例，僅能設定後提出書面報告，回台呈報後，請美國廠人員去執行怎麼做與原來做法、文化均有不同，又我方人員在實務上經驗可能較欠缺吧！

為此董座急需再派員前往，資材管理部份，即找我帶人前往美國各廠，建立存量管制項目並執行實務由電腦遇到請購點時自動請購→採購訂購資料輸入→資材倉儲收發料→會計審核付款等四支鑰匙，從存量管制請購出單經採購訂購轉倉儲收料，與廠商發票符合完成付款之電腦作業，均由作者親自操作，再交由當地人員執行，為此在加州 J.M 總部操作電腦時，被當時擔任 J.M.總經理王總裁詢問為何自己操作，當時為能使當地人員落實，唯有實務操作教如何作業，這也是我長期來在此經驗之展現。

▌(七) 接受董座安排－採購工作之執行

1. 王創辦人交辦重要任務－採購

1985 年初在加州「JM」工廠時候，當時已過完新曆年，王創辦人問我說「什麼時候回台灣?」，我也感到訝異，每次都要我留下，怎麼這次反問我是否回台灣，因此即回答「這裡工作還沒做完，等做完就回去。」，王創辦人沒說話，只「喔」一聲。(爾後才知道台北有一項重要任務要我去做－採購工作)。民國 74 年 2 月舊曆過年前一星期回到台北，隔天上班董座找我去辦公室，告訴我要我去採購部幫忙，我即回答採購工作個人沒興趣，如要執行管理制度，我可以去幫忙，預定半年時間，過完年後即調到採購部。首先開標作業建立上軌道，採購採電子化執行，4 支鑰匙付款作業並執行開標原則徹底落實，經過三年，曾向董座報告採購工作可以離開，董座表示已執行至此繼續做，後來遇到美國烯烴廠擴建，而繼續做到民國 80 年，約 7 年再向董座提起，認為台灣六輕要開始，須繼續做，就這麼一做，待六輕完成後時間一過 26 年歲月。

2. 王創辦人對採購人員整理整頓

民國 74 年 2 月過完年上班董座即找我到他辦公室，要我到採購部去工作，當時我有點惶恐，據說近幾個月來董座親自為採購人員總體檢，也就是說近年來由外界傳聞，對企業之採購人員操守問題相當嚴重，並有提供名單由董座親自面談了解，對不勝任之採購人員由其離

職，徹底重整採購部組織結構，並設立一套公平公正交易平台，即通信投標之開標作業(此項作業本文中有詳細說明)。

雖然我對採購工作不感興趣，但董座既然已說出口要找我去，我只好向董座報告我先將採購管理工作先著手做好，及通信開標工作落實徹底執行，其他再說。經過參與實務工作初步了解，為何董座對採購進行改組，為何外界對本企業採購種種雜音甚多?主要因素採購沒有一套公平公正之做法，如遇有採購人員操守不正，偏袒某些對象，為能配合制度所需幾家報價，一個人亦可多報幾家，如此掌握在採購經辦人手裡，造成其他有能力而不得其門而入的廠商，則造成亂象。當時董座為何急需找一位來領導採購，任何一套制度都需要人去執行，執行是否徹底，而帶動整體人員去做，這是否能達到所需目標的關鍵。

經過半年董座對採購工作之改革已訂出一條明確路線，通信投標開標制度本人亦有所了解，需實實在在走下去，即於74年8月正式任命我負責採購實務工作，當時採購部成員經過一段時間董座親自操練，該走已走，在此新環境下由我帶領這批成員，亦能珍惜他們工作，在推行上較能推行新的做法。

3. 教導型領導者

如何成為教導型領導者:領導者角色由指揮全場教練，轉為諄諄教導良師。則本身接受創辦人指導，並能了解國際經貿情勢，蒐集資料最為有用資訊，在採購初期70年代末為能吸收新世紀的知識，又前往中興大學法商學院充電四年，增加多方面專業知識，經過實務運作，能思考和行動才能進一步教導他人。

　　另一方面，在專業技術上了解，如製程壓縮機或發電廠各種設備，一邊工作一邊學習，對自己本身或多或少有所瞭解，與廠商及現場製程人員不感生疏，在價格談判上不會被蒙騙，多少設備結構以合理價位為籌碼。故一位領導者應有自我革新能力，才能對現況環境應變。一位領導者如何引導激發出員工使命感，以自己身為採購主管的我，受到董座重視信任，依我人格特質要做就徹底去做，任何一套制度，都要〝人〞去執行，執行是否徹底，而帶動整體人員去做，能達到所需的目標，為台塑企業建立一個公平公正交易平台。

■ (八) 採購發包之實例說明

1. 擴建設備採購

    (1) 民國 74 年擔任採購工作第一次參與擴建 PTA 設備採購案。

    (2) 民國 75 年政府核准六輕擴建案，爾後陸續各擴建案之設備採購如 PA、2EH、SM、PX 等。

    (3) 民國 77～79 年美國裂解廠等中下游廠擴建設備採購。

2. 民國 75 年長庚醫院藥品、耗材及儀器設備等採購相當效益如後說明，並受同業認同而請求協助採購，這是我早期擔任採購最有成就感之一，另也幫助民視公司詢議價電視台硬體設備，另有一件重大電信設備採購，發揮採購經驗防止錯誤之投資。

3. 大宗原料採購，以台化為主之 PX、SM、耐隆原料 CPL 等原料之採購，總座、總裁有共識低價於成本邊緣時做大量採購創造甚大利益。

4. 麥寮六輕建廠仍最有感受成就感就是配合總座於民國 83 年跳入
   第一線對六輕工程之推行，尤其是電廠設備採購、營建材料及海
   事之發包及各廠統包與單項鋼構發包，在六輕展現採購發包之實
   力詳細於後說明。以上各階段承受兩位創辦人的指導。從學習時
   候得到經驗，能在六輕擴建時展現實力之企業文化創造更大價值。

■ (九) 海運組織重組，爾後經營績效現況說明

六輕告一段落，參與重整海運經營工作，首先組織重整為海外正
式公司，從原先 10 艘整頓，營運模式於低船價採購各種船隻，並於高
價時出售船隻，由以上之經營模式創造龐大的船隊，詳細說明於後。

三、 王永慶創辦人開創台塑企業發展沿革

▋(一) 台塑企業塑膠工業垂直整合之發展

1. 初創期之困境：

據王創辦人之初曾告知及其各項著作手稿中瞭解，王創辦人對PVC產業雖外行，但事先遍訪專家學者，對市場進行深入調查，發現台灣生產燒鹼遍佈各地，每年有70%氯氣可以回收利用，來製造PVC粉。

民國43年創立台塑，王創辦人投資50萬美金，每天生產4噸PVC粉生產量，可說是全世界有史以來規模最小，亦導致成本偏高的主要原因，起初品質也不符合標準，量產1年生產100噸，卻只賣20噸，當時王創辦人的情境可以想像的煎熬，他也了解到當年日本產量3,000噸，人口不過是台灣10倍，則台灣產量應該有300噸。於是王創辦人進行擴產並提升品質、降低成本之策略，當時和他合作合夥，嚇得相繼求去，但王創辦人不退縮，全部吃下所有產權，成為獨資企業，資金不足但為求生存只有想辦法四處張羅資金再擴充產能。當時如此困境，依我以經營分析觀感甚難維持營運，但台塑企業王董事長當時當突破萬般艱難，適度擴充產能，卻又面對下游規模太小，產品去化的市場非常狹窄，經營上仍然還是存在重大的困難關卡。

2. 創立南亞公司－發展三次加工產品，而開創塑膠工業

　　台塑企業王創辦人發展塑膠工業爲了 PVC 粉找出路，於 47 年成立南亞公司，即以"南亞"二次加工生產 PVC 管，要取代當時均用鋼、鐵、鋁等五金材質，這也不是一件容易的事，經過一番波折，本身不斷改善品質，能給使用者有信用，才打開銷路，至今各項工程配管均用 PVC 管，並再引用至各項民用竹筏，改用 PVC 管：其使用量驚人。這部份屬於內銷市場，但爲能開拓膠布、膠皮市場，需著眼於國際市場，當時偶而機會認識一位參加韓戰的美國士兵，名叫 Mr. Carlin，在日本神戶開了一家 PVC 吹氣製品廠，即想和他合作，邀請他來台，由王創辦人提供足夠所需的廠房，並在資金各方面給予優惠，雖然當事人有經驗，但在台灣從業員熟練度不足，PVC 膠布生產出來吹氣產品放到第二天均漏氣，無一合格，也經過一番曲折，才把品質確保 100%無試漏，而打入國際市場。

3. 台塑企業帶動三次加工業，締造台灣經濟發展：

　　除了膠布外，仍需開發膠皮三次加工，予以加工各項民生用品，如皮鞋、皮製傢俱製品等，南亞帶頭發展三次加工而於民國 48 年設立新東公司爲台灣開創三次加工業之新的一頁，爲能大量擴充膠皮、膠布供台灣已蔓延之三次加工之客戶，此時對"新東"之繼續有存在問題，該做一段落，即功成身退，由於新東廠採取完全撤出的措施，交棒給自行斥資創業的經營者，自謀發展，這些同仁及外界人士都已具有國際行銷相當經驗，各自獨立經營，更能彈性開發各種新穎產品，大量推展國際市場，在國人具有勤勞條件下，促成國內三次加工業蓬勃發展。

南亞繼續檢討擴充膠布機、押出管機集之開發展物質之產品，最終挾其質量的後勢締造了舉世無比的三次加工體系。全省各地三次加工廠林立，為台灣 PVC 工業自 PVC 粉至中間加工之塑膠皮、布至下游加工業產品維繫了一個穩定且且堅固的基礎。也因此王創辦人以南亞之經營為中心開創台塑企業發展之根基。南亞不斷硬、軟質膠布機及管押出機，增加 PVC 粉耗用量，國內中油乙烯供應不足，為此王創辦人也向國內當局申請建造烯烴廠生產乙烯，但未能獲得同意，只有向國外尋求料源而拓展海外事業。

4. 以顧客導向，為產業求生存：

於 1988 年後由於時勢的遷移，在出口旺盛時其遭受輸入國種種壓力，新台幣由$37.22 兌一美元漸漸升值至$27 上下，此時台塑企業深感台灣石化工業能夠一直穩定發展，實際有賴於三次加工業所提供的配合，為了維持三次加工業能夠繼續穩定經營，因此宣布將台幣升值所造成的原料價差，由台塑企業以售價調整方式吸收約新台幣一百億元，藉以減輕三次加工業所承受的台幣升值壓力。而事實上，此舉卻亦能夠產生若干紓解作用，使加工顧客可以照常推展業務。

但是在出口旺盛造成台幣升值之餘，繼而又發生環境突變，以及勞力不足的情形，導致企業興起一片外移的呼聲。此一問題最為令人擔心，同時也是企業經營者難能經由一己努力即可謀求克服的一項嚴重打擊。為此我們曾經分成多次，和廣大的三次加工客戶座談，每次都有數百位客戶的負責人參加。所談內容，不外希望從提高生產效率，有效控制成本著手，大家束緊腰帶，勉勵設法維持正常經營。至於若是確實必須外移，東南亞方面大家必要小心，有所遠慮及防範等等，

針對這些有關問題，彼此提出意見互相討論。後來因為服務業大量吸引就業人力，以至好逸惡勞，導致生產事業勞力不足的情況益趨嚴重，三次加工業為了維持業務不使中斷，無論如何必須另謀出路，至此外移已經變成無法阻擋的趨勢，南亞公司也不例外，維持供料的責任。

5. 塑膠製品發展向後垂直整合，擴充塑膠產業：

台塑企業發展過程中首先以選擇求生存的產業向前垂直整合，爾後為台灣創造塑膠三次加工而外銷賺取外匯，因此南亞生產之中間塑膠產品，不斷擴張增設機台，也造成對塑膠粉需求大，相對台塑亦擴建 PVC 粉產能，台塑企業 PVC 粉產量由每日 4 噸增加至今為每日 8705 噸，增加 2176 倍，總共 317 萬噸（台灣 130 萬噸、大陸 40 萬噸、美國 147 萬噸）。

台灣發展石化工業時，二、三、四、五輕 陸續建廠，台塑企業亦以多角化發展，生產其他塑膠製品，如高、低密度聚乙烯（HDPE、LDPE 等）、聚苯乙烯（PS）以及 ABS 粒不同塑膠製品，但其所使用上游原料有乙烯、丙烯系列以及丁二烯，雖然使用不同原料，上游仍屬於烯烴系列，故向後垂直整合建立烯烴廠自製取得原料。

■ (二) 台塑企業多角化產品之發展

　　台塑企業之源起以塑膠工業之發展開始，於 1965 年為配合南亞生產塑膠皮之內襯為工業用底布，即成立台化公司以樹皮樹枝製造嫘縈棉，並設立紡織事業部。為配合南亞膠皮擴產所需工業用底布，則台化相對擴充其紡織設備。1970 年左右，為配合政府發展石油化學工業，南亞公司成立纖維事業部生產「多元酯纖維棉及絲」（俗稱特多龍），台塑公司亦成立「亞克力纖維」，而台化公司即大力發展「衣料紡織廠」，並為提高其附加價值，亦成立染整廠，並加工為各種石化民生用品，推展至國際市場，當時由於我們國人具有勤勞條件，加上勞資間密切合作，故石化產品外銷與日俱增，於 1975 年以後，二、三輕相繼投入生產，自此國內中間原料廠陸續成立，台塑企業當時也於台化成立耐隆纖維事業，也於台塑成立聚丙烯（PP）及高低密度聚乙烯（PE）。

　　紡織纖維加工業，擴充神速，則所需加工原料製品與日俱增，站在中間原料生產者—台塑企業立場，對於各產業別所需原料需求，因行銷人員平常與各下游加工業接觸有所瞭解，所以台塑企業對塑膠皮、塑膠布之機台擴充，各類纖維生產線也相繼擴建，其所需料如純對苯二甲酸（PTA）、乙二醇（EG）及耐隆原料「己內醯胺」，因擴建所需用量增加，雖然四、五輕最後慢 10 年投產，但因 1980 年代起，我國加工業蓬勃發展各類原料如乙烯系列：氯乙烯、苯乙烯、乙二醇及丙烯睛，還有「己內醯胺」，及台塑企業亦投入「多元酯纖維之原料 PTA」擴建，其所需基本原料對二甲苯（PX），均需大量進口，台化於 1990 年左右也擴建 ABS、PS 塑膠粒製品，其使用原料 AN 及 SM 均需進口，一時之間成為世界各種石化原料的最大進口國家之一。

　　台塑企業王創辦人對環境變化配合科技發展，台塑企業也對南亞公司發展電子材料產品生產積層電路板，爾後又投入 DRAM 生產行列。台塑企業亦朝著多角化經營模式，並以中、下游奠定發展基礎，再向上水平整合的模式前進,成為石化業具有代表性之國內最大民營企業，王創辦人為此達到某程度經濟規模，在管理上需更加奠定基礎，將依產業別列分為若干事業部，實施利潤中心制，以目標管理制度透過異常管理，不斷檢討改善，也就是王創辦人所暢導「追根究底」之方式，追求更至善於合理，提高品質、降低成本、提高國際核心競爭力，使台塑企業產品百分八十以上出口外銷，而為國家賺取大量外匯。

■ (三) 台塑石化工業發展沿革

　　台塑開創日產四噸 PVC 的規模，是全世界有始以來僅見的最小規模，此外，民國五十七年中油第一套裂解日產乙烯 150 噸，也是全世界最低的產量，除供台聚公司製造日產 100 噸的 LDPE 以外，為消化中油所餘每天 50 噸的乙烯，用來製造 VCM 100 噸，另成立台灣氯乙烯公司，由關係業者台鹼分配投資 28%股份，華夏 24%，台塑 24%，國泰 15%，義芳 9%，完全是由當時經濟部長獨斷強制分派投資設廠，於民國六十年七月開工生產，到該年底，每月平均產量只有 1,875 噸，只達其月產能 3,000 噸的 62.5%。由於未達預期產量，而且其中存在許多不合理的諸項費用，因此在當時 VCM 售價僅為 139.34 美元的情況下，其生產成本竟高達 171.73 美元，造成開工以後連月鉅額虧損。

　　台塑當時因為沒有乙烯來源，在無奈之下尚繼續維持較不經濟的電石法生產乙烯，可是仍然能夠克服種種困難，將成本控制在售價以

下的水準，台氯公司擁有方便的乙烯來源，反而因為經營不善形成如此高昂成本，因而絲毫無助於 PVC 即石化工業的發展。

　　民國六十年代，台灣所需各項石化原料全部依賴進口，我們台塑等 PVC 業主亦不例外，由於製造 PVC 所需的 VCM，無論是依賴台塑電石法的有限產量，或是依賴台氯公司成本偏高的產品，都遠不如向外進口 VCM，做為主要的料源。業界本來是向日本進口，後來量漸增多，乃轉向美國、歐洲進口，二次及三次加工業界主要所依賴此項 VCM，有時因國際市場缺貨，造成價格波動，令人焦慮萬分，唯恐萬一 VCM 此一主要原料缺貨，將造成不堪之後果。在此情形下我們台塑公司為了安定原料正常來源，有鑑其根本還是在於上游乙烯的基本原料，而於民國六十二年一月十日和 STANFORD RESEARCH INSTITUTE 簽訂協議，由其提供輕油裂解等一系列產品之生產可行性研究報告，與此同時，台塑也提出建設裂解計畫之申請。但很遺憾，此一提案在未能獲得有關主管官署及中油同意之下，最後由中油胡新南先生和李崇年及趙廷箴先生等人，在王董事長家聚會，討論結果大家都能認同，在現階段僅規劃所稱二輕的廿三萬噸產能，確實不敷所需，所以當日大家在場決定，仍由中油依二輕規模再規劃廿三萬噸產能，同時台塑的計劃案就此撤銷。

　　雖然二輕及三輕陸續開工生產供應，但是因為二次及三次加工業發展迅速，所需原料還是依賴進口居多。有鑑於此，台塑又在民國六十八年請求中油考慮實際需要，增設較大規模裂解廠，經多次和有關之政府機關主管及中油檢討，但仍無法求得認同。以當時二次及三次加工業界用料激增的情形，如國內不擴大原料供應來源，很明顯其後

果將非常嚴重，可是中油本身既不肯擴建，又不准台塑興辦，令人至感無奈。為了中下游今後生存發展計，台塑在業界的激烈要求下，再次提案向中油洽商，若中油同意擴建，而其將來基本原料生產數量超逾中游業界實際提貨量時，超逾部分台塑願負責全數取用。中油對此案終於表示同意，但附加條件，應由台塑提供鉅額保證金，保證按承諾事項履行，台塑為了充裕國內原料供應來源的切身需要，只好答應中油之要求，而在當時提供了數億元的保證金，在此情形下幸而才有四輕的誕生。

民國七十三年四月四輕順利建廠完成開工生產，所產各項原料立即呈現供不應求的現象，導致業界爭相要求增加供應數量，因此民國六十九年台塑乃又一次提起分攤興建裂解廠之議，但是仍然四處碰壁，在別無選擇之下只好拜訪當時行政院長，說明我國石化上、中、下游一貫體系已經建立良好基礎，有所成就，而且未來更進一步發展的趨勢展望也是指日可待，為了所需原料必須圖謀自給自足，希望核准使台塑有其機會分攤興建裂解廠之責，當時也獲得口頭允諾，表示將按實際的原料需要情況加以考慮，並盡其可能依照所請辦理，云云。不料其後不久，竟於七十年一月卅日見到報載，院長提示對於耗用大量能源的重化工業，政府不鼓勵擴充設置，應加強與產油國合作生產產品。此後再於七十年三月二日見到報紙刊載消息，第五套輕油裂解計畫經建單位已決定取消，四輕裂解工廠建廠速率及規模亦擬予減緩。繼而於七十一年一月廿日報端又再透露，石化發展策略將順應國際情勢改變，四輕計畫完成之後暫停基本原料擴充。以上報刊消息，都是當時行政院長所發表的談話，對此國家最高行政長官的言論，我們並不是以今非昔，就是依照當時的情境衡量，並且只要由對一般行

業稍有認識者，而不必由石化相關行業人士加以評論，亦明顯可知其錯誤所在。

　　可是實際上卻因為受到此一錯誤政策影響，不僅五輕不幸延誤十年以上，同時導致我國石化工業規模落後到不及鄰近韓國的三分之一，並且由於所需上游原料國內供應不足，造成中游用戶限於設備半停半開之困境。為了維持設備正常運轉，或是應付市場所需，唯有向外進口乙烯及丙烯，可是由於必須以低溫冷凍或高壓容裝運輸，費用昂貴影響成本，同時因為高壓物裝運受限於各項配合設施，所能供應數量也極為有限，充其量只能療飢止餓，勉強撐持而已，談不上要追求正常營運發展，長此已來逐造成我國石化上中下游不進反退，由興轉衰。雖然五輕在不久將來可以開始動工生產，彌補若干不足，但是因為五輕所增加原料數量終歸有限，屆時還是不能有效紓解中下游用戶缺料的困境。

　　台塑企業自發展中下游塑膠加工業後，也為台灣帶動三次加工業之發展，但需取得 PVC 粉之中間原料甚為重要，經王創辦人一而再再而三之催促，政府主導的四、五輕油裂解仍呈現拖延，民營事業為其需求相繼進口，台塑企業也不例外，但為能掌握料源，王創辦人僅能向資源充沛的美國拓展之外再投資，並建立船隊自美國承運 EDC 回台塑造 PVC 粉，爾後王創辦人仍不斷努力爭取六輕之建設，使台灣上中下游石化工業穩定發展。而由此可知，王創辦人為建立台塑企業塑膠王國相當艱苦，為求生存思考如何銷出產品，更利用整合下游加工廠等適當營運模式選擇，加上策略性領導，得以使王創辦人能追求卓越目標，奠定台塑在台灣石化工業之龍頭地位。

▌(四) 台塑企業海外投資實例

　　台塑企業發展三次加工帶動台灣三次加工蓬勃發展，也穩固二次加工南亞公司發展，相對對台塑塑膠粉需求亦大，但政府不同意台塑建上游原料廠－乙烯，唯有向外進口 PVC 粉的原料 EDC，而向外進行投資。台塑企業謀求經營合理化的經驗與心得，以之用於國外事業的發展，也是同樣可以獲致良好的效益。由此可見台塑企業具有所有權優勢，如台塑具有成熟生產 PVC 類之技術及多元酯纖維自行設計技術累積，即長期各項經營管理之經驗，並做自我評估具有其競爭優勢，進入海外市場如下：

1. 收購方式：

(1) 1981 年由英國 ICI 手中接一家工廠，此一工廠是美國 ALLIED CHEMICAL 於 1950 年代所創建，於 1976 年轉讓給 ICI。ICI 接手後將原本 700 名員工裁減為 500 多人，台塑接手後再裁減為 276 人，並與台灣生產同樣產品工廠做比較，並著手改善製程，將產量提高了四成，人員隨之又減為 250 人，經過長期用心追求合理化，最後總算轉虧為盈，前後主要差異在於降低成本及大量擴充產能。

(2) 1982 年，台塑從世界工業巨擘，尤其是在 VCM 及 PVC 領域中特別佔有領先地位的 STAWFFER CHEMICHAL 中承接其設在德拉瓦州的 PVC 乳化粉生產工廠，由於此一產品市場需求有限，接手後十多年期間，生產規模仍然只能維持原來的生產規模，但是人員已經精簡至只有原來的 55%，每年只能獲取三百餘萬美元，長

此以往，終難求得令人滿意之管理業績。追其原因，無法再突破創新的癥結，乃是大多是同仁十年如一日，在經營一切正常的情況下大家心情相當安逸，因而欠缺向前奮進的積極性，在前述的深刻體會下，選由 NJ 總部資深人員周伯隸先生對該廠較有相當瞭解，予以承包方式交其承攬對生產成本的掌握負起完全責任。自此以後，公司和工廠之間的聯繫情況已經完全改觀，在設備陳舊條件下，產品需求市場有限，競爭激烈，但經營績效有明顯改善，營利增加了一倍。

以前，地主國員工常有抗拒態度，公會因裁員事情，勞資雙方曾一度遭到罷工抵抗，故台塑企業對其他地主國（美國）之社會文化、政治、法律等均要予以瞭解並與員工接觸，最後仍然在合理相待的條件下達成圓滿解決，皆可看出台塑美國公司是下了相當的心力，才能將原來處於經營劣勢的兩個工廠轉虧為盈。

(3) 接下來再提最後一項實例。FPC USA 為了強化所產 PVC 粉的競爭條件，除了推動工廠的生產合理化，並擴充所需原料鹼氯的生產一元化，同時也要策劃為大量的 PVC 粉打開市場去路，而 PVC 粉最大的去路不外即為用於產製 PVC 管材。正好在 1983 年，擁有八個分別散佈在美國各州的 PVC 管生產工廠的 JOHNS MANVILLE 有意讓出，經過洽談以後終於由台塑將八個工廠全部承受接管。接管當時，八個工廠的總產量大約是每月三千五百萬磅左右，營業銷售的配置情形，除了總部以外又分別設立了中區、西區、東區及南區四個服務處，並另設四區營業所，單是銷售人員就多達 120 人。台塑接管以後陸續加以改革，逐一裁減，到了

1996 年，所有的服務處以及各區營業所全撤銷，至今僅留採取傭金的推銷人員 24 名，營管及客服中心人員 24 名，運輸洽辦人員 1 名，合計共 49 名。換言之，接管前後比較，銷售部門人員從原來的 120 人減為只有 49 人，而在 1983 年度，每月平均營業交運量為 19,257 千磅，至 1993 年 10 年時間每月平均交運量達 83,849 千磅，是接管以前的 4.35 倍。若是依照同一銷售量的用人數推算，接管以後的用人數還不到接管前的 9%。

台塑在接管以後將名稱簡化為 JM 公司，但是生產工廠則陸續增加至 13 個。目前 JM 公司銷售方面全面採取傭金制，生產方面 13 個工廠全部以責任承包制，選擇交由公司的同仁承攬，工廠所有員工的薪資完全由承攬人員負擔。如此一來 JM 公司總部僅有十名生產管理人員，11 名營業人員（24 名銷售人員採傭金制，故不計入），加上財務、會計及人事（採購業務委託 FPC USA）各部門，總共 49 人，在組織極為精簡的態勢下營運，才能勉強立於競爭非常激烈的美國市場，求得生存。

2. 設立新廠：

(1) 1970～80 年代，台塑公司（台灣）曾輸出 PVC 粉賣到美國西部市場，出口包裝及各項運費什費合計每噸 60 美元，為了能有所競爭並能配合上述收購 PVC 管廠須用之大量 PVC 粉，則在德州自行設立一座一年 60 萬噸 PVC 粉新廠，並在路州原收購場地再增設一座一年 40 萬噸 PVC 粉新廠，則 PVC 粉年產量的 100 萬噸佔美國市場 16.9%，為美國第二大 PVC 粉生產公司，為能配合製造 PVC 粉須用氯氣，以取得當地資源「鹽井礦」加上在台新技術 IEM 法

建立一座一日產能 2,500 噸大規模鹼廠，不但是美國最大，同時也高居世界第一位。杜邦總裁 MR. SEMICLE 為此曾經親自前來參觀，回去以後更發表一篇參觀感言，分發給他們公司同仁參閱，不但如此，據聞此後大舉精簡人員，設備也不斷改造。由此可見其企業最高經營階層一旦認定必要有所修正改善，就會劍及履及，堅決付諸實施此一精神令人欽佩，而且值得借鏡。競爭對手如此精神，對我們而言發展至相當規模以後，就要居安思危，防止鬆懈。

(2) 同時台塑企業美國公司為能去化 PVC 粉產量，並能就地供應美國客戶，建立塑膠最大生產工廠外，並設立軟質及硬質膠布之生產工廠，此外美國公司亦取天然氣之資源，成立天然氣公司，同時也在德州設立一座年產乙烯 68 萬噸的烯烴裂解廠及 HDPE、LLDPE、PP 相關作業的生產體系。在此值得一題是台塑企業在德州建造年產乙烯 68 萬噸的裂解工廠，建廠總共用了三億九千萬美元，而美國一家歷史悠久的同業，建造同樣規模的工廠卻耗費了 6 億二千萬美元，完成建造開工生產比美國這家工廠提早六個月，如此建廠效率均比他們優良。後續為確保 VCM、EDC、PE 及 PP，EG 增加產量之供料，再增建第二套裂解廠，乙烯年產能 92 萬噸總共美國廠乙烯總量為 160 萬噸。

(3) 台塑企業南亞公司亦在南卡州設置多元脂棉、絲廠，至今年產能 44 萬噸，建廠方式比照台灣南纖廠建廠方式自行設計，主要各種不同設備及自動化設備亦經由採購比價選擇世界馳名廠牌，均有使用實績，自動化層次頗高，用人比其他同行比較只及三分之一，

其產品品質亦達相當水準，客戶即樂於採用。與排名第一杜邦有所競爭，另配合市場需要亦擴建 48.6 萬噸技術條件與台灣同之一般用及瓶用聚酯粒。南亞亦在德州 PC 廠設一套 30 萬噸 EG 工廠，各主要設備小由台北採購統籌辦理，技術方面可選擇可靠有經驗工程公司，尤其提供基礎設計，細部設計亦可委外承包，部分自行設計，設計費用控制在合理的水準，總投資費用控制得相當經濟與同業比才有競爭力。

3. 台塑何以能在地主國（美國）設廠？

(1) 所有權優勢：

A. 生產優勢：

(a) 台塑在台灣係以生產 PVC 塑膠粉起家，一日僅 4 噸生產量，一年約 1,440 噸，長期來 PVC 粉生產經驗不斷追求技術創新，如鹼廠水銀法的 IEM 製造法，並於平時不段追求改善，而一點一滴累積下來，確信其加工技術及效率優於美國競爭對手，有把握後決定進入美國市場，至目前 PVC 粉總產能加上美國 122 萬噸、大陸 40 噸，總共 282 萬噸為全球前茅。

(b) 台塑企業在南亞纖維廠設立於民國 58 年之前，當時可看到廣告招牌 TETORON，其實是日本廠商所製多元脂纖維的產品名稱，當時百分之百都依靠由日本進口，供應國內所需，當南亞投入生產多元脂棉、絲產品，本人記得民國 60 年至 64 年以 DMT 為原料生產之產品色差品質不穩定，處在虧損狀態，當時台塑企業創辦人王董事長以發展塑膠工業之經驗，則成立專案改善，當時本人正巧在南亞纖維廠擔任成本組長及經營分析工作，當時會計蔡副處長推薦參與此專案做單元成本分析，分析差異問題追求改善，設立目標

成本並使各廠主管對成本有概念，爾後在兩位創辦人及大力改善將 DMT 製程改為 PTA 製程，其單位用量相差兩成以上及聚合廠各批多元脂粒之混合使其均勻。後續由台塑企業王總經理多年不斷開會檢討自動化改善使南纖用人效率及品質趨於穩定而不段擴充產能，因而累積相當經驗自行設計技術之累積，持續數十年有相當利益產生，至今台灣南纖多元脂棉、絲年產能 56 萬噸加上美國南卡廠 44 萬噸共 110 萬噸成為世界最大三廠之一。

B. 企業文化：

「勤勞樸實，實事求是」的精神以單元成本分析的作法追根究柢，不斷尋求改善以降低成本，提高產品品質為目標，在競爭激烈的國際市場尤其是美國先進國家，想立於不敗之地，唯有基於經營的切身感，點點滴滴追求完美，才能建立穩固的基礎。

C.管理技術優勢：

在異地異鄉，除了用當地人熟悉的學習方式教育員工外，台塑在設廠的當初非常辛苦，因收購舊廠部分處於虧損須再重新整頓，新廠部分從無到有不是那麼容易，當時台塑企業王董事長有感於此，除派遣台塑有經驗資深人員前往協助並訓練當地員工。並指派現在台塑企業總裁為當時 JM 總經理負責經營指導，王瑞華副總裁為當時坐陣 NJ 督導台塑 PVC 等工廠經營及德州新廠擴建之督導，現任塑化王文潮董事長負責 BR 廠之督導改善任務。

另外為能奠定永續經營之生存，在各項管理從原料投入生產過程各種操作規範設定至產出符合客戶所需要的品質，完整運送至客戶手中，一連串供給鏈管理，將生產活動上、下游連結，各項管理，如生產、資材（材料控制儲存等）、銷貨營業、財務（會計）等管理，當時王董事長非常重視，均由台北派遣

資深高階管理人員前往建立與台灣管理相同一元化，時常王董事長親自坐鎮檢討使用表單合理流程，其中一項自購料 → 存量管制 → 請購點 → 採購 → 倉儲收料 → 會計審查付款 → 付款。整個電腦作業各段均有管制（如鑰匙），本企業所稱四支鑰匙，這一系列是由當時王董事長親自督導，由我本人配合當時 NJ 王副總裁執行建立，其他各項管理均如此。

管理不分國界，唯有追求合理化管理並做到管理電腦化，異常即時處理，台塑企業的美國公司當亦如此，每月經營績效估算在翌月一日就能夠全部出來，瞭解經營業績。台塑企業由於多年持續謀求管理合理化的結果，在經營上已經奠定若干堅實之基礎。因此凡是和建廠成本密切相關的各項重大建廠費用，如設備採購以及工程發包等相當經驗，在美國新廠建設均有發揮相當效果，如上述提起僅占地主國同業建廠費用之63%，將來營運提升競爭力量。

(2) **台塑之內部化優勢：台塑何以決定自行在地主國進行直接投資？**

A. 垂直整合：

台塑 PVC 粉廠設立外，南亞為能供應在地客戶，設立下游加工廠，除此之外，更進行自上游原料開採至輕油裂解之建廠，均自行經營。

B. 周邊服務之整合：

當時台灣部份原料取得不易，如 PVC 粉用 EDC 即由美國廠運送回台灣，並成立船隊而有運輸事業。

(3) **地理區域優勢：台塑何以選在美國德州投資？**

A. 豐富原料供應：德州有鹽井礦、天然氣、豐富石化原料。

B. 優良基礎建設：附近有水壩、水源豐富；道路設施完善；有停靠港口（康福港及水壩擴建，均由德州政府幫助修建）。

C. 減免稅賦：德州政府為吸引台塑設廠，給予七年免繳地方營業稅的優惠條件。

(4) 台塑企業優勢整合：

以上為台塑企業直接投資海外市場對 PVC 粉此產品投資美國市場而言，在先進國家地主國科技進步、科學管理及文化環境均為世界先驅，對一個新興國家要投入此市場談何容易，但以台塑企業立場有機會取得原料資源等，及廉價土地，在此條件下，唯有美國社會環境的變遷，工會之強勢，其效率不一定佳，又勞動工資不斷提昇以平均每人 GDP 而言，1981 年為 13,413 美元，至 1997 年提昇至 30084 美元，至今已超過 45,000 美元，如此，台塑企業要進入美國市場在地主國直接投資生產，唯有以上述所有權優勢，再努力不斷改善，才能求生存。

國際企業之國際產品之生命週期，早期傳統性加工產品創新國美國具有出口優勢，當經濟成長，工資提高，社會環境變遷，因成本因素，即由當時已開發國家，如日本、加拿大，因低成本優勢，一般產品如衣料等免進口，仍有優勢出口美國。而我國約在四十多年前所穿的衣料卡其布，而當時〝特多龍〞衣料布均由日本進口，從 1968 年發展至石化工業，台灣從事加工製造行業，尤其是塑膠加工業蓬勃發展，帶動了被稱譽為台灣經濟奇蹟的發展，平均每人 GDP 從貧窮的國家，至 90 年代平均每人 GDP 超過 10,000 美元，至今翻身到繁榮富裕的生活水準，值得欣慰。

但是，加工製造業的發展，有賴於廉價及勤勞兼修人力資源條件，因經濟繁榮生活水準提高帶動各行各業的發展，其工作性質及待遇水準大多優於加工業，則加工製造業的人力資源排擠效應造成難以為繼

的困境，亦因如此，工資亦隨著提高，加工產品成本提高影響競爭力，於 1986～1988 年間，國內加工製造業前往何處設廠，依當時東南亞各國及大陸之國民所得及環境做一番評估，大陸平均每人 GDP300 美元屬貧窮國家，工資低又有同種文化等利基，大陸方面為發展經濟而大力開放，後來近乎一致性轉向大陸設廠，為數達數萬家甚至更多，其中甚多為台塑企業南亞客戶，台商也一再請求南亞公司前去設廠，以利維持交易的正常化，在此狀況下，依客戶地點分布評估設廠，最後依客戶要求追隨客戶就近提供服務，爾後依企業經營策略向上垂直整合，再建造上游原料廠。

■（五）　台塑企業上下游原料垂直整合之策略

王永慶創辦人開創台塑企業先自於塑膠工業，再以多角化發展各種纖維紡織業，以加工出發發展，再由台塑企業供應中間原料如 PVC 粉、多元脂纖維及亞克力棉、絲，為台灣二、三次加工業穩固發展，但須進口相當多各項原料如塑膠用 EDC、PA、2-EH、纖維用 PTA、EG、各項泛塑膠用 AN、SM 與丁二烯等，長期來均需向外採購，既然台灣有此發展基礎，又有成熟技術，為何還需要依賴外商，被賺取外匯呢？所以台塑企業以進口原油，進行煉化一體，將各類不同關聯或關聯石化產品向前向後垂直整合(如圖 2)與圖 3 學術理論成長策略關聯圖相同。

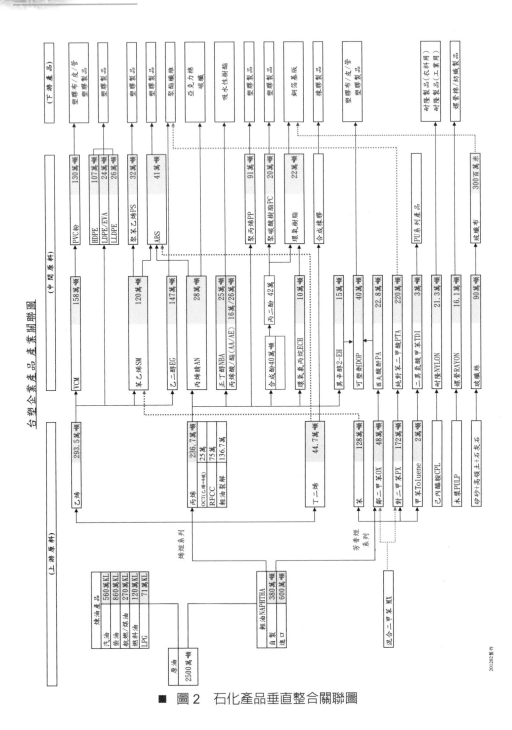

■ 圖2 石化產品垂直整合關聯圖

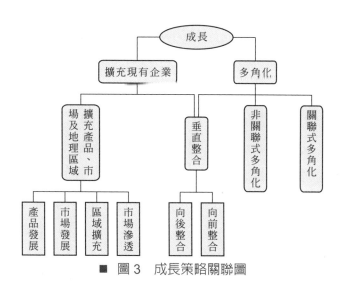

■ 圖3　成長策略關聯圖

資料來源：湯明哲（2003）　策略精論：基礎篇。

四、王永慶創辦人策略性領導－ 建構核心競爭力

　　王創辦人建立台塑企業初期所遇到困境如何突破，這與他的領導特質有關，後續不斷擴充其產業規模擴大，延伸至麥寮工業區（六輕）之建設，這與王創辦人策略領導有關，領導策略上採用 5E：(1)願景(envision) (2)願景可以激勵人心(excite) (3)再充實能力(enable) (4)執行上授權(empowerment) (5)有成績的員工要給予鼓舞獎勵（金錢或精神）(energetic)，形成企業文化，產生核心競爭力，以獨一無二經營模式開創台塑企業石化王國。

■ (一) 基本信念

　　「勤勞樸實、追根究底、止於至善」，形成文化，產生核心競爭力。

■ (二) 領導特質

　　王創辦人以下之特質形成企業文化之穩固基礎，1.生而窮，但志不窮。2.努力不懈，無論遇到任何困難，絕不輕言放棄。3.「誠信」最獲肯定。4.正派經營，遵守企業倫理守法原則。5.實而不奢的勤儉。6.認真敬業，鼓勵創新，積極開發新領域。所以他的成功法則，在於吃苦耐勞、先苦後甘、堅強的毅力、誠信、氣魄與氣度；表現在性格與氣質上的特色，他給人印象最深刻的是「勤儉」、「堅毅」、「努力」與「誠信」。

▌(三) 領導模式

　　每個領導者每個人的性格不同，成為領導人之後，自然會有不同的作風，不同的領導風格，不同的領袖魅力。由諸葛亮領導兵法（羅吉甫，2012）一書中，「以王永慶與許文龍為例，王永慶和許文龍均具有某些共同的領袖氣質，簡樸、執著、果決、高瞻遠矚以及經營理念明確，但兩人行事風格不同地方，王永慶專制合理、事必躬親、鉅細靡遺，有時給人高壓霸氣的感覺，以工作而生活，其生命的意義要在工作中開創」且懂得安排人才，唯才適用，適才適所，講求管理，事理分明，對內部更是有牽制作用，且他的「正派經營」遵守倫理與守法的原則，帶領著人才做事也實事求是、懂得不斷檢討改善。人總是有惰性，每個人性格不同，人多事雜，意見就多，則執行上就會有阻礙，所以就須要專制合理領導，在理論上領導型態分為三種分別為專制式、民主式及放任式，事實上，在實際運作時並非單獨使用上述三種方式之任何一種，而是使用多種方式，以適應各種情況與需求。雖然民主式領導使用情形比較頻繁，有時無私的專制式領導還是必要的。主管要研判何種領導行為適用於何種情境，要深入思考。

　　王創辦人於 1960～1970 年代發展塑膠工業，自從南亞成立以後，塑膠加工基礎已穩固，並朝多角化經營，成立台化公司有感規模擴大，管理上越難掌握，台塑企業為管理基於人性與合理化的精神，也充分反映在組織設計上，王創辦人基於「樹大分枝」理念，台塑企業重視經營績效，採取獨立計算損益的事業部制，對經理人充分授權，可稱「分權式經營模式」。但為了規模效率，王創辦人設立總管理處：下層總經理室負責全企業各項功能別如生產、營業、人事、工程、財務、

資材等規章、制度設定由各公司事業部執行，如有不適時宜即進行修訂，並將全企業共同性及共通性業務集中處理，以圖 4-1 所示。

(1) 財務：全企業資金統一調度，出納及股務工作，均統籌由財務部辦理。

(2) 營建：土木工程，如學校、醫院之建造，統籌由營建部統一辦理。

(3) 採購：向內、外地區購買各公司所需用之大宗材料、建廠設備至文具用品的採購，均由採購部辦理採購工作，這單位對取得最小成本的高低，影響相當大。

(4) 發包：發包工程其作法與採購略同。

(5) 資訊：ERP、電子商務對功能別、如何 E 化均由資訊部辦理。

(6) 安衛環：此項安衛環的單位本來在各公司，為能防止災害的發生等，為加強其重要性為企業之核心功能，所以將安衛環控制中心設在總管理處。

相對地，在分權方式下，可避免高階主管的資訊過度負荷，讓基層主管可專注於發展競爭策略，適時因應當地狀況來執行策略，不需向上回報以減少層級、降低官僚成本，只需較少的經理人來監督指導他們的行動，公司也因此變得更扁平。其事業部以產品別予以區分負責盈虧，以目標管理評核其績效，適逢景氣問題，可與同業做比較，衡量、評估其自己營運之業績如何，最主要須負起分權的責任制，以圖 4-1～4-2 所示。

總管理處-組織表

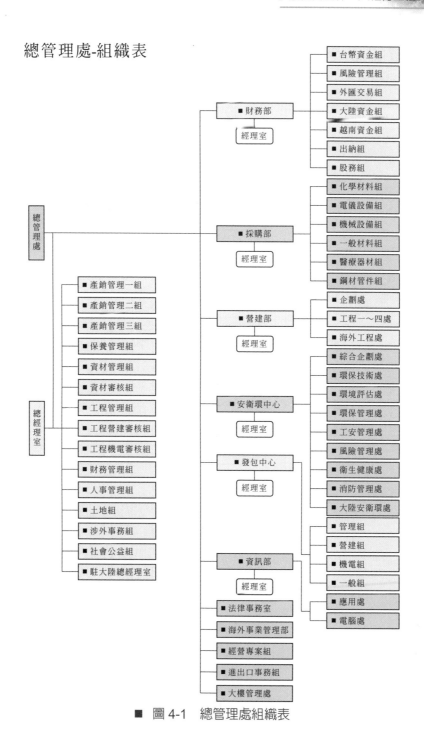

■ 圖 4-1　總管理處組織表

台塑關係企業-組織表

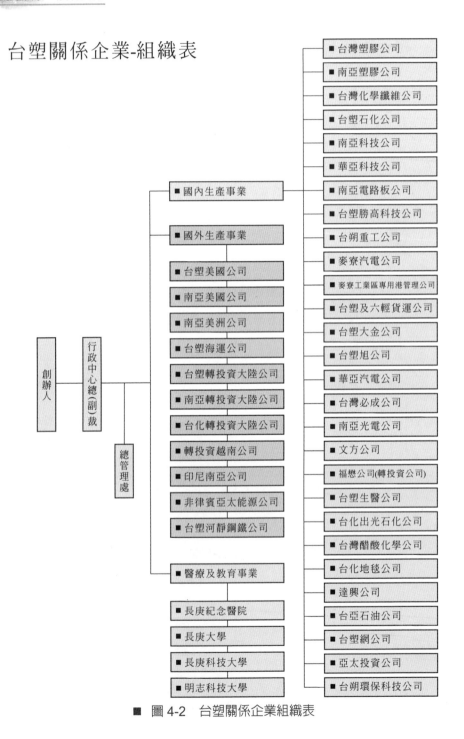

■ 圖 4-2　台塑關係企業組織表

▌(四) 形成企業文化

1. 學習面對困境時的堅毅：

王創辦人說：「光復初期，台灣老百姓生活處境極為艱苦，為求生存，他們發揮了中國人刻苦耐勞的傳統美德，終於能夠突迫困境，謀得成就。」所以他也勉勵後進，「凡事不可操之過急，成功絕非一蹴可幾，一定要有先苦後甘的體認，學習瘦鵝忍饑耐餓，刻苦耐勞，才能有成。」

王創辦人於創業之初，所遇困境，如何度過，他說：人在走霉運時，就得學習瘦鵝忍饑耐餓，鍛練自己的耐力，培養自己的毅力，忍受著極端艱苦的日子，一旦機會到來就像瘦鵝一樣，迅速強壯、肥大。但也要懂得飼養的人，才能使鵝永遠肥大。換句話說，領導者是很重要，亦需要懂得領導一群人。如讓獅子帶領一群羊，日後這群羊一定個個勇猛，如果讓一隻羊來領導一群獅子，日後這群獅子很可能變得軟弱不堪。

2. 經營者要注意細節，不是去執行細節：

王永慶創辦人認為「細節問題重大，要做好管理工作，一定要從細微末節著手，從中找出問題，設法解決。唯能從細小處著手，才能全盤了解狀況，進而掌握狀況。」例如：1.表單設定：「因管理需靠制度，制度靠表單，表單靠電腦。」王創辦人推行電腦化時，對表單須重新檢討修訂，當時親自參與，對每一格項目用意須明確表達，採購制度就是如此。如果制度設定不良者，在制度電腦化後，想要修改就更為困難。2.單元成本魚骨圖分析：王創辦人認為任何大小事務成本，

要對其構成要素不斷進行分解，把所有可能影響成本的因素一一納入，像魚骨一樣，具體、分明，而且詳細，這就是「魚骨論」。

經營管理的成本分析就是「追根究底」分析到最後一點。建立確實樣本成本，那所謂標準成本，為追求實際效果，再設定目標成本與實際做比較，將每項產品成本週而復始，不斷檢討改善，而「止於至善」，這就是所謂「目標管理」。亦因王創辦人於午餐會時針對每一件事追根究底精神，於是每一事業部長期來不得不養成習慣，針對每一項成本差異原因須做追求檢討改善，自然形成事業部文化。

下列以實例說明，董事長可依午餐會了解企業內許多經營上問題，進而了解經營分析做報告的人有沒有對事的深入亦瞭解各公司對該產品之經營有沒有用心追求每一環節的經營問題，追根究底。如此對做報告之小團隊可吸收很多東西對每一個專案報告不能掉以輕心，有一股壓力存在但對這股壓力是良性，不能放鬆，而對事業部經營團隊（利潤中心制）因隨時什麼時候最高領導者要詢問，故對每一個產品經營狀況瞭如指掌"準備在等"，如此久而久之而習慣，這只是一種做事精神亦是企業文化。

經營事業體對所產產品經營動態，隨時瞭解虧在哪裡，賺是不是合理，如此與企業領導者兩位創辦人溝通上隨時掌握重點，若有因社會環境的問題、經營上之方針，大家均可思考，集思廣益，以良性互動促進成長。而且台塑企業創辦人可在此環境下發覺人才培養訓練，給予適才適所，有所發展空間。

　　民國 64 年～69 年初，在總管理處總經理室負責經營分析工作時，長年將有 1/3 時間帶著小團隊到本企業各廠區從事各產品經營分析工作，以單元成本分析方法分析深入至根源，如直接材料成本、每噸產品成本、其材料負擔多少成本，但本企業須追究到根源發生原因，理出其問題點，如多元酯棉使用 PTA、EG 等主要原料，尚有附料等，以其單位用量如果是 1,000kg PTA，但用 1,010kg 則將多出 10kg 用量之原因分析出來換算數字，可瞭解其影響成本之所在，比如其原因有 10 個問題造成逐一改善，與以追求其最有效率之合理化，進而設定標準成本以此為基礎，週而復始不斷分析找出問題，其為單元成本分析的精神，在這 3～4 年時間當時本企業三大公司，各產品經分析後，均安排午餐會共同提出報告，一般有人會說此會專門修理人，我不能同意，因有大部份部門其用心度可瞭解，本企業董事長、總經理也會鼓勵之所在，做的相當差者，當然被指責或遭撤換，不然後續如何去執行改善才是最重要，如此單元成本分析之做法，起先由總管理處總經理室主導，經幾年各公司如此做法已有相當了解並有其成本觀念、追根究底精神，最後即由各公司自行處理，其分析方法找出問題點均能熟悉。

　　個人於民國 69 年從事海運公司之籌備，等船舶建造完成參與營運，即由我與海運部同仁以單元成本分析方法逐一檢討訂定美國至台灣航線，承載化學品每噸標準成本。本企業王董事長有感標準成本及各項制度已設立，但在船上實際運作情形如何，交代由我與海運部一位同仁上船瞭解執行情形，則我仍以單元成本分析方法，逐一探對人員配置之合理性，各項費用發生之合理性等等。本企業當時推動單元成本分析之工作，對我而言，身為成本會計人員對此項工作相當有興趣，因會計階段僅對數字正確性有所交代，但自從調到總管理處總經

理室擔任經營分析參與單元成本分析之方法，能進而將數字與廠內人、事、物發生差異原因理出對事之問題點，由廠方針對問題所在就能有所改善。

3. 一勤天下無難事，鋼鐵般的核心競爭力：

「勤勞樸實，止於至善」是台塑的品牌精髓，不是口號，而是一種如同鋼鐵般堅硬，有形市場核心競爭力。他以台灣人傳統的勤勞、善良與責任心帶進台塑，形成台塑文化的脊樑。他看清，要從單調落後的農業生活抽身，就要工作，工作是幸福的全部。他把握這時代鐵律，在台塑勞資雙方建立的默契：努力幹活，員工不負企業，企業不負員工。

■ (五) 企業文化產生競爭能力－創造出價值

另外在經營分析診斷上，如何改善，仍依所診斷問題進行探討改善創新，長期來王創辦人所言不斷檢討改善「止於至善」。在經營策略管理課程，了解策略之運用，利用競爭力創造出成本與價值的優勢，所以策略的成功執行取決於組織設計，最後達成卓越表現的競爭優勢。

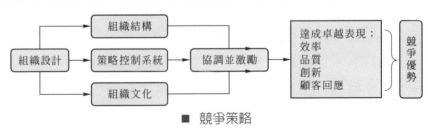

■ 競爭策略

以台塑企業為例採取策略係以大量生產降低成本，仍有部份生產高值化之差異性產品。此實務之運作與 Porter 競爭優勢理論原則是相符的。而台塑企業經營模式為求生存而發展下游，來鞏固上游原料穩定生產。

■ 表 1　競爭策略

競爭範疇	競爭優勢		
		低成本	差異化
	目標廣泛	1. 成本領導	2. 差異化
	目標狹窄	3A.成本集中化	3B.差異集中化

組織策略與執行力的文化

但要如何執行達成目標關鍵在文化、用人，因企業的 DNA 就是企業文化，所以執行的文化：要如何每項工作機能制度的作業程序，讓員工自動自發、心悅誠服的用心去做，主要執行力的關鍵在於透過組織影響人的行為。如何使每人對於企業之作法有共識認同而形成企業文化，對於用人甄選培訓、考核，使每人成為企業可用人才，並制定組織作業程序有所遵循。執行的文化就是用心和速度的文化。有執行力的公司一定有追根究柢的文化。

組織程序，將企業資源如人力、財務資源，並將各功能制度化，轉換成組織的能力，針對這些程序進行這些活動來創造價值。用人以企業理念之文化「勤勞樸實」為指標，長久來進入企業對此之認同價值觀，而久留下來，如同生物界物競天擇，產生核心能力，能以功能策略執行，提高效率及品質，有創新能力，回應顧客，再接受顧客回應，而有競爭優勢，才有卓越獲利能力。

　　由以上了解策略管理是在於執行力的重要性，未能通盤瞭解策略管理課程之餘，僅能依本分立場做好本份工作，如採購做好「適量、適質、適價」的採購工作，於每一階段到學校充電，到 EMBA 研究所讀這些更加深的理論根據後，更能體會如何管理一家公司的經營運作上如何引用企業文化建構核心競爭力，來選擇適用人才，不斷將所制定組織作業程序，也就每項功能別有一套可遵循制度，但仍須不斷的依勢而為，隨需調整，而有所改善創新。

　　所以依上述說明實務的重要性，但仍需依理論有所根據後消化運用，另至每一層次在管理上有不同的做法仍依以前學者之智慧產生的著作，如何延用仍需融會貫通，最主要還是需了解你在某個環境工作心得，而能與理論之相結合，進而有更廣闊的活用，才是我們於每階段所求學問產生的價值。

■ (六) 人才培育

1. 制度設修訂，人才訓練：

　　在經營分析診斷上須了解「產、銷、人、發、財」等各項管理制度，本人也從事生產類資財管理制度設修訂含採購管理、人力資源研討、財務制度表單設修訂及派往美國從事資材管理電腦作業建立，這些完全在於集團總管理處幕僚單位所學，這也是企業內的訓練，於工作中就是訓練。爾後有機會再回到學校，無論大學部或研究所，對於所讀的專業科目會發現感覺體會的程度又加深了些，這就是長期幾年來所得經驗使你在讀的時候有所共鳴。所以所讀的書，必須配合自己

實際的經驗，互相印證啓發，如此再充電無論在學校或其他訓練所，對今後實務工作更深一層的活用才有用。

2. 在職訓練．

(1) 內部：

晉升一級主管前，企業開辦 3 個月在明志工專集中訓練各功能別產、銷、人、發、財及資材等各種專業訓練。民國 70 年王創辦人重視人才培育之訓練，開辦企業內部二級主管生一級主管之人員集中訓練，這一期兩班共 90 名，期間各科須考試，很榮幸得第一名，由王創辦人親自頒獎，並王創辦人點名報告心得，使王創辦人對我更加了解。爾後就在王創辦人身邊就近訓練（因工作就是訓練）。

(2) 外部：

外部訓練，自在南亞會計開始，就由公司派員參加外部機構開課之管理會計方面的課程，爾後參與中興大學法商學院 4 年大學企業管理課程，後來再參與台北商業大學研習國際企業商業談判、國貿金融、經貿情勢及策略管理等課程對我而言受益良多，爲此研習機會進入台北科大（台北工專）經營管理所進行個案研究，有機會撰寫「台塑企業經營模式及核心競爭力之研究」這也是對我實務與理論結合之學習。

3. 投入工作就是訓練：

(1) 擔任經營分析工作，從事企業內各產品經營問題之分析、發掘、檢討及改善。爲能分析診斷，則須了解各產品製造方法

等專業知識，而在工作中吸取寶貴經驗，並能體悟王創辦人經營理念與企業文化。

(2) 籌備海運公司設定船員管理規則、會計制度、船上各項管理制度，並隨船執行制度之落實。

(3) 擔任資材管理組長，從事對我而言生疏的存量管制，也一邊工作、一邊學習。爾後到美國各廠執行存量管制實務作業，並建立企業有名「4 支鑰匙」之付款管制作業，執行完成後，回台灣執行完成全企業電腦付款作業。

4. 如何激勵人心：

激勵員工－此為王創辦人從多年經營管理實踐中，總結出一套實用理論，其中又以「壓力管理」與「獎勵管理」為兩大精髓。所謂壓力管理就是在人為壓力逼迫下的管理之道。具體言之就是以人為手段，造成企業整體與所有員工的緊迫感，使他們勤勞奮進。其主要原因為人是有惰性，每個人各有本質，如果一個人以往過得舒服輕鬆，一遇有困難的事情須解決問題者，則對這個人產生壓力，「不然就放乎爛」，因此不能沒有壓力。如果這個人以往經過苦出來，他在面臨此壓力時不會感覺苦，但自己為了要把事情作得完美，能再突破自己，自我實現，則自己本身會產生壓力督促，人總是需要「承受適度壓力，甚至主動迎接挑戰，更能充分體現企業與個人旺盛的生命力。」所以王創辦人主張無論對人對己都需要嚴格要求，此即為壓力式的管理。

「獎勵管理」－壓力管理必須以獎勵管理為輔。獎懲分明是台塑集團的一貫做法；王創辦人對員工的要求嚴格，對部屬獎勵卻極為慷

慨。台塑獎勵方式有兩種：金錢獎勵與精神獎勵。台塑企業的金錢獎勵對基層每月有績效獎金，年終有年終獎金與平時有提案改善有改善獎金。還有一項很有名的各層級的「幹部獎勵金」。員工既知道努力就會有升等的機會，就會有應得報酬，自然拼命工作。如此制度，其員工一畢業進入台塑企業，以企業為家，終老一生，員工異動率不到 2%，儘管前幾年金融風暴時段，台塑企業有史以來出現首次虧損，員工薪酬獎勵盡皆縮水，但企業管理當局「不裁員」的情境下，台塑企業員工仍能共體時艱，戮力以赴。而另一為精神獎勵，如在開會時讚賞你，面對個人鼓勵的語句，對當事人有一種成就感。

5. 留人法寶－激勵士氣－可以讓你發揮的平台 → 成就感、充實感

企業創辦人他們都有一套用人、留人法寶，就是「激勵士氣」。自古以來的兵法大家都清楚，所屬成員士氣不振，則再高明的戰術也無法取得應有的效果。用鼓勵來代替禁令與教訓，「管理基於人性」實施單位責任制，唯才適用，人才是企業最大資產，使企業與員工之間有「伯樂識良駒」的感情與互動，激發企業成員的切身感。王創辦人所說：「人一旦勤勞，自然有把握，不必虛偽，不必自我誇張，所以說樸實就是腳踏實地的做事，而不是刻薄自己，更不是違反人性。」創辦人一生堅信，只要腳踏實地，艱苦奮鬥，天下沒有做不到的事，如果遇到困境，唯有不斷追求合理，在困苦中得經驗，收穫也會更多，如此有一個讓你發揮平台，則格局也自必更遠大。

回顧當時講義氣的回報－於民國 72 年 ～ 73 年間，台塑企業管理人員流失不少，首先是伍朝煌先生帶了一批人員創辦台育管理顧問

公司，亦邀請本人參加，但那時候張仁恭先生已離職在外，也要成立管理顧問公司，即邀請一批有實務經驗戰將，如李憲寧、吳亦棕及本人等參與，對我而言自會計至總管理處總經理室經營分析，係由張副主任指導提拔，有機會才能學習各方面專長，本人義不容辭答應，並實際行動提出辭職簽呈，而非僅是口頭向總經理室最高主管請辭。當年為了這個請辭，還造成甚大風波，當時楊主任、總座批慰留，待董座回國後處理。

為了這個辭職，王創辦人（董座）回國後親自找我談，為何要離開，王創辦人表示有人說因「董座」管理太嚴而吃不了苦所以你們要離開，我說不是，「他藉此亂講的」，我認為一個人在工作上沒有適度壓力是不會成長的，苦的真諦即凡事沒有經過苦思，哪來得策略，沒有用心去做，哪能得到經驗，但最重要的還是要有苦的經驗，才能訓練出耐力和毅力，所以我也將過去種種所遇苦處如「自序」文中所述，由這次的洽談更近一步了解王創辦人的用心良苦，更能體會王創辦人的經營理念之精髓。由此事件了解王創辦人留人之道吧！

五、 核心競爭力之一：採購發包工作

■ (一) 採購管理困境－研究解決問題

據了解當時民國 73 年王創辦人遇到採購管理困境，引發決策的需求，非整頓不行：

■ 管理困境

1. 供應商黑函滿天飛，管理高層有感採購人員有問題徵兆。

2. 管理高層所遇採購人員之問題，可見採購單位領導者弱，施展無力。

3. 因採購部的問題，各公司對採購的委託沒信心，導致集中採購未能落實。

■ 管理問題

它的起因、選取、陳述、探索及推敲是研究程序中的關鍵活動。

推行電子化作業難度較高：對於數據輸入電腦僅做部份管理用，並無與會計及有關部門連結，導致可有可無心態，導致推行電子化有阻礙。

供應商來黑函，外界對本企業採購人員操守不正，偏袒某些對象，為配合制度所需 6 家報價，發現有一個廠商報幾家之問題（當時審核亦有發現此現象），如此掌握在採購經辦人手裡，造成其他有能力而不得其門而入之廠商的不滿造成亂象，影響企業形象至鉅。

創辦人有感採購領導者的問題甚大，因有一套制度需人去執行，是否徹底、如何帶人去做，這是能否達到目標的關鍵。

■ 研究問題

從管理問題進入研究問題時，必須重新檢視次級資料來源，如：

(1) 自己組織平常審核資料

(2) 當面訪談那些了解或可能解答問題的相關人士（稱為專家訪談）

(3) 當面訪談那些涉入問題的個體（稱為個別深入訪談），如供應商及當事者採購人員。

在研究計畫的探索性研究階段：

(1) 加深對管理困境的了解，並尋找解決方案

(2) 對背景資訊的蒐集，推敲研究問題

依照上述方式問題對本個案之研究下列問題：

(1) 創辦人親自面談，與外界供應商洽談，了解廠商心聲，對廠商有所交代，研究一套給供應商能公平、公正之交易平台。

(2) 創辦人約談有關採購人員其作業情形，並了解個人性向思維，那些人不能勝任之調查。企業內部如何尋找一位能領導採購之主管。

(3) 電腦化實施，能落實方向著手研討：當時我正在美國各廠執行資材管理電腦化，由生產廠提出請購開始，再由採購辦理訂購，再送資材倉庫收料，再由會計辦理付款，送財務部完成付款作業，此一連串相互稽核牽制，如此電腦作業並能確保採購資料準確性，再進行採購各方面電腦化管制。

(4) 研究問題是經由審慎探索、分析及設定研究計劃方向的結果。

▌(二) 如何落實採購制度的實務經驗

▌前言：

現代企業的經營，講究的是總體管理，需靠每一部門分工合作，來發揮總體效果與舉凡企業功能－生產、銷售、財務、人事等各項管理，無一不可偏廢，否則顧此失彼，導致整個企業根基發生動搖，企業經營危機將層出不窮。不過從製造業的生產過程看來，是以原、物料之投入開始。若無適當品質、適當數量及適時供給，將使龐大的機器、設備及廠房閒置，生產中斷，而現場作業員亦停機待料，無所事事，形同「呆人」。因此，企業無法如預期交貨所造成的商譽損失，以及訂單的流失，更是難以補償。所以材料管理在經營管理中係為重要一環，所謂「好的開始，是成功的一半」，因此為提升企業績效，除適質、適量、適時取得材料外，並如何取得合理價格，惟有自投入採購工作做起，但採購工作於企業運作上甚為複雜，則需要有一套依前述

說明之作業辦法，給採購人員有所依循，予以有效徹底執行制度，而不斷檢討改善使這套制度更加明確，事事分明，防止處事不明確而生弊端，故在用人方面如何選擇適當之人員擔任執行，平時工作中如何培用訓練、如何評核，係為當前主要之課題，一個採購單位高層主管甚為重要，由主管做起先正其身對各採購人員儘做到公平合理，於平常工作中除瞭解採購人員辦事水準，予以激勵其才能外，對於個人品德尤須重要，於在職中採購主管不僅以「師傅帶徒弟」的方式偏重於技術能力的指導，今來更應加強人性管理理念，確立採購人員的行為規範及道德標準，使整個採購部門均能循著前述做法公平公正之原則，處理事情，進而秉著「性善」的理念，靈活思考予以取得高品質材料設備及合理價格。以適時、適量提供生產所需，產出物美價廉產品，提高競爭力達到經營之目的。

■ 採購管理之概念敘述：

採購人員對採購案件之處理，自請購、詢價、比價評估分析、至訂購完成採購作業程序。但在作業過程中如何有效的在需要的時間內完成？如何取得所需優良品質之材料，最重要一點是如何取得合理價位，站在買方立場如何能夠知道賣方的實際成本是多少？這個只有賣方最清楚，換句話說對買方而言處在一種不明成本，不知底價的情勢下摸索，底價究竟多少賣方一清二楚，但是買方不清楚，在這種情況下買方則以不明究理採用殺價方法，其合理性如何就不得而知，如何有效的方法應使其發揮市場機能，讓供應商彼此作充分之競爭，依供應廠商之經營能力，表現出其競爭力而呈現低價，將底價行情化暗為

明，暴露在買方眼前，任由買方選擇價廉物美的材料及設備向其購買，這是採購管理上所需追求的目標。

1. 附合管理理念－集中採購

台塑企業自民國 60 年代統一集中辦理採購作業起先未有電子化作業，完全由人工辦理事務性工作，採購買東西以「買辦式」方式處理，係由採購經辦掌控，企業規模愈大，每一採購案件金額也愈大，材料項目多，每天廠商前來採購部報價、議價、確認規格等接洽事務，視同菜市場吵雜，採購人員辦事效率，當然未能提高，採購部雖有一套制度規範，但如果沒有一位強有力主管去監督管理，只偏重與廠商交涉買東西，則採購人員那麼多，個人素行不一，自然在一套制度下仍會脫軌，問題自然層出不窮，在此情況下，那有力量再將其他有在買東西的部門併入呢？一直延後至 74 年初，仍有 12 年時間已換 4 位採購主持者，平均每任約 3 年。

民國 74 年初王創辦人親自對採購人員總體檢，對不勝任人調離採購單位或任其自選離職，徹底重整採購部組織結構，為防止採購人員與廠商頻繁接觸，產生弊端，並設立一套公平公正之交易平台，即實施上述所細述的「通信投標之開標」制度，為能落實此項作業即調我至採購部主持採購管理工作，要如何落實呢？身為採購領導者，本身自我約束，對所屬人員能做到公平原則之考核，對廠商更需徹底將開標作業做到公平公正的地步，經過短暫時間漸漸使廠商有所了解易成習慣，經過 2、3 年業界對台塑採購部有相當大改變形象，相對供應商也能供應價廉物美東西，使台塑企業製造出更有核心競爭力產品，也

因此創辦人要將未集中在採購部的採購單位，在那時候也沒話說了，而歸隊集中統一採購，對我來講也完成階段性任務。

2. 採取通信投標之管理模式，改造採購作業程序

(1) 通信投標開標作業之精髓

董座所言，第一次開標有比較就決，陸續有實力廠商參與就有競爭（對於一般耗用之材料亦因景氣變化，原料價格取得高低因建立公平公正平台，廠商就會依最般實而品質固定產品供應本企業，而取得價廉物美之東西），這項作業執行徹底對企業的形象幫助甚大。

爾後陸續因科技進步，改以電腦化，使人員更加合理亦消除詢價廠商受到採購人員掌握。在執行開標作業階段，企業內亦有人表示哪有可能開標就決（意思不可能），但經執行結果：（在本文中亦有說明）對金額不大，各供應商提供規格相同之材料，佔總採購件數約 85%以上，件數幫忙甚大，又對金額大之設備類為鼓勵真實報價，仍以開標最低價之廠商優先洽議，使與本企業有往來廠商有所瞭解，漸漸建立一個公平公正之交易平台。

(2) 通信投標作業演進網際網路投標報價

民國 73 年底前本企業採購組織原來在高雄、彰化、宜蘭，均設有採購機能，當時在台北採購部詢價廠商係由經辦自己登錄之手記本之廠商為詢價對象，報價時廠商直接交給經辦，甚至於部分廠商前來採購辦公室當面交涉，當場寫報價單，亦有一人報二家或三家報價資料，似如市場，當時內購案件平均一個月約 15,000 件（一般採購 9,000 件、合約 6,000 件），內購人數 118 人（男 67 人、女 26 人、合約採購由廠

區辦理 25 人），外購案件一個月約 800 件有 28 人辦理（男 20 人、女 8 人）而台塑公司設有專外組辦理外購設備，另有部份單位亦有辦理擴建設備及原料。另長庚醫院亦有一單位專門辦理儀器及醫療設備、藥品及耗材之採購。

當時本企業王董事長有感一個月萬件以上之件數，如設一套更完善更公平而能簡化事務工作之制度，否則將容易導致混亂及採購人員與廠商之間問題發生。

通信開標作業：

A. 目的：
(1) 促使廠商於詢止日前報價，便利決購。
(2) 促使廠商報出實在價格。
(3) 由採購助理人員集中保管報價單及記錄廠商報價，給予廠商公平競爭機會。
(4) 集中處理報價單，確保處理時效。
(5) 不需逐家議價，加速決購。

B. 作法：開標箱之設置與管理：
(1) 經理室未立與廠商報價信封之儲存與保管，設置「開標箱」31 個（1-31 日每天一個）專供不同報價截止日之報價信封存放用。
(2) 經理室分件人員每日上午至郵局取回黏貼報價回郵地址條之廠商報價信封後，依報價截止日別，將信封投入「開標箱」內（箱口只能入不能出），若因附圖或型錄致體積過大無法投入時，分件人員則會同保管人員開箱存入文件後再予鎖住。

(3) 廠商寄達之報價信封，若已逾期，及於報價單上加蓋「逾期報價」章與正常信封區分，不予投入「開標箱」內，並與當日開標信封於開標後另送採購組參考。

(4) 緊急採購案件不納入開標作業，由廠商直接傳真方式報價，併及交由採購主辦人員立即處理。

(5) 「開標箱」由經理室設專人負責保管，每個「開標箱」均加鎖，除上午投入報價信封及取出當日欲開標之信封外（約自上午 11：00～12：30），其餘時間予以關閉，嚴禁開起。

C. 通信開標程序：

(1) 分件人員自開標箱取出當日欲開標信封後（報價截止日後第 2 天），先數算開標信封件數，以為分配參與開標組別多寡之參考，信封件數在 700 件以下設 7 組，每逾 100 件增設 1 組（每組開標人員設助理 2 名）。

(2) 報價信封依各採購主辦人別區分放置，再將同案號信封疊在一起。

(3) 報價信封經整理就緒並按開標信封量設定組別後，分件人員即通知各採購參與開標之助理人員進行開標。

(4) 開標前，各組參與開標之助理人員再予抽籤，決定處理哪一組（堆）之信封。

(5) 助理人員將同一請購案號之報價信封拆開後，將詢價單匯集在一起，在將各廠商報價之單價，按案號別填記於「開標單」上，在連同該案號之詢價單予以釘牢（開價單在上面，詢價單於後）。

(6) 助理人員於進行開標後，另將當日各案報價廠商數，按組別及案號別填記報價件數統計表。各案之開標單、詢價單整理妥當後放置於開標桌上。

(7) 分件人員於進行開標結束後，將各案之開標單、詢價單按各組別分送，另報價件數統計表按日期順序彙集供存查。

D. 注意事項：

(1) 爲充分發揮通信開標之機能，應事先開發足夠具有競爭能力之供應廠商。

(2) 主力廠商或前購廠商未報價，且無法以不高於前購價格採購時，應催報價供比較。

(3) 逾期報價者，除非所報規格符合需要，且報價無法爲其他準時報價廠商無法接受者外，不予考慮訂購。

(4) 廠商未依通信方式報價者（急件要求廠商傳眞報價者除外），應向廠商說明改按通信報價，以確保開標之精神。

(5) 採購案件呈核時，應附妥廠商報價單及開標單，以瞭解確實依開標原則決購。

報價偏高者不予議購。

(3) 採購作業進度電腦管制

爲確保採購作業時效，防止採購人員積壓案件或議決困難者未反應主管協助處理，各階段進度納入管制，於 77 年度，內購通信開標案件對每一採購人員設有 31 格之「案件檔案箱」，每一格代表日期，此類案件詢價期限七至十天存放，於此日期是爲正常詢價，存放在其他日期視爲須處理案件，各經辦人員均能從 31 個日期內清楚看出來處理情形，則各採購人員可自我管理約束，但爲能防止因人員疏忽未能有效處理，則將各階段作業如詢價、議價、決購納入電腦管制並設定處理期限，逾期未完者由電腦列印催辦單跟催，如詢價截止日後七天內（即開標後五天內）未送決購或未送請購部門確認各家規格者，或議價未決者，每一案之各階段作業在採購人員手裡超過七天，即由電腦列表跟催，另外爲能了解各內購經辦每個月案件處理情形消化能力及待處理件數有幾天，則由電腦每個月一次列印每人案件統計績效表予

以比較，每月針對進度提出檢討，對各組人員至月底，每人手頭是否積壓未處理或困難之所在加強檢討，多年來產生激勵作用。

3. 採電子化落實採購作業

(1) 開標及訂購作業電腦化

為簡化採購事務作業，經不斷檢討運用已存檔資料，規劃產生可取代手工抄寫之資料，如利用「詢價對象廠商資料檔」，將詢價單用電腦直接連接傳真機，利用夜間離峰時間傳真給廠商或以 EDI 直接由廠商電腦接收報價，開標後亦由電腦案廠商報價金額高低順序列印「比價表」，表上資料如請購部門代號、請購案號、材料名稱、數量、廠牌、交貨日期等均由電腦提示，可供為開標後比價決購判定之依據，助理人員免予手工抄寫資料。另外，利用採購進度檔資料，產生送各部門會簽，呈核案件之「單據寄送清單」，不必每日去抄寫收文部門及案號，亦可提高文件遞送時效。再者利用採購訂購資料檔，直接透過 EDI 網路連線或以電腦傳真向廠商訂購交貨，取代郵件寄送，節省費用及事務，又於訂購後翌日將屬於附圖或規範案件列出送貨材料庫待驗收用之「單據寄送清單」，免因助理人員填寫及寄送錯誤，同時，亦由電腦列印出「買賣合約書」做為大採購案辦理簽約及投資抵減與品保文件用。每月並利用詢價、訂購、交期、交貨品質等資料列印出廠商評核表供淘汰與開發廠商用。在現有電腦管理做基礎下，繼續追求簡化，期望將目前 EDI 網路連線作業須透過網路公司的軟體運作，能夠由本企業自行開發運用，使作業機能需求更加靈活、快速。

(2) 合約採購作業執行

A. 為確保常用材料價格，縮短交貨期限以及降低庫存，對於
常用材料經合理競爭下，積極辦理合約採購。74 年合約採
購 406 類 19,573 項數，77 年為 674 類 32,493 項數，至 89
年六輕 1～2 期完成後，為 4,962 類 128,930 項數，至六輕
四期完成 8,154 類 157,922 項，過去，合約材料訂購作業由
全企業料庫 25 人兼辦訂購交貨，每月訂購件數約 6,000
件。改由本部集中處理後經由電腦取代手工填寫各種資
料、節省人力及減少填寫錯誤、作業人數僅須 6 名助理人
員，每月訂購件數提高至 77 年 13,900 件，接著使用傳真
及電腦等作業，訂單由電腦直接傳真或以 EDI 網路連線方
式直接由廠商接收。故至目前每月訂購件數再提高至
36,003 件，比原來增加約六倍，人員僅需五名助理人員減
少為 1/5。

B. 合約採購以競標促成價格競爭：合約採購在通信開標原則
下，因競標而使價格更合理，使六輕建廠成本低，因採購
效率提高亦使六輕進度快速之功效。除工程外，對長庚醫
院幫助甚大，如長庚醫院用器材及藥品，74 年時該醫療採
購係屬長庚醫院管理，當時 1,266 項為合約採購，其詢價
週期為規定之三個月，而醫療用品係以新產品開發為重
點，如果以三個月週期均以維持現用品為主，為此台塑企
業王董座親自督導長庚醫院藥品及醫用器材之採購工作，
當時每一案件金額 10 萬元以上，由我呈報董座不斷改善，
經改以一年期限後，各家廠商參與競爭意願大，另又將依

般採購之藥品及器材陸續開發新品，院方予以配合替代，並以一年期限促成競爭，增設合約採購，至民國89年增加為8,352項，佔總決購案件之合約件數，由原來36%增加為84%，自改此方式後與原所長期買的價格，一個月約可節省3,000萬元，目前在此作業模式下繼續針對常用之材料，不斷開發新品促成競爭增設合約，並且對合約已至須詢價者應予考慮競爭性之事宜著手。當時曾發生一段小插曲，雖然一點爭議，但對長庚醫院後續產生很大的良性作用，就是某一科主管長期來所用水晶體一個買15,000元以上，但經過其他廠商參予一個僅約5,000元，但該主管不肯使用，最後由我出面處理，導致弄到當時王特助瑞瑜辦公室，隔天董座問我何事，由我將該用品之採購來龍去脈說明一遍，我認為該主管太不講理最後離開醫院，此現用品再下降至一個2～3,000元，但我個人認為此後對長庚醫院各項用品及設備之採購影響實在太大了，我對王董事長為改變整個環境而捨愛一位醫術有經驗之醫者，實在令人佩服。

C. 零星材料合約採購縮短流程，節省開支：針對常用小額零星材料，利用合約採購材料之範圍，由各公司使用部門依材料別設定每月用量基準，每月出由電腦彙總前月份用量集中於本部開立「訂購單」，原各資材料庫叫貨之文具用品同時併入本項作業，每月訂購件數約6,900件，由電腦傳真向廠商訂購，並將訂購資料傳送廠區供資材課列印收料單收料，本部未另增設作業人數，因單價及部門之使用金

額（平均 8,300 元/月）不大，為簡化請購及收料事務，資材收料不入料帳，以消耗性費用報銷，此項作法，使用部門設定月用量後，對甚小額案件，無須每案詢議價，對簡化採購事務裨益很大外，零星物品之消耗品，可依使用部門設定月用量，實施獎勵辦法予以鼓勵，節約開支之效。

4. 精實化管理之採購流程改造

■表 2　採購作業程序改造前後之比較

項目	原始傳統	通信投標及開標
一、詢價	詢價單開立依廠商名冊逐家手工抄寫住地、名稱，詢六家就六張信封並付郵資。	建立廠商資料檔，請購部門將請購資料直接由採購連結廠商檔電腦詢價。
二、報價	廠商自行報價，有的前來採購。	均由電腦報價。
三、比價	填寫各家報價比價表。	由電腦按價格高低列印比價表。
四、議價	採購經辦逐家議價。	開標後金額不大、規格明朗的有 80%～85% 經比價就決購，無議價。
五、訂購	1.手工抄寫訂單再郵寄廠商通知訂購。 2.按企業內各廠區之倉儲部門抄寫訂購資料以清單寄送倉庫收料。	1.由電腦列印買賣合約書（較大宗採購案。） 2.一般即電腦通知訂購。 3.電腦列印寄送清單、收料。
六、付款	人工勾稽、查核與付款。	4 支鑰匙管制、電腦付款。

5. 管理者如何領導採購

(1) 領導與管理之關係

領導不等於管理，管理者工作是要面對複雜環境時，須有一套完整"通信投標開標制度並爲組織帶來有秩序、有效率，在執行中間之流程有控制，以合理人員配置來完成所交付任務。領導者的工作是面對變化並因應變化，領導者工作重點是願景如採購完成公平公正之環境，而改變對本企業形象，故須擬策略、指導方向。強調如何藉由明確、有效、溝通（即對所實施制度須明文、不合時宜須不斷修改）激發出員工使命感。以上管理與領導兩者缺一不可：缺乏管理的領導將引發混亂；缺乏領導的管理容易滋生官僚習氣。

(2) 採購人員之考核

採購案件進度控制及異常管理：一套異常管理制度之建立資料準確性相當重要。身爲一位採購領導者，爲達成創辦人所交付任務，不外乎取得價廉物美之材料及設備，須在公平、公正及公開基礎下進行，並在工程進度需要時效內完成，故採購須有一套內部控制管理機制，並予以考核每一個採購人員績效，如前所述四支鑰匙管理，在此建全資料準確情形下，予以擴大至各段進度管制：如採購人員自接件開始，決購（訂購）與否及會簽進度等均納電腦管制，並可每人於月底時，一個月決購多少案件及金額，即每人平均對未完案件多少，是否積壓，均由電腦統計列表比較，做爲每月每人績效之評核。亦因此本企業有專員（課長）及高專（廠長）之升等關係，其該等職位每年均有特別酬勞金獎勵，促成每人在工作上自我超越，能追求他們所期望目標。

如果在操守方面，有人投書檢舉者，經查核或多或少有其跡象者，則馬上調離現職，並影響其績效及獎金，以達到公平為原則，亦可避免利用關係透過不正常管道想要升等，仍會引起其他未升等人員之不滿，所以當主管者有所偏差，容易造成人事方面混亂。

(3) 採購作業執行績效比較

自民國 74 年元月 26 日我回國後，台塑企業王董事長安排我到採購部執行通信開標作業，首先將各廠區採購機能廢除，集中在台北統一依通信投標方式辦理。

開始一段時間本企業王董事長親自到現場實地瞭解運作情形，是否有沒完整的地方不斷改善調整。經過五年時間，為能徹底執行通信開標之工作能落實，對廠商逾期報價或未依通信報價方式者，不予考慮決購。如此做法各經辦均須遵守開標原則，自民國 75 年後至 78 年，廠商對此做法有所認識，在報價時較具有真實度，經數年之執行，平均一個月內購件數 27,250 件，對規格明朗，價格不高於前購紀錄者，即予以決購，開標決購率約在 80%～85%，此類案件分布在 10 萬元以下之件數，其金額僅佔內購總金額約 7%，在內購案件數平均一個月 27,250 件，可免與各廠商進行議價有 22,480 件。

通信開標作業對採購經辦處理案件之效率幫助最大，雖然內購案件增加，因為開標決購率 85% 不再與廠商洽議及不與請購單位會簽等繁雜事務，故內購採購人數由 118 人降為 48 人。

為能使管理更趨合理化，執行上更加落實，仍不斷檢討使採購作業更公開化、透明化、數字化，在多年來運用之電腦作業基礎下，於民國81年間詢價案件改由電腦於晚上自動傳真詢價，減少列印郵寄信封。83年再改由廠商電腦與本企業採購電腦EDI連線實施詢、報價工作。88年再擴大電腦相互連線作業機能，將未附圖規範之案件，透過網路公司連線作業，本企業詢價案直接由廠商報價，而須附圖規範之案件，則運用衛星傳送，由廠商接收詢價報料報價，使詢價案件更為公開、透明化、人員更合理化。亦因如此六輕擴建階段內購人員46人（男16、女30）才有辦法處理。每月件數48,985件平均每人每月可處理件數1,065件，比原處理效率高出約6.6倍，而到月底存於手中待處理僅一天左右，至六輕1～4期完成後各廠均參與正常生產，成本部門增加，致使內購請購案件增加一個月有62,439件，平均每人1,357件，效率高出8.1倍。

 材料付款電腦作業關聯

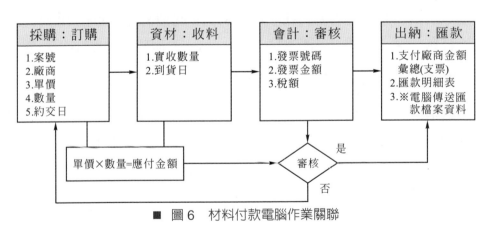

■ 圖6　材料付款電腦作業關聯

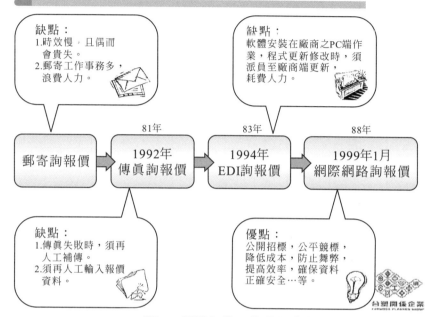

台塑企業採購管理作業

■ 圖7　採購作業 E 化過程演進

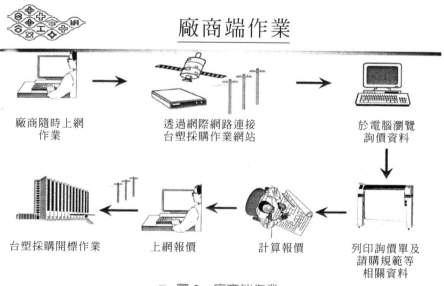

■ 圖8　廠商端作業

■表3　採購部作業件數及人數比較表

採購部作業件數及人數比較表

單位:仟元

作業方法 / 採購類別	原始作業方法						電腦化網路作業方法			
年度	73年		91年		94年上半年		91年		94年上半年	
	數量(件)	人數	數量(件)	人數	數量(件)	人數	數量(件)	人數	數量(件)	人數
內購 一般採購	9,000	男67/女26	17,499	男131/女50	18,084	男135/女52	17,499	男18/女30	18,084	男25/女21
內購 合約採購	6,000	25	29,678	124	44,355	185	29,678		44,355	
每人平均內購件數	127		155		167		982		1,357	
外購 一般採購	800	男20/女8	2,188	男55/女22	(含合約3,146)	男60/女31	2,188	男13/女18	(含合約3,146)	男20/女16
每人平均外購件數	28		28		35		71		87	
小計	15,800	146	49,365	382	65,585	463	49,365	79	65,585	82
經理室	主管8人 總理室 (進口組14人)	8	主管9人 總理室10人 外購索賠管理1人 大宗原料及卸場3人 專業(大陸)1人	24	主管9人 總理室10人 外購索賠管理1人 大宗原料及卸場3人 專業(大陸)3人	26	主管9人 總理室10人 外購索賠管理1人 大宗原料及卸場3人 專業(大陸)3人	24	主管9人 總理室10人 外購索賠管理1人 大宗原料及卸場3人 專業(大陸)3人	26
增加機能			催交組8人 投資抽減2人 品質及付款處理4人 趨南擴建1人	13	催交組8人 投資抽減2人 品質及付款處理2人 免親處理1人 料號服務1人 趨南擴建1人	15	催交組6人 投資抽減2人 品質及付款處理4人 趨南擴建1人	13	催交組3人 投資及付款處2人 品質及付款處理2人 免親處理1人 料號服務6人 趨曲擴建1人	15
合計		154		406		489		116		123

94.07.14

■ (三) 美國擴廠經驗－應用於六輕

民國 77～78 年台塑美國擴建包括烯烴廠、IEM、EDC、PP、PE 與南亞 EG 及台化之芳香烯、SM 等大型設備，層峯指示由台北採購部主持採購工作，為此配合工程進度進行，各專業有關人員於民國78年1月中前往美國總部 N.J.參加各工程如何推行之檢討會。爾後進行設備採購，首先以各工程案之製程主設備如烯烴廠各氣體之壓縮機、裂解爐等 PP、PE 之攪拌機、反應槽、押出設備、製粒設備、乾燥機等設備採購均以世界有名專業製造廠為詢價對象參與競標，這次美國擴件係為台塑企業頭一次大規模同時建廠，對於特殊重大每一個採購案於詢議階段均向董座呈報到向何家決購。

　　於民國 78 年中與工程部門檢討每一個擴建項目如烯烴發電廠、IEM、EG、PE、PP 等已請購件數完成多少件決購均列表管控，予以追蹤並呈報董座與總座。所以美國擴建案之設備採購，在董座、總座支持下，每案在果斷決策前須經談判過程，事前須收集資料做好評估分析工作，經過比較於談判中求得合理價位，在處理決策過程，個人心態上不貪不歪，用心計較在競爭狀況下，取得對企業有利，對我有成就感，這就是我常與董座在談 "成就感"，自然而然也採購議價權威性，也因如此美國擴建廠投資費用，據董座表示僅為美國國家同業之63%，相當有核心競爭力量。

　　本企業以往擴建其製程主設備採購均由各公司擴建部門自行辦理，如台塑係由一單位「專案外購組」辦理，但因董座之管理觀念統籌由總管理處採購部辦理，因而於民國 77 年撤除該單位。又因考量台塑重工可製作之塔槽壓力容器、熱交換器等運至美國需負擔運費及關稅等不利，但藉重工對此方面之估算可與在地或歐洲廠商比較，重工對此方面採購比價也有相當助益。但因本次擴建採購又與以往有所改變，而台灣部分貿易代理商則先與製造商接觸，並帶製造廠與本企業在台負責擴建工程單位進行規格檢討，難免造成摩擦，又這次採購大部分重大案件，詢議價中間均以各工程部門最高主管檢討後直接向兩位創辦人呈報簽准訂購。但本次因美國設備製造廠如大型塔槽等過去未與台北採購接觸，而台北貿易商真會找，自行推薦當代理，甚多設備大部分集中幾家代理，經辦人員若不自愛，有時與有心代理人相聚者，無論我本人在價格上如何促成競標，得到比同業更有競爭力價格，如在作業上有一點缺失難免引起他人誤會，造成甚大困擾。

■ (四) 董座親自主持採購制度之修訂

董座於民國 79 年因大陸投資事宜滯留美國 N.J.，但為此事件傳給王特助與我說明這次造成誤會之所在，雖然董座、總座對每一案件均有所瞭解對我個人有所認識信任，但作業程序亦有缺失，董座仍以需「怪公司管理未達必要上軌水準」（傳真手稿如後），爾後董座在 N.J. 親自指揮從事修改制度至完善。並對擴建後續之採購案，董座以手稿傳真給我本人，再由我直接傳真回覆報告，民國 79～81 年間董座共傳真 Case 約有百封以上件數，也利用這次經驗並依王創辦人修訂之重點如廠商資料以製造廠為主，報價也以製造廠（外國廠商）直接報價資料，而外購廠商仍需由原來幫他們聯絡事宜，但決議時仍去函給外國製造廠或直接派人當面洽議。

洽議原則仍以報最低價或有利標之廠商為優先洽議，另為避免工程部門不正常之會簽綁規格，六輕擴建能依此原則徹底執行達到公正的交易平台。

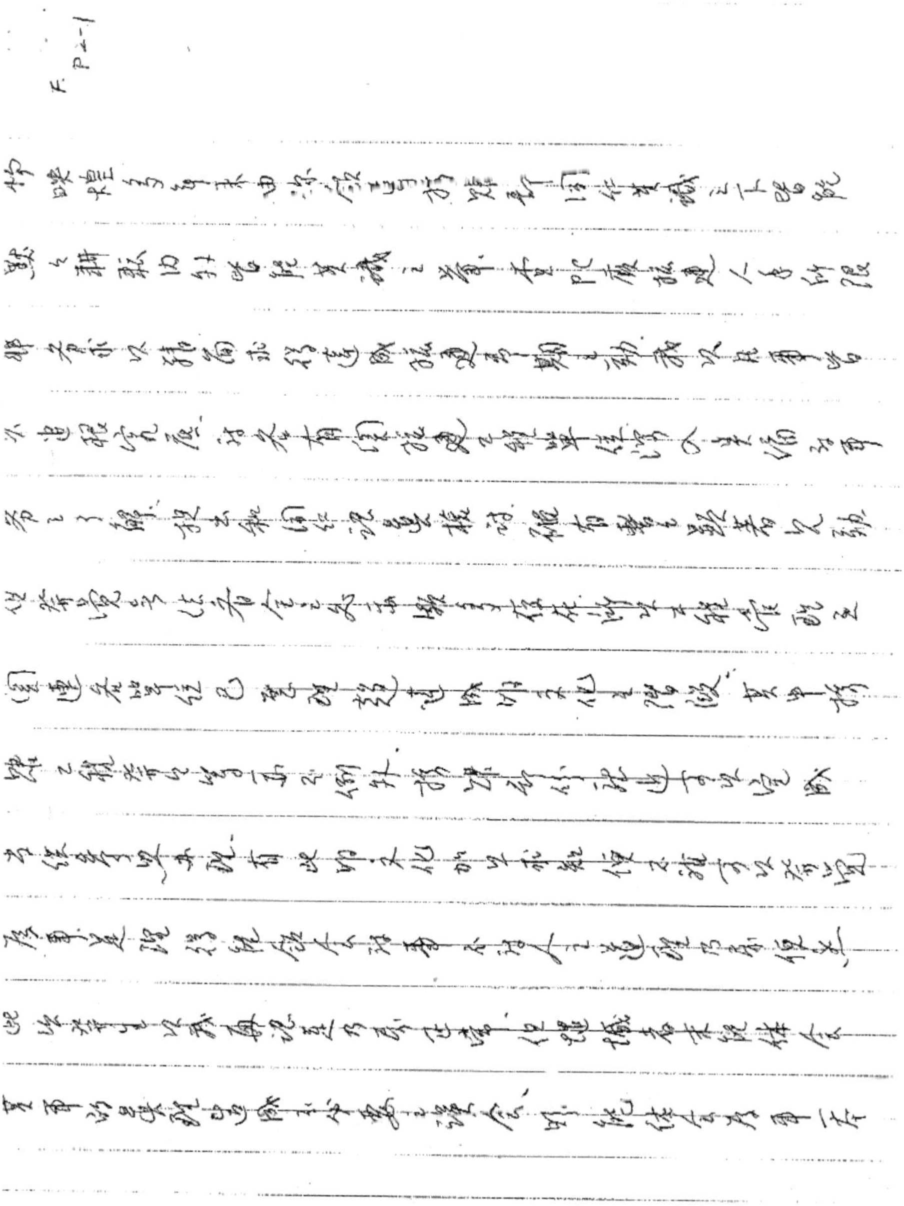

■ 圖 9-1　與董座傳真手稿

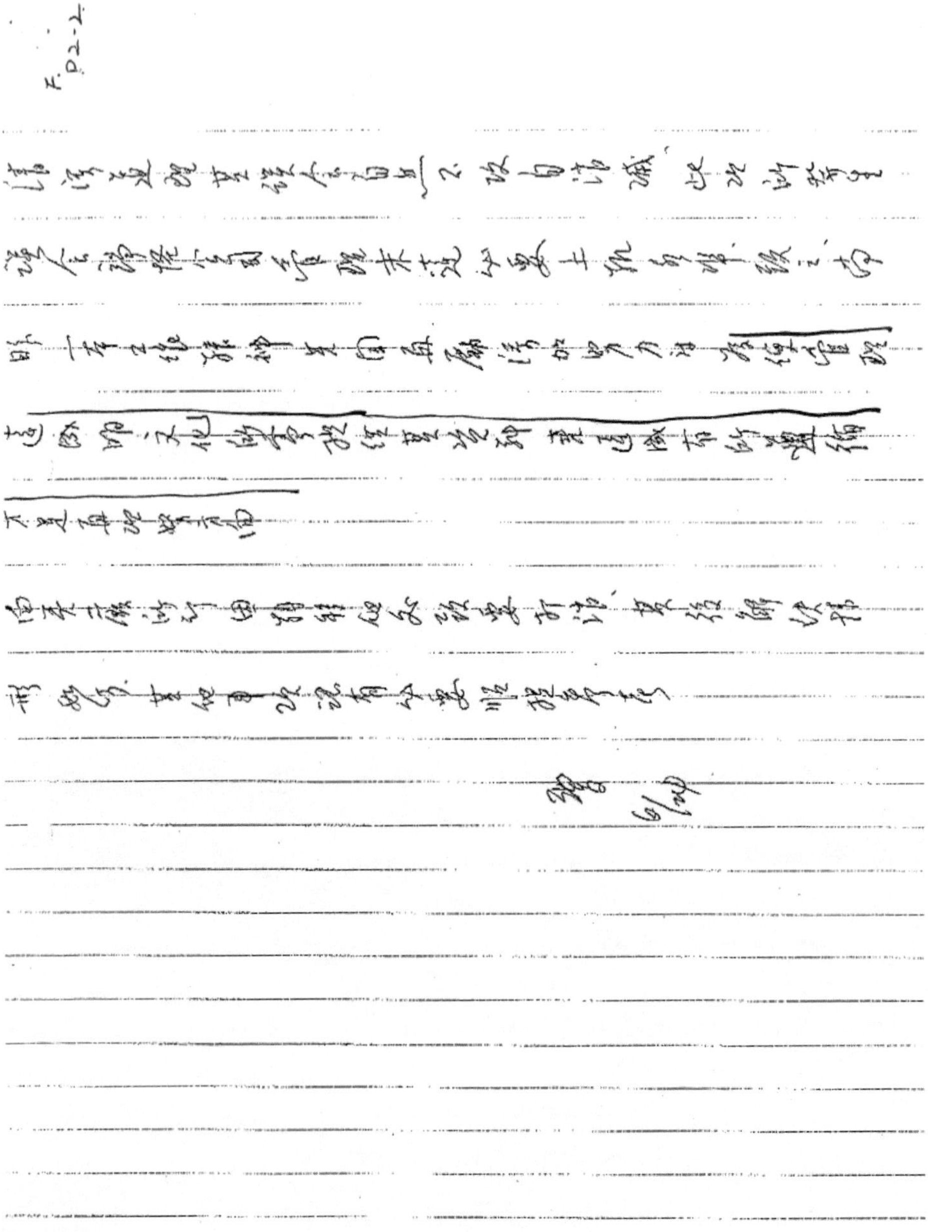

■ 圖9-2 與董座傳真手稿

■ 王創辦人修訂採購制度實例說明：

1. 採購會簽問題檢討：

董座民國 79 年 7 月 18 日傳真內容如下：

[「採購作業方法提出較具體檢討，如何精簡，能發覺許多改善，務求趨向工作合理化，為此大家以集思廣益提出好多，交換各是其長，就這項 NJ 採購單位擬出此作業方法，發覺許多需要改善之處，應未有助與今後作業簡化而正確頗多，今接來提供會簽之節目，認對採購最重要，如何要解決此項常遭困擾的癥結所在，如何探討問題關節，以實事求是逐條逐項加以舒解，先介紹在這次所擬採購作業方法如能對讀後逐條逐項加以深入了解，吸其作業方法的精神，就比較定意體會其真諦所在，建立殷實廠商（詳細參閱讀該所擬辦，請購單位有負責的態度，更甚者放鬆下去後會簽再審之自我），採購部能有工程專才協審，當然不錯，但所謂專才非萬能，我認為能建立殷實廠商，由其報來由採購，其比照大都可以勝任（無妨你可以經由會簽致其意見，因廠商錯誤而才來重視其會簽的必要性），所以這項規定任何需至會簽，均由請購單位特予提出，否則一概免會簽，總結論無論採購或工務請購單位，都因工作品質未能在事先加以重視，而造成惡性循環，其產生困擾，工作頗多無法估價，類似之發生不勝枚舉，KICK OF MEETING 然後進行簽約，如此者就是供方徵求買方經過開會同意，使其買賣成立，是否適當，求實合理亦需要再商榷之餘地，買非專家，供方所供其設備便是專家，出錢者等於大學生，供方以教授之資格，向大學生上課使學員了解，而非關負責，你信中有一段「如在議價中間，當有競爭之廠商，可另提供乙家」，對此除所發詢價之六家，因不成氣候，而有正當理由，否則除此六家以外不能空降而來參加，如此其在六家

以最低次序優先議價，除因不符原先條件外，有和現市價認為適當或和以前一比尚稱合理價位，擬定價低優先順序，換言之應該有在議價中在來空降提出競爭，而放棄原先之優先，更是本企業絕對堅持此依公平之態度而千萬不可有變，最後希望由你向採購同仁這次所擬作業辦法，還有任何意見可以提出者即有所之貢獻，其他意見尚祈對所擬之條文能深入探討，以過去或目前所為確確實實以實事求是做一比較探討或可在求作業上應有其臻效也。」]傳眞手稿及我呈報如圖 10-1～10-4。

2. 修訂後採購作業辦法如附：

[如董座於民國 79 年 7 月 8 日及 8 月 12 日之傳眞，並附採購管理作業細則，計 9 頁內容，如圖 11-1～11-11 所示。]

■ 圖 10-1　採購會簽問題檢討

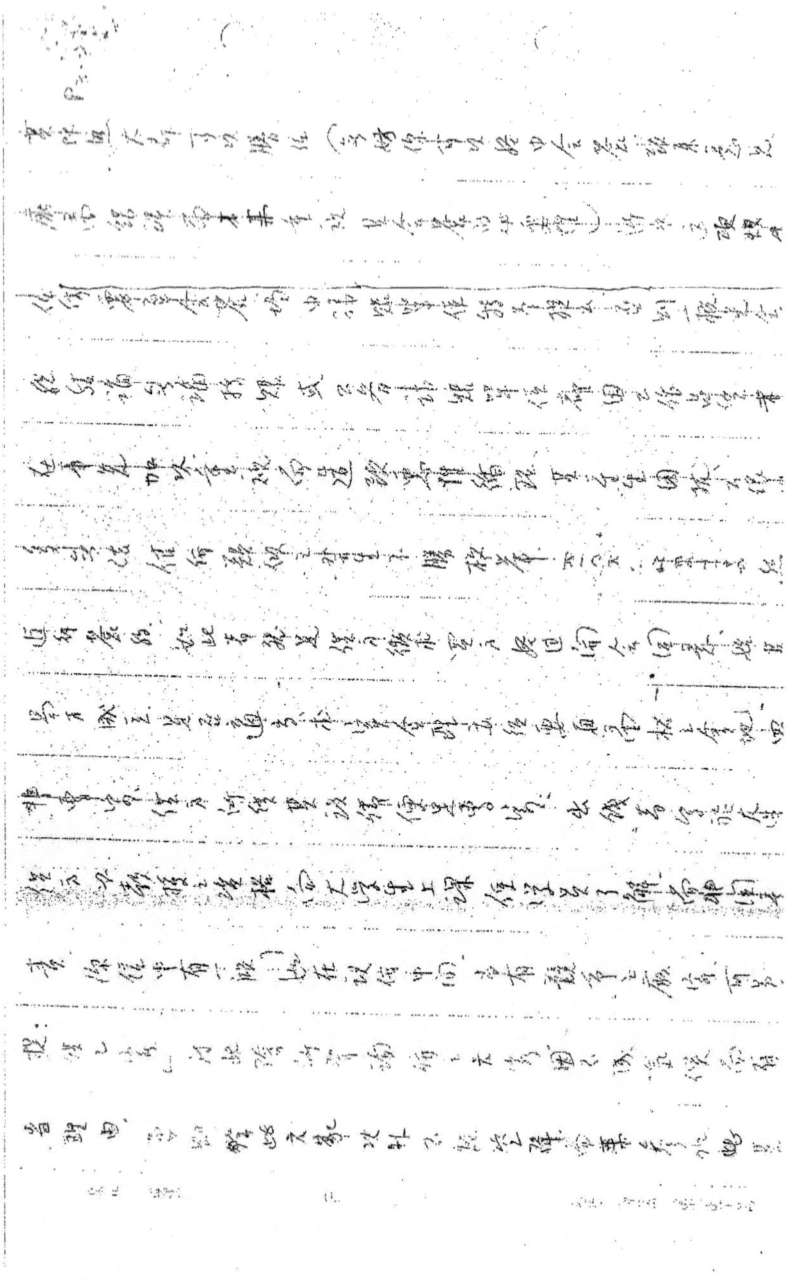

■ 圖 10-2　採購會簽問題檢討

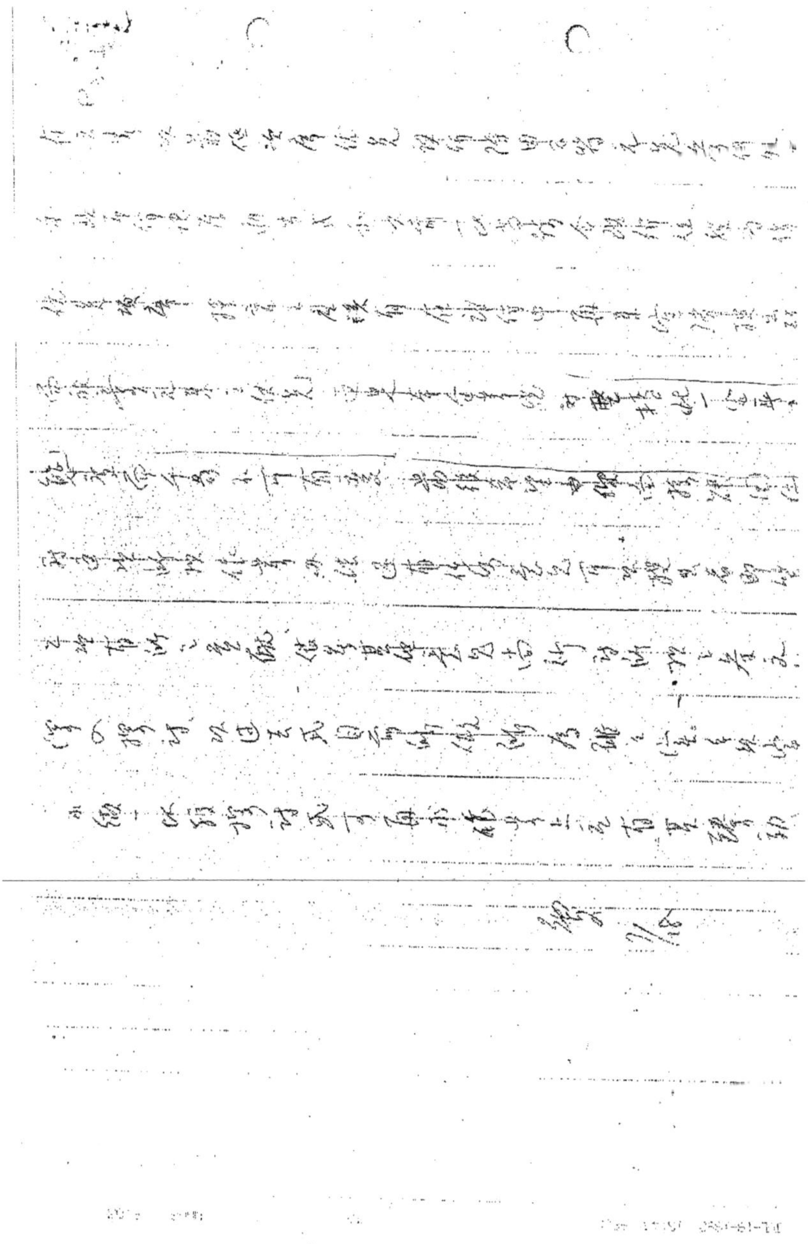

■ 圖 10-3　採購會簽問題檢討

呈董座。有關擴建工程之設備採賦作業方法，今檢討如下：以後 採賦僅着重於 伺格治議，規格審查是否符合 均由工程部門担任，在作業中间 因以上机能故 廠商報价時 均由採賦 送工程部門 辦理審查工作，若有規格不符 不全 或工程部門再修改規格等 即通知採賦 再向廠商 通知補報或修改報价，於作業当中，採賦有感於所 响規格常修改 使採賦人員 無工程部門，審查規格定審者，無法進行議訂若在議价 台規格仍再變更者 甚感繁複 困擾 因此 此類案件 甚難 比照 依常規決賦之13 2500件左右採賦 案之方式為目標進行作業，今依謝文彦所提及 從報价至議价之 作業方法 進行再檢討 為能爭取時效，明確作業。1. 工程部門 賾賦規格必須群列若複 報之製程設備 請賦規範 須提供規格重要摘要。2. 廠商報价台 由採賦資深 設備專業 人員依第1类之規格摘要核対 審查其基礎之符合性后，即可進行議价。3. 依 賾賦部門 要求会簽 或如須会簽之案件，於議价同時 原則上將所報最低价 二家送工程部門研討 如在議价中间 当有竞爭之廠家，可另再提供一家。4. 議決后，部份案件 經工程部門 要求須 於 KICK OFF MEETING 后 再進行簽約。依以上作法 賾賦部門 所需規格 在須变更 業中间無再更改者，另採賦 需增加 設備方面之專業人員，則可配合 擴建工程之設 備案件處理 以爭取時效。以上檢討意見。謹呈。　　　　職 楊映煌 敬呈 7/9

■　圖 10-4　採購會簽問題檢討

■ 圖 11-1　修訂後採購作業辦法

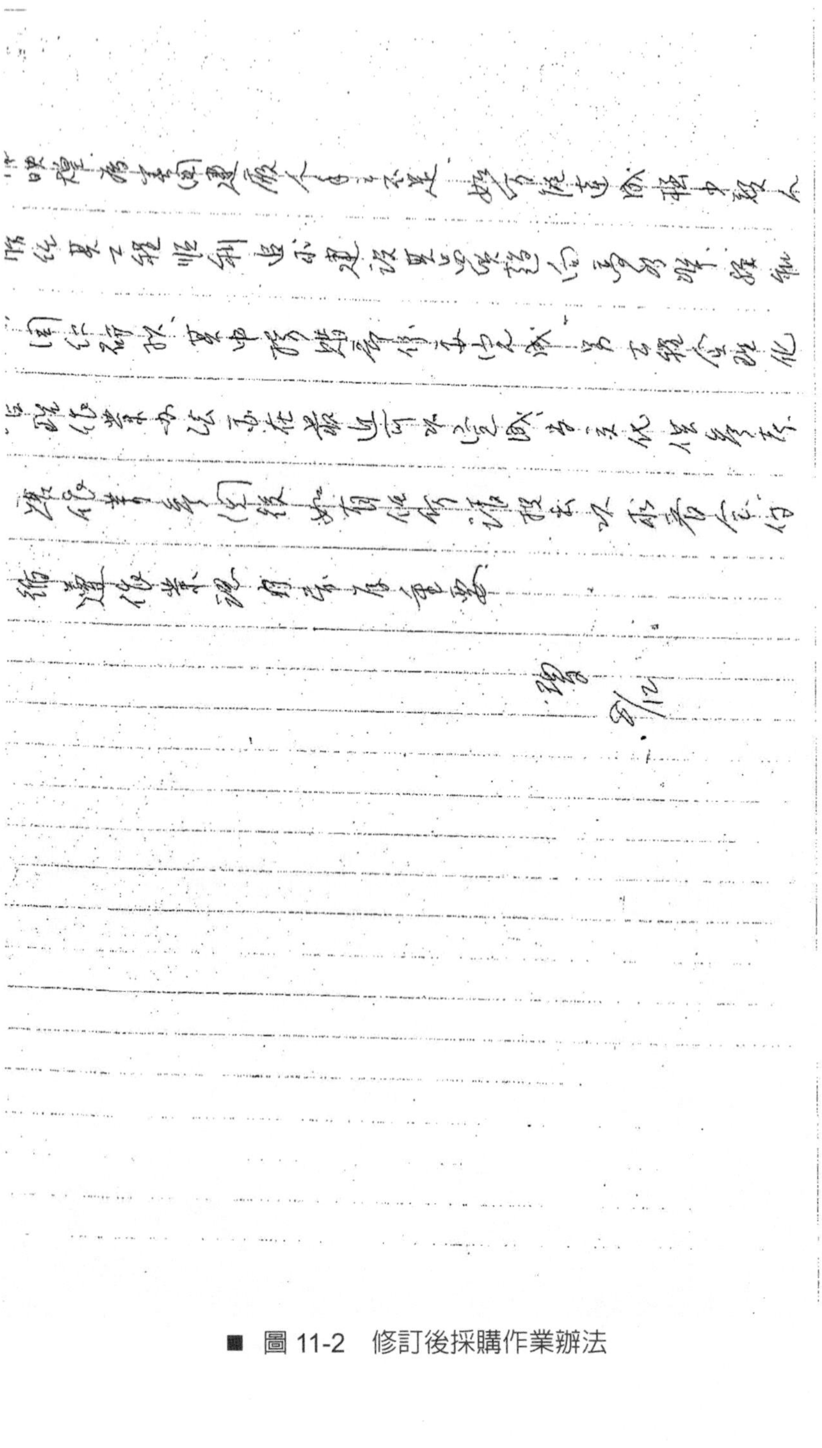

■ 圖 11-2　修訂後採購作業辦法

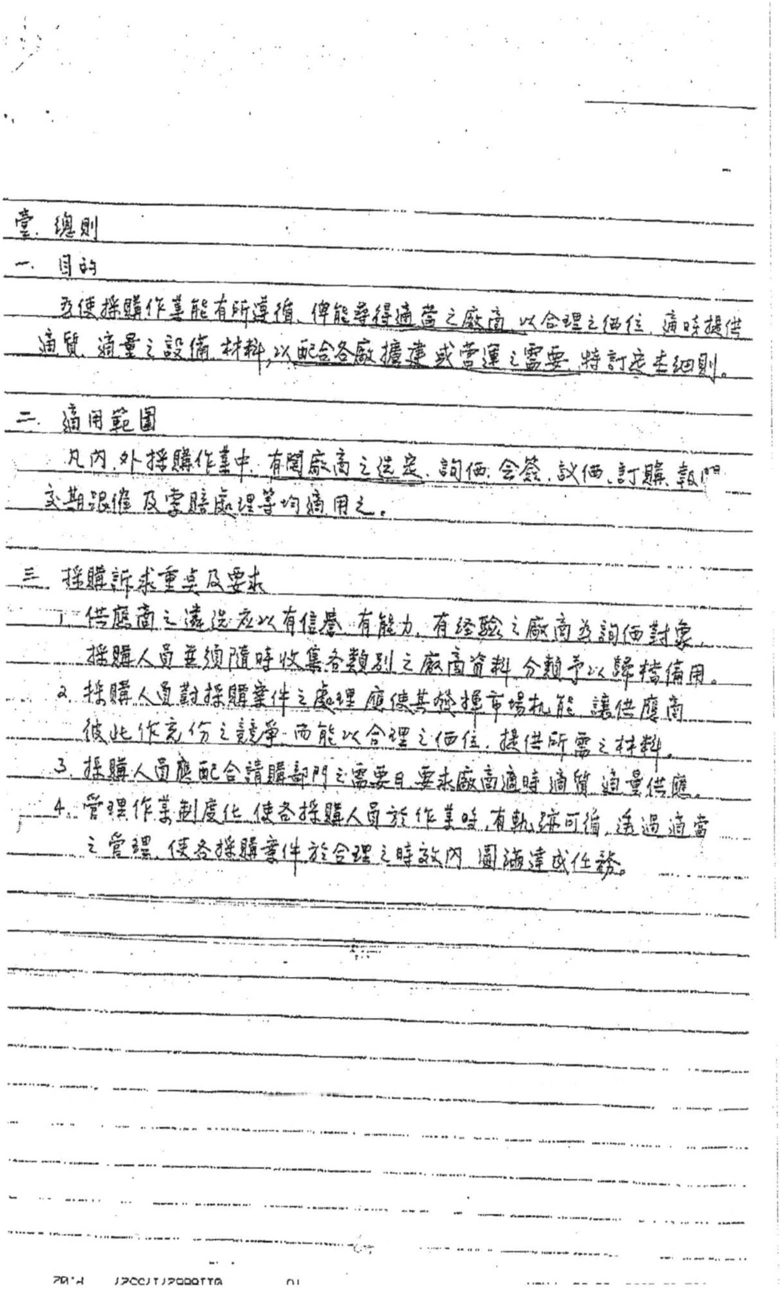

壹. 總則

一. 目的

　為使採購作業能有所遵循，俾能爭得適當之廠商，以合理之價位，適時提供適質、適量之設備、材料，以配合各廠擴建或營運之需要，特訂定本細則。

二. 適用範圍

　凡內、外採購作業中，有關廠商之選定、詢價、會簽、議價、訂購、報關、交期跟催及零賸處理等均適用之。

三. 採購訴求重點及要求

　1. 供應商之遴選應以有信譽、有能力、有經驗之廠商為詢價對象。採購人員並須隨時收集各類別之廠商資料，分類予以歸檔備用。

　2. 採購人員對採購案件之處理，應使其能掌握市場机能，讓供應商彼此作充份之競爭，而能以合理之價位，提供所需之材料。

　3. 採購人員應配合請購部門之需要且要求廠商適時、適質、適量供應。

　4. 管理作業制度化，使各採購人員於作業時，有軌跡可循，透過適當之管理，使各採購案件於合理之時效內，圓滿達成任務。

■ 圖 11-3　修訂後採購作業辦法

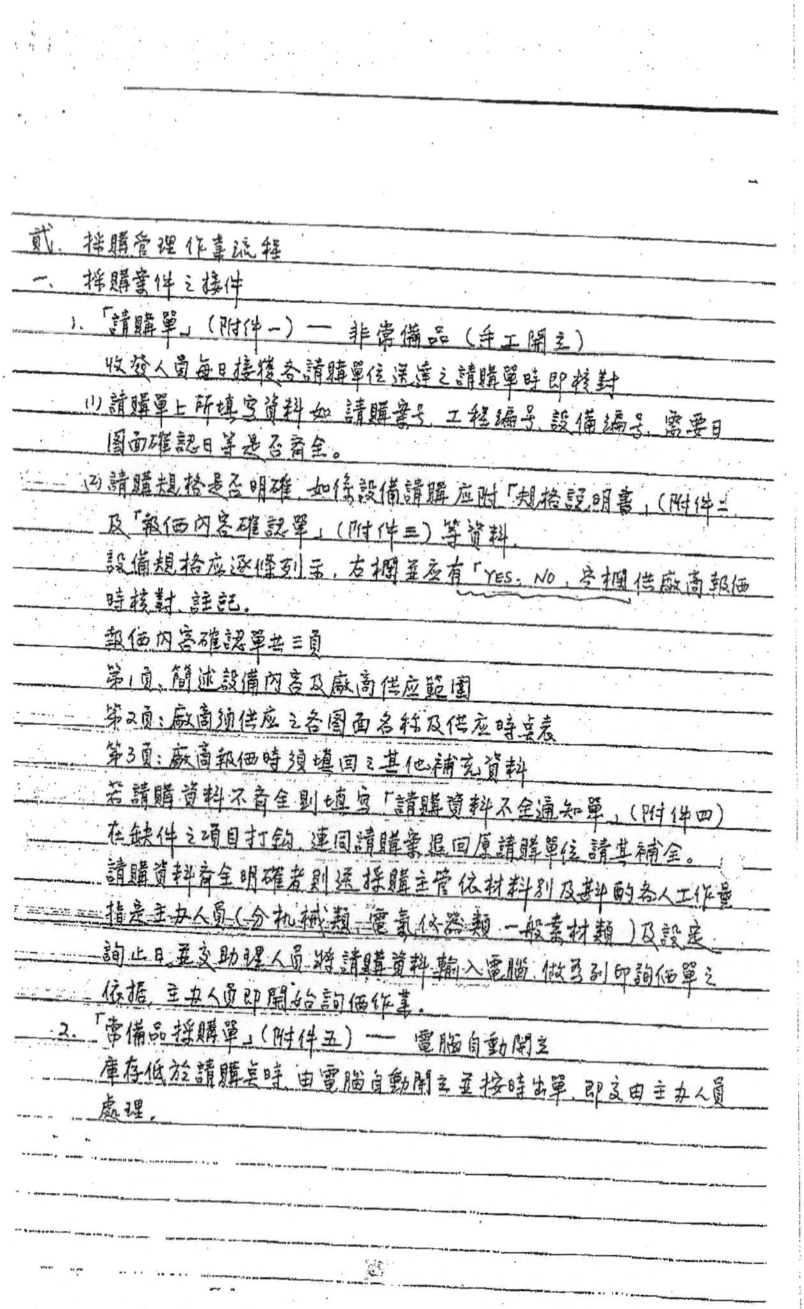

貳、採購管理作業流程

一、採購案件之接件

1、「請購單」(附件一) ── 非常備品(手工開立)

收發人員每日接獲各請購單位送達之請購單時即核對

(1)請購單上所填寫資料如 請購案號 工程編号 設備編号 需要日 圖面確認日等是否齊全。

(2)請購規格是否明確 如係設備請購應附「規格說明書」(附件二 及「報價內容確認單」(附件三)等資料.

設備規格應逐條列出,右欄並應有「YES. NO」字欄供廠商報價 時核對、註記.

報價內容確認單共三頁

第1頁:簡述設備內容及廠商供應範圍

第2頁:廠商須供應之各圖面名稱及供應時意表

第3頁:廠商報價時須填回之其他補充資料

若請購資料不齊全則填寫「請購資料不全通知單」(附件四) 在缺件之項目打鈎 連同請購案退回原請購單位 請其補全。

請購資料齊全明確者則送採購主管依材料別及排前的各人工作量 指定主辦人員(分機械類 電氣儀器類 一般畫材類)及設定 詢比日並交助理人員 將請購資料輸入電腦 做為引印詢價單之 依據 主辦人員即開始詢價作業。

2、「常備品採購單」(附件五) ── 電腦自動開立

庫存低於請購點時 由電腦自動開立並按時出單 即交由主辦人員 處理.

■ 圖 11-4　修訂後採購作業辦法

二、 建立可靠供應廠商資料

1. 供應廠商之來源：

(1) 前購記錄。

(2) 工程公司、企業內工程、製程單位於請購時所推薦之廠商。

(3) 平時按類別收集、歸檔之廠商。

(4) 地區性或全國性之購買指南及專業性之廠商名錄。

2. 為精簡採購作業，詢價對象應事先甄選。採購案件經訂購后即篩選原詢及報價之二家廠商淘汰報價偏高或不合格者，再參考上述供商資料來源，補齊二家后存檔在依各類別（如塔槽類、閥類、泵類、電儀類……等）之採購記錄卷夾內，俾供下次採購時可立即抽出送詢。

三、 採購詢價作業

1. 採購人員接到請購審后，須檢視規格說明書，依其類別抽取採購記錄卷夾。

2. 助理人員將請購內容輸入電腦，列印六份「詢價單」(附件七)連同規格說明書、報價內容確認單及回函標籤(附件八)等逐寄廠商詢價。

■ 圖 11-5　修訂後採購作業辦法

四　審核作業

1. 廠商報價寄回后，助理人員即拆封並做如下檢核工作：

　(1) 規格說明書右欄「YES, NO」空欄是否註記，

　(2) 核對廠商報價內容是否依我方要求，如 ① 價格分列（BREAK DOWN PRICE）② 檢附型錄（CATALOGUE）③ 列主備品明細及單價表 ④ 按裝、試車、訓練、佳固等。

　(3) 付款條件、交運條件、交期等是否註明清楚。

　如報價不全，則填寫「報價不全通知單」（附件九）傳真廠商要求補齊。

　符合規定之報價單，則據以將報價總金額輸入電腦。

2. 屆詢止日，電腦即自動列印「廠商報價次序表」（附件十）若發現主力廠商未報價，採購主管隨即電話探詢並採取因應措施。

3. 採購人員依「廠商報價次序表」顯示之最低及次低廠商所報來之規格、交期、各項單價等內容予以對照比較並填寫「報價審核表」（附件十一），若其中一家報價規格、交期等條件不合則依次遞補再審核比較至合格為止並即開始詢價（指金額在金額不影響如請購單上註明需會簽者，同時將廠商報價之規格、技術資料（價格除外）送請購部門會簽，並輸入電腦做進度管制。自送會簽日起加 16 天為預定會簽完成日，若未能於進度日內送回則於請購單位列印「會簽逾期催辦單」（附件十二）由請購單位主管負責跟催。

4. 審核完畢即交由助理人員輸入電腦做議價進度管制。

■ 圖 11-6　修訂後採購作業辦法

五、議價作業

1. 採購人員議價係以最低單之廠商為優先。議價前須分析報價內容，參考採購記錄基準，同時考量市場漲跌因素及採購量多寡，擬定議價方式及議價幅度，呈核決主管批手後，交回採購人員辦理。

2. 議價時應避免使用電話，而以信函方式為之。

3. 議價結果與我方目標相近者，可直接呈報核決，若其差異甚大者，應與採購主管研商對策，轉向次低標議價或由採購主管直接與廠商交涉。

4. 採購案核決後，應隨即通知得標廠商，以確保交易條件及交期，凡議價未得標者均一一告知結果，與他對的告知。

5. 自核定成日起加14天為預定議價完成日，逾期尚未決購之案件，則列印「議價逾期催辦單」（附件十三）送採購部門主管督促辦理。

■ 圖 11-7　修訂後採購作業辦法

六、 洽購及訂購作業

1. 採購經辦在案件核決後 即應開始依「訂購條款檢查表」
   (附件五) 整理訂購資料並鉤註 俾備條款於檢查表上，內容
   包括：廠商通信地址、訂購項目、交運地點、價格、交期、
   付款、繳稅、運輸諸方式、圖面確認日期、製造期間跟催方式
   接裝、試車、訓練諸費用支付方式、保固年限……等。

2. 若付款方式屬分期給付者 須另填寫「分期付款明細表」(附件六)
   作為會計部門參照付款之依據。整訂分期付款時須特別注意
   廠商之財務狀況，必要時須要求相對保證。

3. 若尚需在我方工地施工者 需加訂「發包合同」(附件七) 要求
   相關之保險單 C-PERT 等文件

4. 採購經辦將上述文件準備妥畢後 即交助理人員輸入電腦並
   列印「訂購單」(附件八) 由經辦人員檢視無誤 即呈採購
   主管核發。
   訂購單分三聯：
   第一聯 交廠商收存
   第二聯 由廠商簽回
   第三聯 送會計部門 據以還籍付款。

5. 採購案件經訂購後 即依訂購單流水編號歸檔並隨即
   小甄選之家供廠商、存檔在採購記錄夾內 以供下次採購時
   可立即抽出查詢。

■ 圖 11-8　修訂後採購作業辦法

(四) 原報價規格審核表及議價分析等採購記錄資料存放於該類別
採購記錄卷夾內，俾供下次議價分析對照參考用，至於型錄、
技術資料、規格、使用說明書……等則另存並註記置存處備查。

6. 若屬工程材料類之採購案件，於逕詢及訂購時均須讓廠商瞭解
交運日期及地點俾為暫訂，得俟工程施工發包案決標后，以「材料
交運連繫函」（附件十八）傳真知會供應商及包商，由其双方自行
連繫交貨事宜（包商叫貨、收料及供應商運送等）。若遇有異常
發生，我方當協助解決之。

■ 圖 11-9　修訂後採購作業辦法

七、採購催交管理作業

1. 確認圖面之跟催：

需確認圖面之採購案件決購后，於訂購單上應註明預定收圖日並輸入電腦作為管制。廠商應將承認圖等圖面逕寄請購單位，收圖后即輸入電腦銷查。自預定收圖日起加 5 天仍未銷案時，在採購單位列印「圖面逾期通知單」(附件廿) 傳真廠商跟催，若預定收圖日加 14 天仍未收到圖面，電腦則於請購單位列印重大異常反應表 以個案處理至收圖止。

2. 逾期交運之跟催：

(1) 以約交日加 3 日仍未收料者，於採購單位列印「催交單」(附件廿一) 傳真廠商跟催。

(2) 倘約交日加 7 日仍未收料者，則電腦自動列印「逾期未交催辦表」，由催交人員再向廠商催交至收料為止。

(3) 經催交后，廠商答覆可於 5 日內交貨者，催交人員則逕自修改約交日。若廠商要求展延日期超過 5 日以上，則須洽請購單位確認延交日期是否影響用料時效？若經確認同意展延者，即修訂約交日再列入管制，如不同意展延則應採取因應措施 (如改購、撥借或再向廠商要求等個案研判處理)。

(4) 若廠商提出展延，經我方同意修改交期后仍未按時交運者，由電腦列印「展延未交單」(附件廿三) 即提向廠商抗議，以個案處理至結案為止。

3. 如為設備採購案件，交期在四個月以上者，則電腦每二個月列印「期中進度跟催單」(附件廿四) 以傳真廠商確認製造進度。屆約交日前一個月，應向供應商確認實際交運日。

■ 圖 11-10　修訂後採購作業辦法

八、索賠處理作業

1. 收料部門於收料時，若發現有破損、短交、或規格不符等異常，應於收料時輸入索賠代號："D"指損壞，"S"指短交，"I"指規格不符。

2. 收料部門將收料異常輸入電腦主案后，同時開立「索賠處理單」(附件廿五)，緊急時得逕採購部門先行處理。
   收料部門在將索賠處理單會請購部門簽註意見后連同原收料單據等送採購部門做為向廠商索賠之憑證。

3. 採購部門接到索賠案件之處理方式：
   (1) 參考請購部門意見要求廠商退換、補運、或扣款等
   (2) 案情重大者，視需要請廠商派人至現場檢視
   (3) 外購案件如預估索賠金額鉅大者，收料部門應與採購部門研討應循之證事宜。

4. 由電腦按時列印「索賠彙總表」(附件廿六)供採購部門退催處理，未結案件每週列示至結案為止。

5. 索賠處理結果屬廠商退換、補運、或派員至現場整修者，經我方認可后，送收料部門輸入電腦銷案，如屬以賠償金額解決之案件，則於呈核后，交由收料部門銷案。

■ 圖 11-11　修訂後採購作業辦法

3. 控管廠商品質

董座修改後，重點摘錄如下：

(1) 供應商報價資料審查及議價：

設備規格請購應逐條列出，以右欄設有 YES、NO 空欄由廠商報價核對註記，如報價不全則以「報價不全通知單」傳真廠商要求補齊，為公平起見「廠商報價須依次序表」顯示之最低及次低廠商所數來之規格交期，各項單價等內容予以對照比較並填寫報價審核表，若其中一家報價規格、交期等條件不合，則依次遞補再審核比較至合格為止並即開始議價，若指定會簽在會簽中不影響議價作業，在議價時若條件等發生差異大者應與採購主管研商對策，轉向次低標議價或採購主管直接與廠商交涉。

如請購單上證明需會簽者即刻將廠商報來之規格、技術資料（價格除外）送請購部門會簽，並輸入電腦做進度管制。

(2) 建立殷實廠商：

本次董座再次檢討採購作業管理辦法之細則以擴建或營運需要之設備為主要重點，所以廠商之選定應以有信譽、有能力、有實績、經驗之廠商為詢價對象，採購人員隨時收集各類別之廠商資料分類予以歸檔備用。董座針對廠商如何取得殷實又有實力廠商，唯有自己做得公平，不像以前詢價要向誰詢價，完全掌握在採購經辦的手裡。經這次董座親自參與檢討修改，後續又以電腦直接按照詢價對象廠商資料來做詢價，至今來，利用網路更能使更廣具能力廠商上網，更加有競

爭局面。如今廠商增加甚多但如何有效管制廠商之良窳，淘汰不良的廠商，開發新的廠商，促進競爭亦是努力所在。這家廠商參加報價到訂購交貨，都有分段由電腦紀錄廠商配合的情形，如每月在統計並列印廠商評核表，不斷評定好壞來健全詢價對象。

(3) **供應廠商交貨之品質及交期管制：**

因對供應商有所評核而影響其參與報價之機會，故對其所報價格真實度外，對其得標交貨之期限及品質有所警惕，交期部分由原來 9 人催交，至今以 3 人即可。逾期率由 21%降為 3.5%，交貨品質異常僅 0.8%，亦因有此基礎六輕工程各請購案因用料問題經工程部門反應或工程會議所提出等問題，亦由催交人員由電腦列印異常單跟催，若無法配合工程所需即採取改購等因應措施。

▋ 董座對會簽案件實例指導：

民國 79 年 9 月 4 日我提出如下案例，採購經辦對於金額小之案件仍會簽拖延影響效率。

案一、IEM 碱廠 183 ST 碟型控制閥，兩家報較低價，其中一家仍為美國有名廠商，其價格最低比另一家約低 20%，但 PC IEM 組因該低價廠商供應仁武碱廠有洩漏不良紀錄，請採購洽亦較高價廠商，但低價廠商對其異常已修換完成，保證不再發生，但採購與美國 IEM 擴建人員仍無法解決，亦再請低價廠商再檢討，如此來來往往，拖延不能速決購而擱置。董座於 9 月 8 日來傳真，既然仁武碱廠使用情形已正常，即可決定免再徵詢 IEM 組。

案二、PE 廠冷卻水系統用之蝶閥及閘閥共 16 ST，要求材質閥片之外曾須有鎳金屬包覆，經各家報價僅一家美商材質符合價格由 9 萬餘美元降為 8 萬餘美元，另有一家鉻銅合金列入比價，價格亦在 8.7 萬美元，但經辦另有一家台製不同材質廠商為爭取訂單，又提出另一家美商材質。耐隆價低但耐磨度差，最後仍向第一家材質符合價格且合理此案經辦人員，無必要之會簽當予改善。

案三、烯烴組請購自動循環閥 3 ST，請購時 KELLOGG 僅依 YARWAY 之規格提供詢價，報價 77,451 美元，但採購同時詢多家，其中一家德國廠商報價，到岸價為 38,500 美元，因外型尺寸不合，不予考慮，本案通知工程部門將此廠牌之細部圖面供 KELLOGG 確認，尚未結論為此而擱置，此閥類常因工程配管設計設限之尺寸，致使甚難採購，經與當時台塑王副總檢討，今後對各擴建廠在設計前，擬依各不同閥類及材質，即可與各不同專業廠牌，且有實績之廠商，由採購以牌價折扣方式進行比價，經設定廠牌後，在配管設計時，即可事先與該廠商進行檢討其尺寸、規格，配合工程進度確保時效，價格則逐批依原設定條件計算，並可再與前所購類似規格之價格，比較其合理性。

[董座於 9 月 8 日傳真內容中提到「KELLOGG 已報 YARWAY，如此一來，採購就不站在高位處求售，造成不利的不是吃虧就是搞得頭昏，本案應再向 KELLOGG 請求用途規格而向多家供廠商詢購。]

案四、EG 組請購其廠內之配電設備採購案，其請購規範係由 HR 提供
請購，內容包括變電控制，配電設備及鍍鋅鐵屋等，經詢議價結
果，美商 POWELL 報 276.9 萬美元議降為 266.6 萬美元，另 GE
報 290.3 美元議降為 230 萬美元（配電設備 161 萬美元，配線及
安裝 46.6 萬美元，外屋構造 22.4 萬美元），其配電設備部分比前
PE 廠由 NJ 向 GE 議購之價格約低 6%，故本案採向 GE 訂購，但
經瞭解本次請購範圍與前 PE 之請購範圍不同，其室內安裝及外產
構造均在美國當地發包，故本案在呈核時有此問題，目前已請在
美 EG 組人員檢討，在當地發包之可行性，為此因各廠請購基礎
不一致導致拖延時效。

[董座在 9 月 8 日傳真內容提到「本案和第三案例同樣毛病 HR 開
來應再請求分設備、安裝、控制室以便不同分包，如本案 GE230
萬美元其中安裝、控制室，我方來發包比 GE 可達較理想，本案
大略分為設備若干，是否能再減？就安裝的經驗一如 GAS 發電設
備，比其貴約 30%，建築視為同者，本案二項合計約 70 萬美元，
能將 230 萬美元再降減 20 萬或 15 萬就向 GE 決定，如不肯者設
備向其決購安裝及建物可以扣起，由我方自行發包，由以上各案
實例處理，董座親自傳真指導，可做為我與採購同仁提高辦事效
率之所在。

董座在 9 月 8 日傳真後面內容提到「除採購案能迅速解決外，更
重要者處事的思考，如上，向 IEM 徵求意見，採購或類似情形如
能替對方想一想，使對方減輕頭痛外，能替對方想一想，自然就
有其他能產生進一步構想，過去的會簽等等就是非實事求是。我
呈報傳真及董座傳真指導內容如圖 12-1～12-3 所示。」]

■ 圖 12-1　控管廠商品質

■ 圖 12-2　控管廠商品質

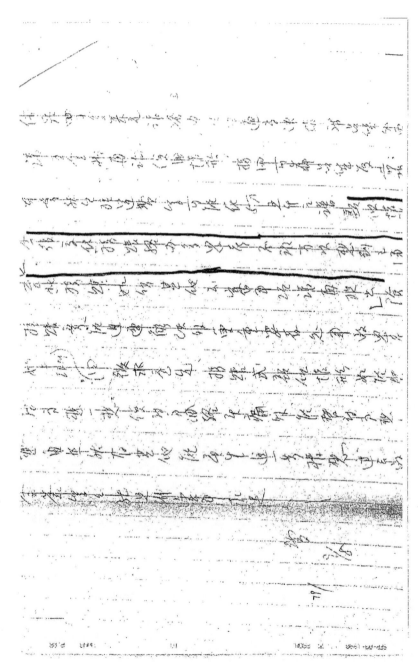

■ 圖 12-3　控管廠商品質

4. 檢討採購未決案件

董座對於有問題案件之實例解決：

董座於民國 79 年 9 月 19 日及 9 月 20 日在 NJ 與工程人員檢討未決案件時，提供方案實例之作業方式：

案一、PC 用壓縮機之部分因 KELLOGG 設計將其控制系統分開，由我方自理為慎重計，請 EBARA 對案關照協助，本案請謝文廣提供規格資料，請 EBARA 處理。

案二、IEM 電解槽所使用之隔膜修復等之吊具，由 CEC 設計提供之設計圖，同時 CEC 亦提供報價。董座認為應有使用經驗為妥，非由 CEC 新設計之必要，請查詢台製仁武使用何種吊具。對本案經與仁武廠人員檢討後，任由工程公司提供設計圖，可在台詢購較經濟、又有經驗。

案三、IEM 氫氣壓縮機請購案，董座與 NJ 工程人員檢討認為此壓縮機系將氫氣送進 GAS 發電後之廢熱鍋爐燃燒，當時故本案檢討有無較達經濟之用途，因此多次變更規格，將高壓改為 45 PSIG 屬低壓，可採用螺旋式壓縮機，由楊進丁提供三家製造商給台北詢價，再由採購加上以往有實績廠商 3 家共 6 家詢價，（經詢價後有四家報價，最低價 163 萬美元/台，至最高 188 萬美元/台，經洽議後最低者降為 157 萬美元，經與 NJ 工程中心檢討後，據瞭解此設備壓力差僅約 3KG 屬低壓，但壓縮物為氫氣分子量極輕，且具危險性易操作，廠商表示其實績最大，馬力設計為 800HP，一般價格約為 4〜50 萬美元，但此案須以高馬力設計為 2,250HP，將近高 3

倍，為此請教台塑王副總，亦認為採往復式較適當，一家美商提出往復式一台馬力 1,500HP 價格為 125.6 萬美元，比同業同規格約低 30%且可省電 150 萬美元/3 年，如附民國 80 年 5 月 20 日我回報董座。）由以上各案實例，不論工程部門或採購未能解決者，對採購而言，在經辦手內懸案者，主管應於一星期多次需與採購人員檢討實事求是精神予以解決問題。實例如圖 13-1～13-2。

■ 圖 13-1　檢討採購未決案件

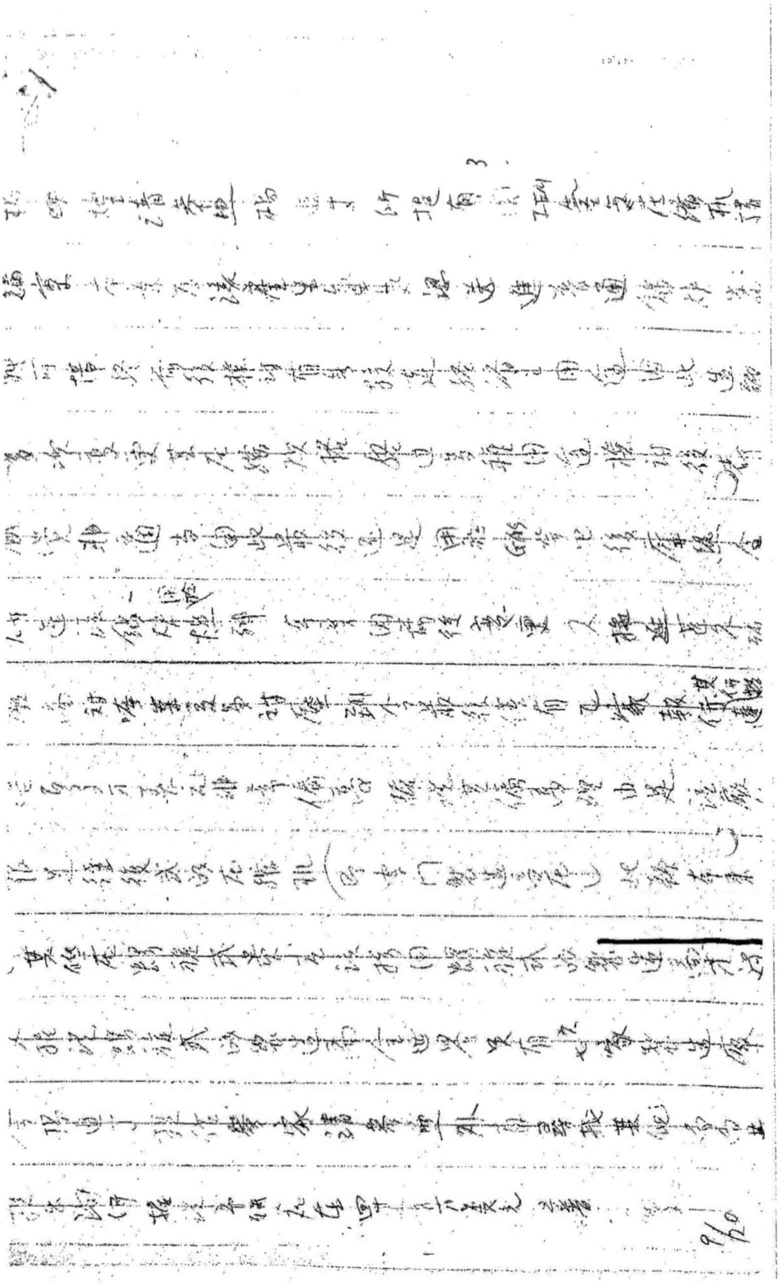

■ 圖 13-2　檢討採購未決案件

5. 推動直接對外廠商之詢議價

董座推動採購直接對外廠商之詢議價：

董座對於本次所擬明文化作業，細則完全遵循規規矩矩履行者，相信總可以精簡化且對作業品質亦可大大的提高，董座談到至此，不盡希望對國外一步一步以直接找供應廠商，而產生直接交易總有利於採購者，同時採購同仁其作業處事能力必然會提高的，董座於民國79年7月26來傳真，希望台北採購同仁能向此方面努力來改變既往作業方式，如圖14。

為推行採購直接向原製造商聯絡詢議價，及修改「材料別供應廠商之名錄」提報董座指導如圖14-3。

董座於民國79年11月21日回文傳真指示如下：「廠商為推廣其產品在各地區行銷事宜無可厚非之舉，尤其台灣接委代辦代理商已是普遍造成正常之事實，本企業當然照現階段以來正常交易認無當改變，勉予有直接向廠商向早取得交易，因台灣既已造成一習慣成原交易的習慣，如果要直接之念頭，一而使代理商造致不當心理，且某代理權即佣金元在維持，查於今後(1)有必要時不完全依靠代理商，但為直接和廠商在某情形之下，可求得迅速正確等代理的對待，但有此的追求就已趨向合理化的追求，便是在推動一步階層，其次直接者就要培訓對外能有表達的能力，必要一段培訓形成在階段求知即可，修改的材料別，供應廠商表格可用，這就是管理的追求，查廠商編號之項問題，應先提業務方面客戶有營業目標管理，當然對象是客戶，必要有對象客戶編號輸入電腦檔案，但對維供應廠商，因非一定來往有交易之對象者，尤其檔案入電腦檔案就要在某種情形要否檔案或就要分別再查幾檔案後，有無設在某種情形，不多久電腦自然自動消該案！」

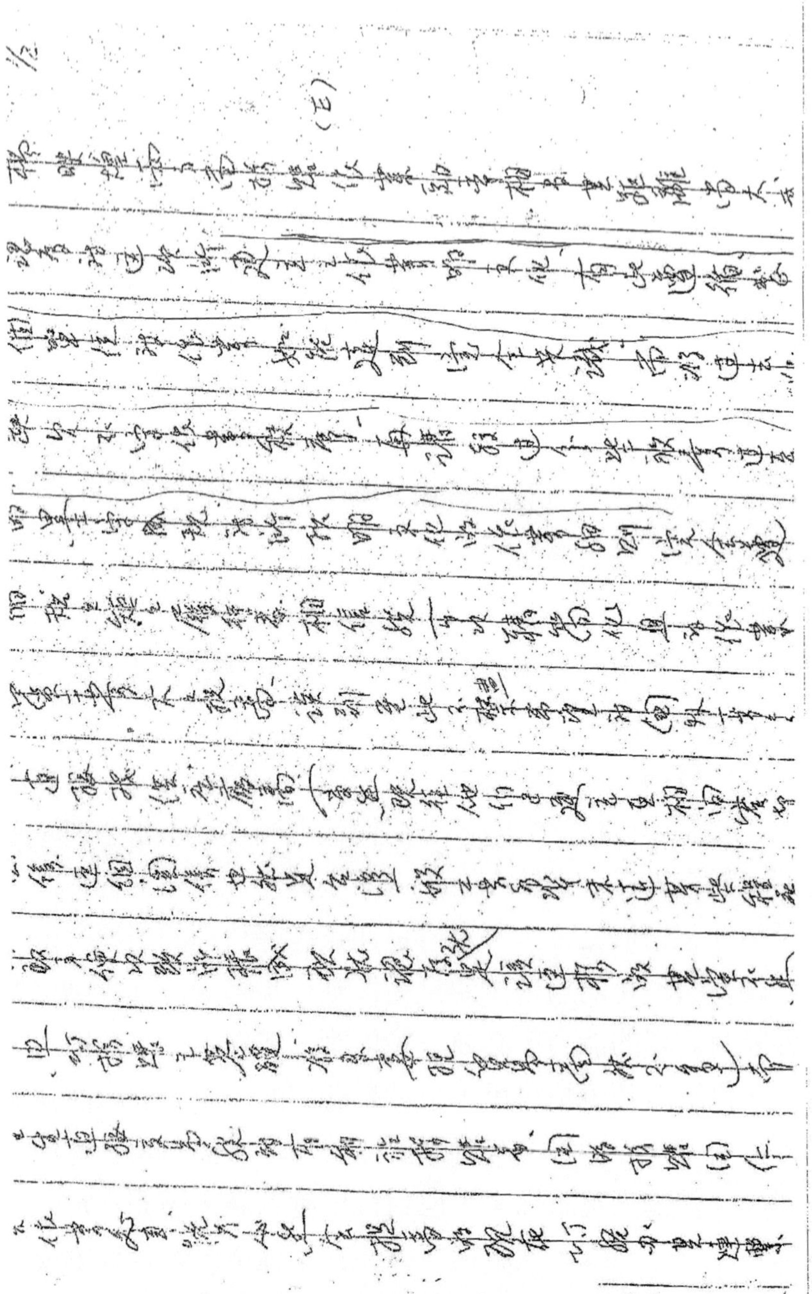

■ 圖 14-1　推動直接對外廠商之詢議價

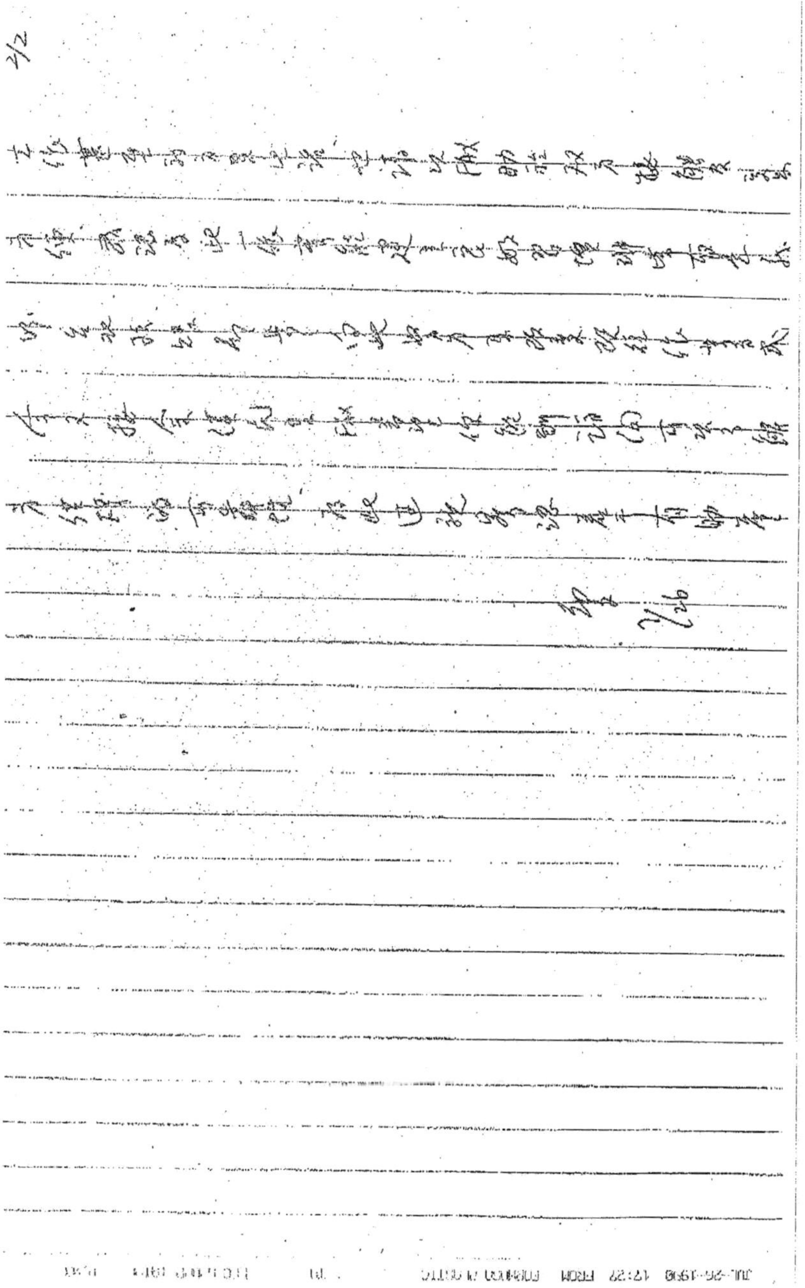

■ 圖 14-2　推動直接對外廠商之詢議價

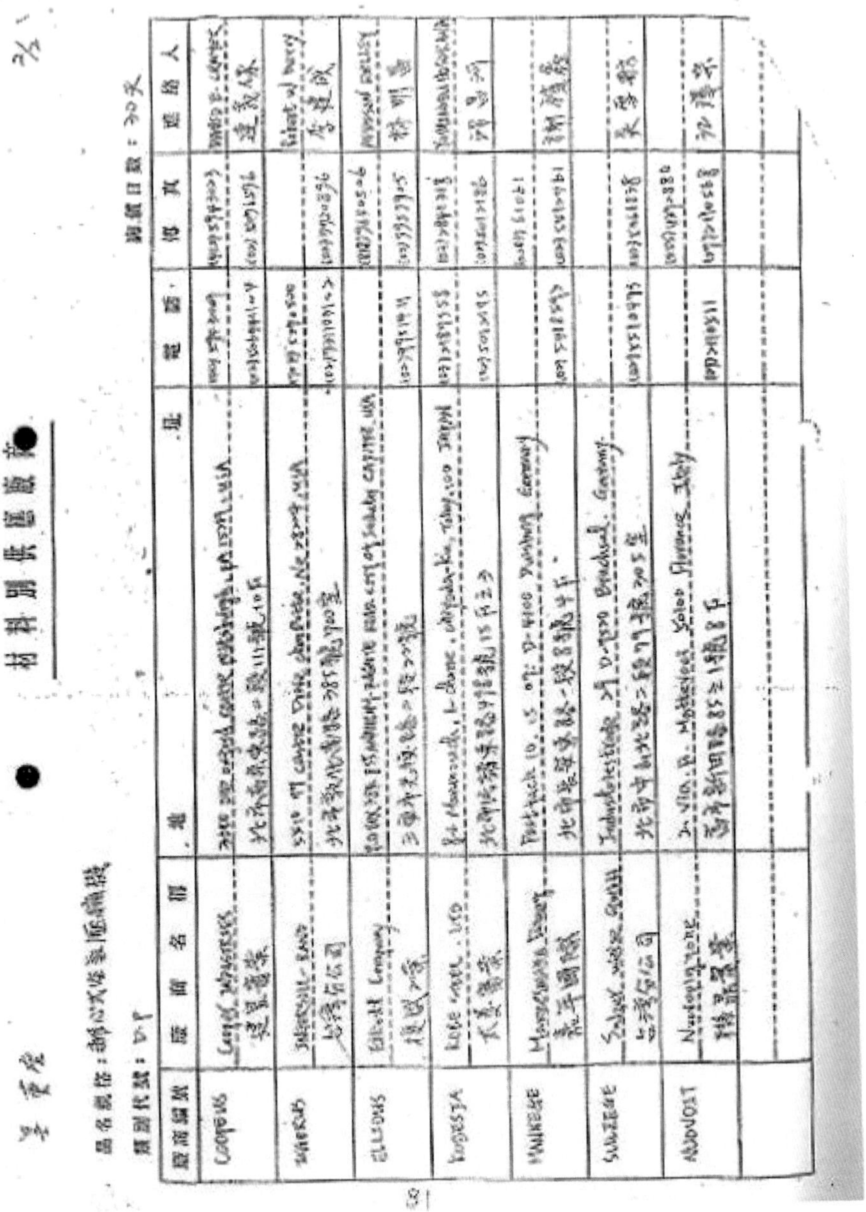

■ 圖 14-3 　推動直接對外廠商之詢議價

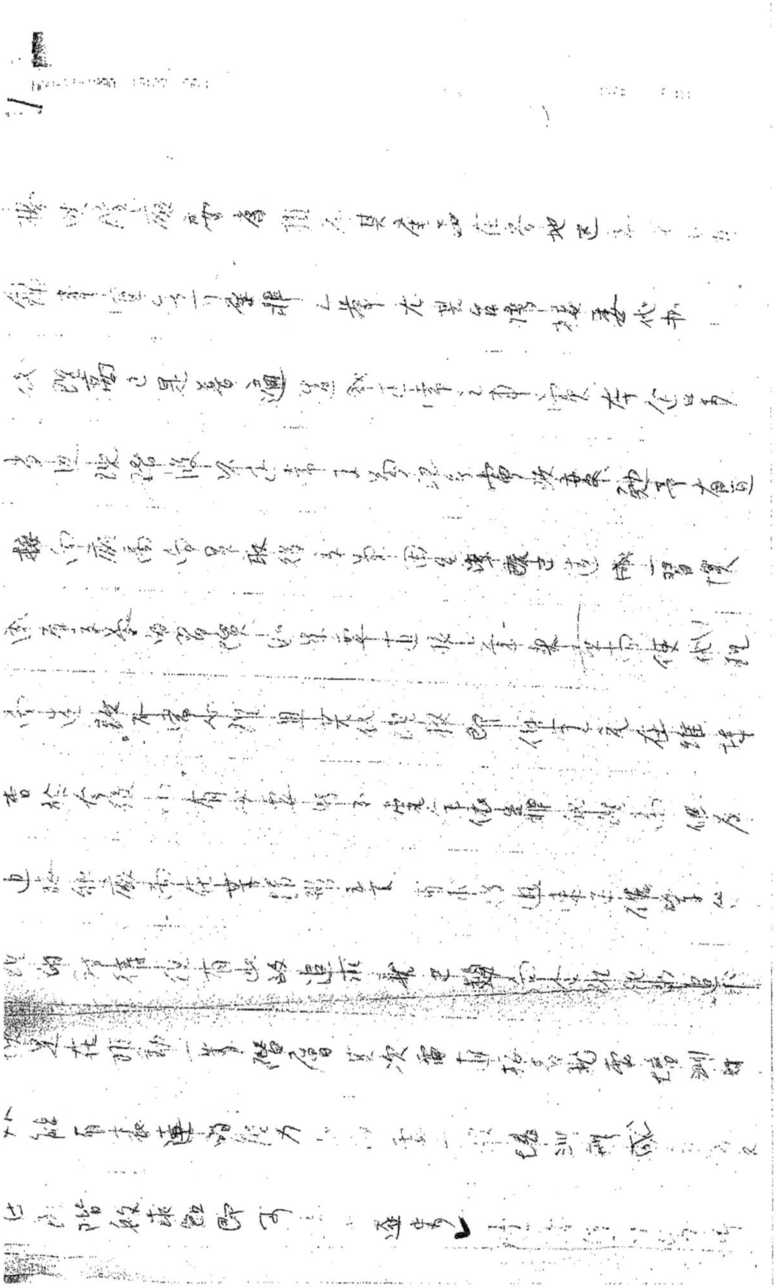

■ 圖 14-4　推動直接對外廠商之詢議價

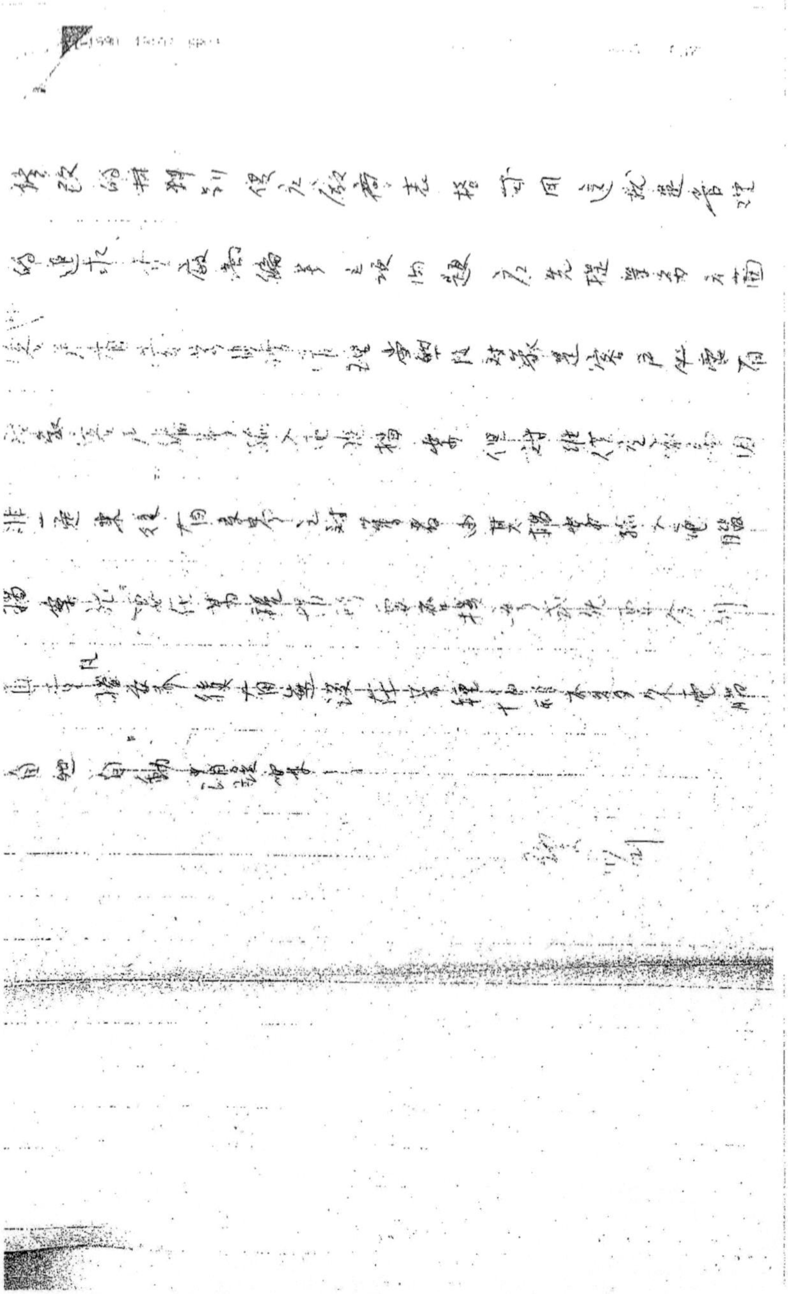

■ 圖 14-5　推動直接對外廠商之詢議價

6. 精簡對外廠商之詢議價過程

董座於民國 80 年 7 月 3 日傳眞內容談到「如果六輕恢復，其採購案必增多，對其工作量如何"精簡克服"外，對各項自向外提出詢議價以致議價到結案，雙方同意履行其所約定之合約等等，一連貫工作，查我們都認本企業採購部一切尚稱不錯，但爲求更趨向追求更理想之境，尤其是經過在 NJ 對某人採購各項措施如詢價寄送（非交代理商）以和直接議價等等，當然當要再追求取長補短之處，起見這次謝文廣回鄉之便，請對其各項互提出研議，然請將互所研議事項做一摘要報告供與參考或有所改善之用。詢價時製造商表示與分公司或代理商洽詢，但我方的直接 FAX 洽議，如附董座傳眞及我呈報傳眞，如圖 15-1～15-5。」

董座在 7/4 來傳眞表示，NJ 詢議價均直接與 MAKER 聯繫，但加工設備差不多由陳介元介入，因所購設備歐洲佔大都，美國雖占少，但他亦先下手爲強，所接辦都是陳介元有關者，但他推介只能乙家，「總不可有兩家，使其雙腳踏雙船取巧，但凡接洽以致議價，皆主張陳有所介入，但(1)他介紹成交比率多亦即陳有一位德籍的合作人，相當深知供方的信譽。(2)這次和該等廠商交易，因批量可能是歷史以來之量，該等設備加工機械，我認爲如汽車少數之生產量者每輛至少要百萬美元，基於量多，經一再說服大都由頭所開之價以 60%，又因各項加工種類多，人力熟練等等，交易條件以達到試車符合所給付 20%，經過三個月連續雙方認產後付清 10% 之全部價格經過，在此該等加工設備接觸，如果非直接和 MAKER 洽辦是不可能趨爲一點成就之感，總而言之，台灣環境已造成，久而成事實無法重整之餘地，我認爲本企業

之採購如設通信整理決購等，可能是一嶄新辦法，但對國外、日本商社的慣例所影響者，再加上等等社會風氣外，本身採取直接寫信之能力及用功精神，因無此具備之建立，要反悔已晚矣，致函黃若燨，其中一般和採購有涉及致乙份 COPY，請參照並互付諸檢討。」

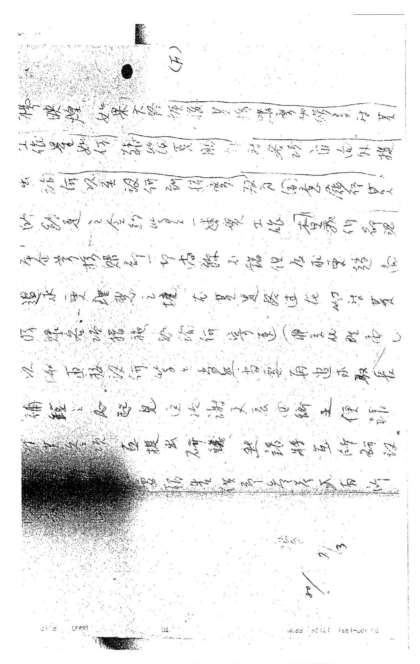

■ 圖 15-1　精簡對外廠商之詢議價過程

呈　董座：

　　採購部自六年四個月前實施通信投標作業以來，對於內購案件作業之精簡幫助甚大，每一內購採購人員其每月工作量由原來(開標前)平均 300 件，開標后提高至 750 件 效率提高 2.5 倍，6 年多來內購開標案件，對於廠商報價須要有競爭力才能得標之作法長期來已成習價，而採購人員本身每天針對所開標后案件核對其採購記錄規格同，價格同，或低於前購價者，即可決購約佔 80％，其餘案件如金額較大或價格高於前購及規格須與請購部門確認部份即以 FAX 洽議或確認，如此作業長期來各經辦依其所辦材料類別運作熟練亦定型，但長期來職秉承 董座教導，在管理上永無止境追求合理之精神下，對於內購著重於開標作業之踏實，應對於廠商資料須確保多家廠商之競爭，並不斷檢討以電腦化精簡其各項事務工作外，如何使每一位經辦人員能再發揮其所能，提高辦事品質，是為職不斷追求之目標，依長期來在開標運作下，對每一位經辦人員之瞭解，每人辦事效率、品質不等，但效率好、反應較佳者，在依所辦類別限制下，如每月可辦 1000 件，但其中 800 件係為開標后即可決購之案件，仍須做填寫請購單等事務工作，因此為能充份發揮其潛能，予以適才適所，在一個多月前調整人員配置，並將開標即決購之簡單案件，交由績優女採購助理處理，如此調整后，依現有內購每個月 27000 件(一般採購 15000 件、合約採購 12000 件)處理之人員由原來 45 人(男 21 人、女 24 人)降為 35 人（男 13 人、女 22 人）減少 10 人，目前辦理合約採購材料項目增列，可以減少一般採購案件，如果六輕恢復在國內採購案件必然增加，屆時此等人員足可配合辦理。

　　外購方面：主要分機電設備及零件之採購，過去外購人員係一位男主辦配置一位女助理協助處理詢價、開狀、進口等事務性工作 因為每一位主辦除辦理設備採購外，也兼辦部份零件採購， 如果接到零件案件較多時，因事務工作較單純，易造成各助理人員工作負荷不均之現象，這次工作檢討後，對事務性之工作予以集中專業化，不再主辦一人配置一位助理，改詢價、進口事務依工作量配置專人處理，在設備方面之詢價係跟據多年來企業內各擴建工程執行之經驗，以及現有工廠設備改善更新之採購和不斷檢討所建立之廠商名冊辦理詢價，雖然目前仍有很多廠商答覆要我方與其在台分公司或代理商接洽，但我方議價時仍直接 FAX 向 MAKER 洽議，而對於未直接報價者進一步在議價時反應 MAKER，這是須再加強努力之目標。在零件採購方面，因為詢價之對象比較單純而且採購記錄也比較完整，前又經由選定素質較好之女從業員試行部份類別之詢議價作業，在決購效率、品質方面、長期來均保持一定之水準，所以這次工作檢討後，擬將全部零件集中由女從業員辦理而其它較複雜之設備案件，才交由資深男主辦員處理，如此男主辦更能發揮其潛力 。另

■ 圖 15-2　精簡對外廠商之詢議價過程

對單一 設備如 VALVE、PUMP、壓力計等，正著手辦理合約採購，以簡化詢議價作業。透過上述事務性工作之專業化集中處理，以及合約採購之增訂，在每個月平均 1000 件工作量，原來 15 人（男 6 人、女 9 人）經檢討後已安排 12 人（男 4 人、女 8 人）辦理經常案件，則減少之 3 人 加上原來辦理擴件設備人員 7 人 共 10 人，可配合六輕擴建之所需。

以上採購作業，雖然本部不斷檢討改善，但在外購方面，經本次採購作業機能調整後，以直接與國外廠商詢議之原則辦理。有關各項作業待謝文廣返台時，再相互研討。能使採購作業達到更理想境界。

職 楊映煌 敬呈 7/4 1981

■ 圖 15-3　精簡對外廠商之詢議價過程

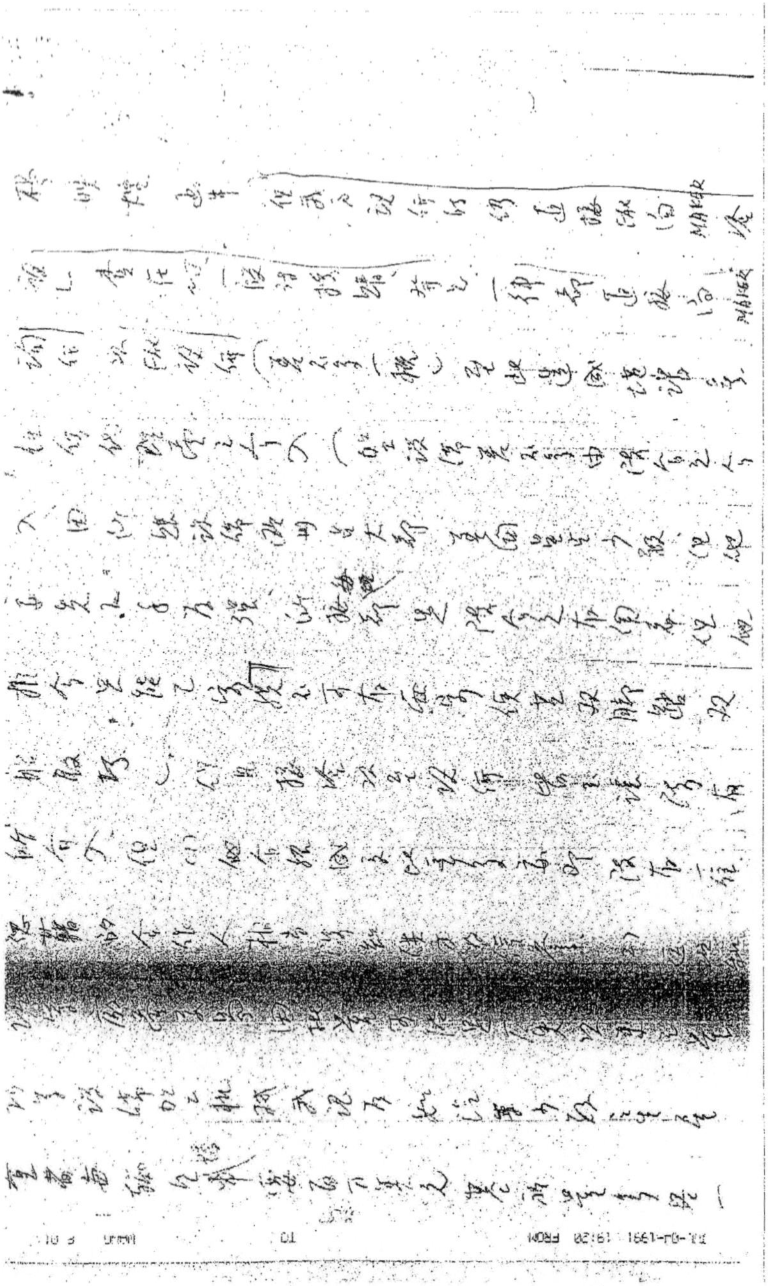

■ 圖 15-4　精簡對外廠商之詢議價過程

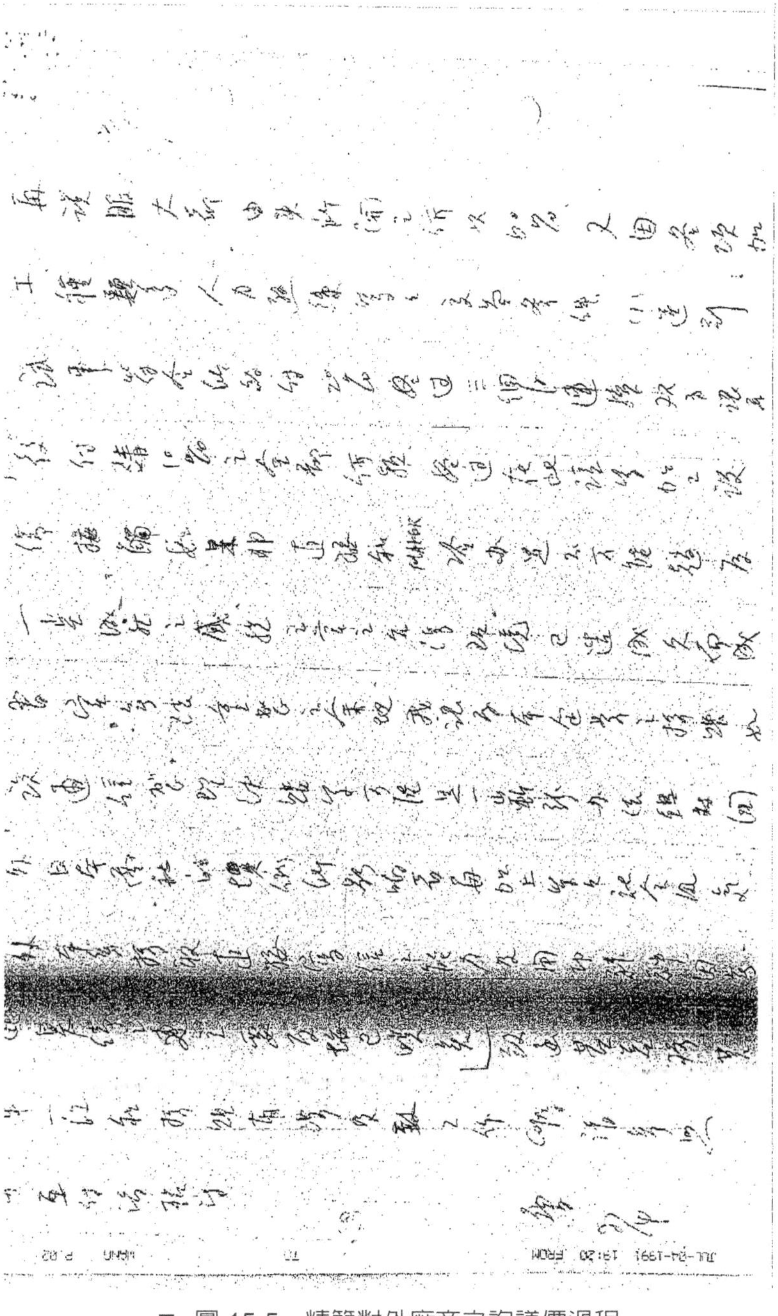

■ 圖 15-5　精簡對外廠商之詢議價過程

7. 對國外廠商交涉原則指導

[董座對國外廠商交涉原則指導，董座於民國 80 年 12 月 23 日傳眞內容如下：

連接提供有關向外進行多種交涉事項，其用心至於令人欣慰及欽佩，所費用心之感激，查本企業之採購總非自我驕傲其有所成就，由其實事求是的實情效果加以衡量而判斷決無落於下風我亦常以此爲其心足矣，另一方面更必要再追求事的來龍去脈眞實道理及自我能明德判斷事理的眞諦所在，追根究底能求得貨眞價實，除我等之經驗外必要便得各供方認定以公平的原則下由其請提供平等的競爭條件，使其多家供方互予公平競爭，此絕對是有關採購的最大最主要的採購之原則及措施，則能採購求得價廉物美者，此舉認爲占所採購其發揮力量達超過 90%以上總不以下者，所以再言以實事求是本企業的採購能在此發揮應有採購成就，雖既往都經過各代理商貿易商經辦而來，但其主要我方設堅定的原則，能使該等代理商、貿易商向供者連繫提報其競爭情態使供方爲爭取採取各其適當措施而經由其所委任的代理商前來面向，本企業採購部提供各其參考資料由其我方參酌分析比較採取適當決購。此作法不僅是無可厚非，且多年來代理、貿易商所和我方合作其努力當亦不能否決，既往一概如此堪謂成爲正常良好的作業，本實無須我方必要向供方直接所另設任何行爲，應可維持才對，而無損害可言，至於有所設想向供方直接接觸面談行文等等之必要者，(1)凡在某種階段要由我方出面直接對供方交涉之認定其必要性時，乃屬於較爲重要性的所採取措施者，就要針對其事所要追求的核心所在提出例如(A)能提出使對方，否則本次就無機會之有力說服力，(B)如建

議提供設備和投資者乃屬共同開發努力合作存其意義說服力，此皆之必要用心有適當含義，或是其對方共鳴之感者如所提議既往，除此之外有發覺新的供方時，如 N.J.除加工設備由陳介元介入外，大都直接和供方接觸，爲類似由此直接和新廠商洽接辦理然較可以期待，其直接交易的若干有利，以上除此之外，如果勉強撇開原來的代理商者，尤其在現階段可能所費心情所求見效不大，如參考有關南亞二部向日本 KCK 還價由其該出口部來復函其案所翻來文"在中國客戶中議價是一種習慣，所以我方願意再減 8%"等語，對方日人的常識如此低能的表達而可能自亦不知便對客戶就先應付，如此的表達如我方有感觸者，無論如何不會輕輕放過對方的論點。

其他一切在當前，請恢復既往之作業爲佳，至於爲訓練英文等同仁之鼓勵仍要關注實有所求者，至於教材希望全部要追求更新，希望追求英文外對一般表達的資料應更要重視，至於二部向 KCK 所購該設備其產量和四部前所購的關於作色料等之押出機有何差別及其價格之比較，請查覆 在現階段如上述特殊認爲要直接者請將來龍去脈提供互加研。對方發文向其直接表達行爲外在現階段一切尚要維持既往爲佳，董座於民國 80 年 12 月 23 日手稿傳眞如圖 16。]

至此董座雖然對採購在公平競爭之採購堅定原則之下，代理商或貿易商即向供應商提報競爭情境信息，使我方充分取得競爭條件，而分析做適當決購，董座認爲維持如此局面今後對重大案件（特殊）仍需加強直接去函表達之內容水準。

■ 圖 16-1　對國外廠商交涉原則指導

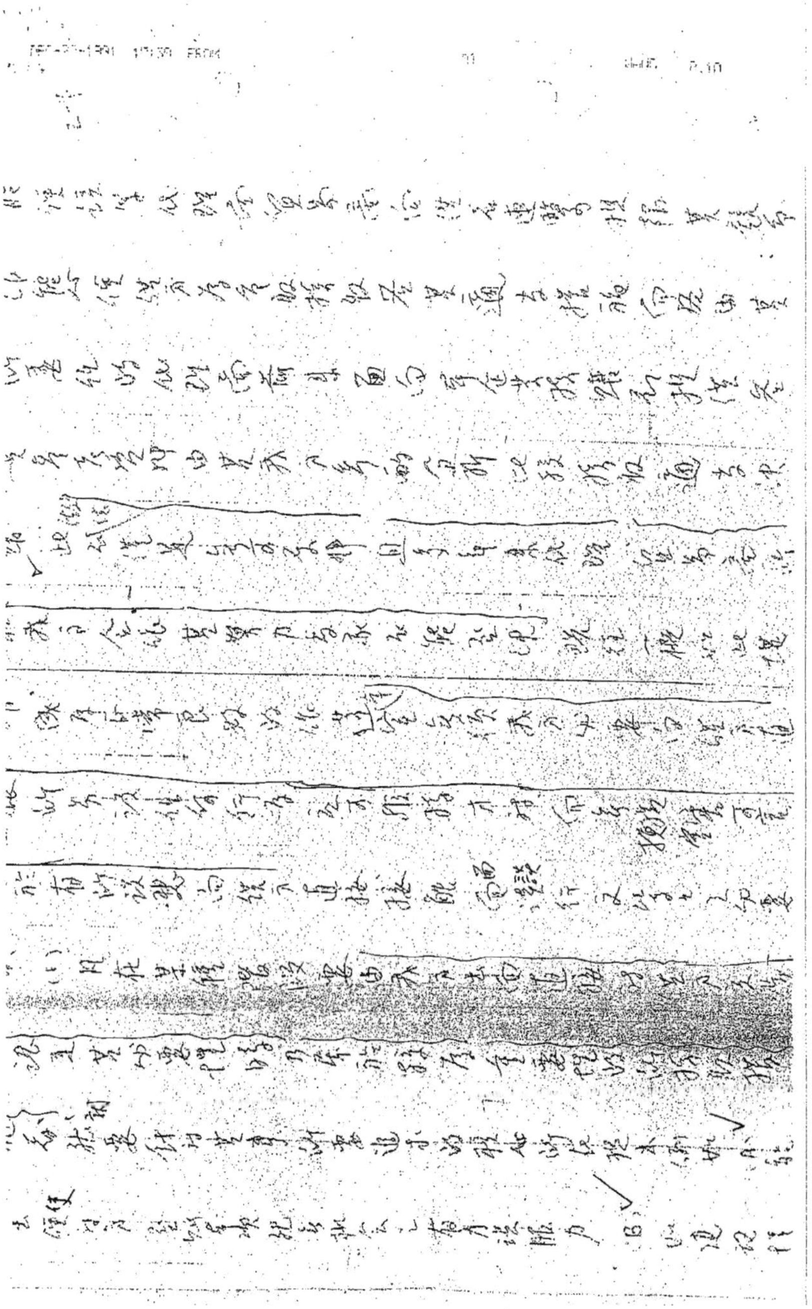

■ 圖 16-2　對國外廠商交涉原則指導

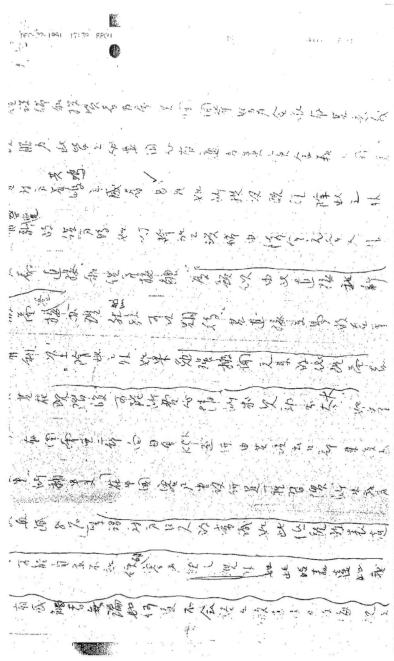

■ 圖 16-3　對國外廠商交涉原則指導

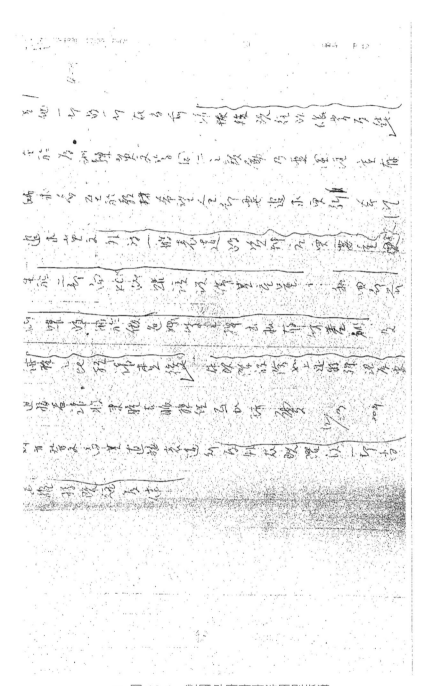

■ 圖 16-4　對國外廠商交涉原則指導

8. 提高外購管理作業辦事水準

提高外購管理作業辦事水準：

　　自民國 79 年下半年執行以來，對於外購之採購案件長期來因受環境下影響，日本製造廠均由日本商社及小部分在台代理商聯繫做生意，而歐美即有分公司或貿易商為中間聯絡對象，雖然採購經辦人員仍直接詢價（因在廠商名冊資料對外聯絡人更明確），但外商仍將報價資料及金額不大案件等亦透過代理商或貿易商與我方連絡，在報價方面能取得較有真實度價格，速度較快，對於製程用大設備之採購案件議價時，在台連絡廠商無法做主，仍由原廠人員前來洽議，但因我方能事前快速直接傳真給原廠可決定價格之主持者，先能瞭解該案目前競標情形並提供目標價（因比價後有最低標優先順序，故對方亦相當慎重考慮）。在議價時雖然代理商無法參與價格之決定，但私底下亦因恐失去訂單也會積極向原廠強有力爭取，對雙方亦能確保報價公平性，直接對採購亦不會因有會簽在案而拖延時效，容易造成不公平之現象（如此之作法對採購人員處事效率尚能提高並漸漸減少困擾之問題）。

　　外購案件除詢議價至訂購，仍實施電腦化管制，另對後段作業如L/C 開立、裝船進度、保險、匯款以及進口報關等，仍以電腦化處理並管制。在外購方面對於金額不大屬於與單一機台或常用備品，為確保價格及時效性列入合約採購，如此外購案件至六輕完成後增至 3,146 件（含合約）比原初 800 件增加將近 4 倍，依當時人員須用 91 人（男60 人、女 31 人）至 95 年僅為 36 人（男 20 人、女 16 人）減少為 2.5倍。

　　這段時間來極力推行直接詢議價之作業，但在台灣環境早年都構成依賴貿易商來代表購主之必要行為，此即已是根深蒂固之事實，董座於民國 81 年 5 月 13 日傳真內容指出，「採購部只採取「已形成代理商無法參與大設備價格之決定」，亦能努力至此境為至善者，別無他法。NJ 採購加工設備一切之談判，當然至於價格之議價，使其貿易商始終無法插入，認為別無可施，「均由我方直接去函向製造商交涉」，這就是關鍵所在。對此致函的培訓必要大大努力求有所成，如能發揮致函達所需水準，可紓解既往所累積之根深蒂固之癥結，解消大部由籠罩下正常打開」，董座傳真內容如圖 17。

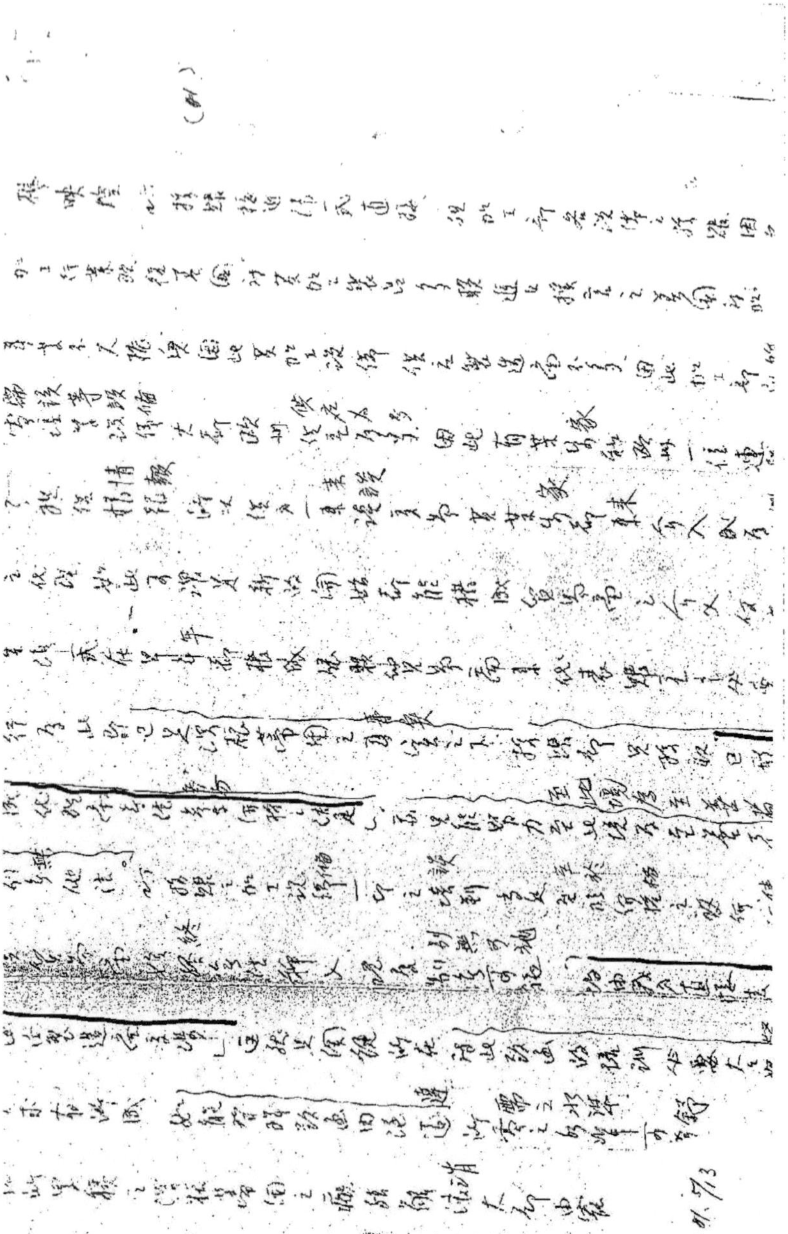

■ 圖 17-1　提高外購管理作業辦事水準

9. 處理採購異常案之指導

　　針對董座此次採購管理作業細則之修訂，建立「優良殷實廠商」能參與競標甚為重要，在議價階段須維持確保採購原則（最有利標優先），議價時直接由我方去函洽議，使對方能感受到競爭之壓力，其內容之水準亦是關鍵成敗所在，長期來受董座不斷指導而能使六輕擴建設備取得價廉物美的境界。

董座對異常案之處理方式：

　　BR廠蒸汽機之試車運轉異常，自81年7月24日董座傳真告知能請義大利廠商IPM公司前來處理，中間IPM廠家技術人員前往處理，未能積極處理，顯示不負責任之態度，[董座於民國81年7月29再傳真給我，其內容「BR廠蒸汽發電機試車不順，應提供原製造，察知究其缺點所在而針對該缺點指派專門技術者派往整修細節，今如附別紙，即轉交該廠商迅速設法派人前往整修，以減少試車不順所造致損失，至於前派協助發生，我方應該要如昨天我所提出主張因未照在交運之前，應能配裝者，盡可能先予配裝，而以免各種零件分散，一次運到B/R廠時才開始將散的零件加以配裝，因此所花費的時間當然較長這點昨天我致送之FAX就是富士兩套的安裝費，由法、日兩方面派去P.C的費用比較，顯然B/R所發生的指導安裝日數偏高的事實，證明對此IPM就應該可使了解，應在交運前未盡妥善，致使現場工作增多而所請指導所計出之費用，應予合理，比照富士之例達成完滿解決。」董座傳真如圖18。]

　　爾後未有動作，董座交代由我擬文去函 IPM 廠商，其內容經董座修正傅先生整理後經江支璋翻譯英文信函，由我發出如附，最後我 9 月 25 日呈董座傳真舉例外，對方對董座修正內容去函提議，認為合理，最後亦能取得完滿解決，如下附件。

　　由此案異常處理，我更能體會以了解對方心態，也等於為我們能解決問題。我藉此處事方法當更加用心，提高辦事水準並無負於董座如此指導之心意。

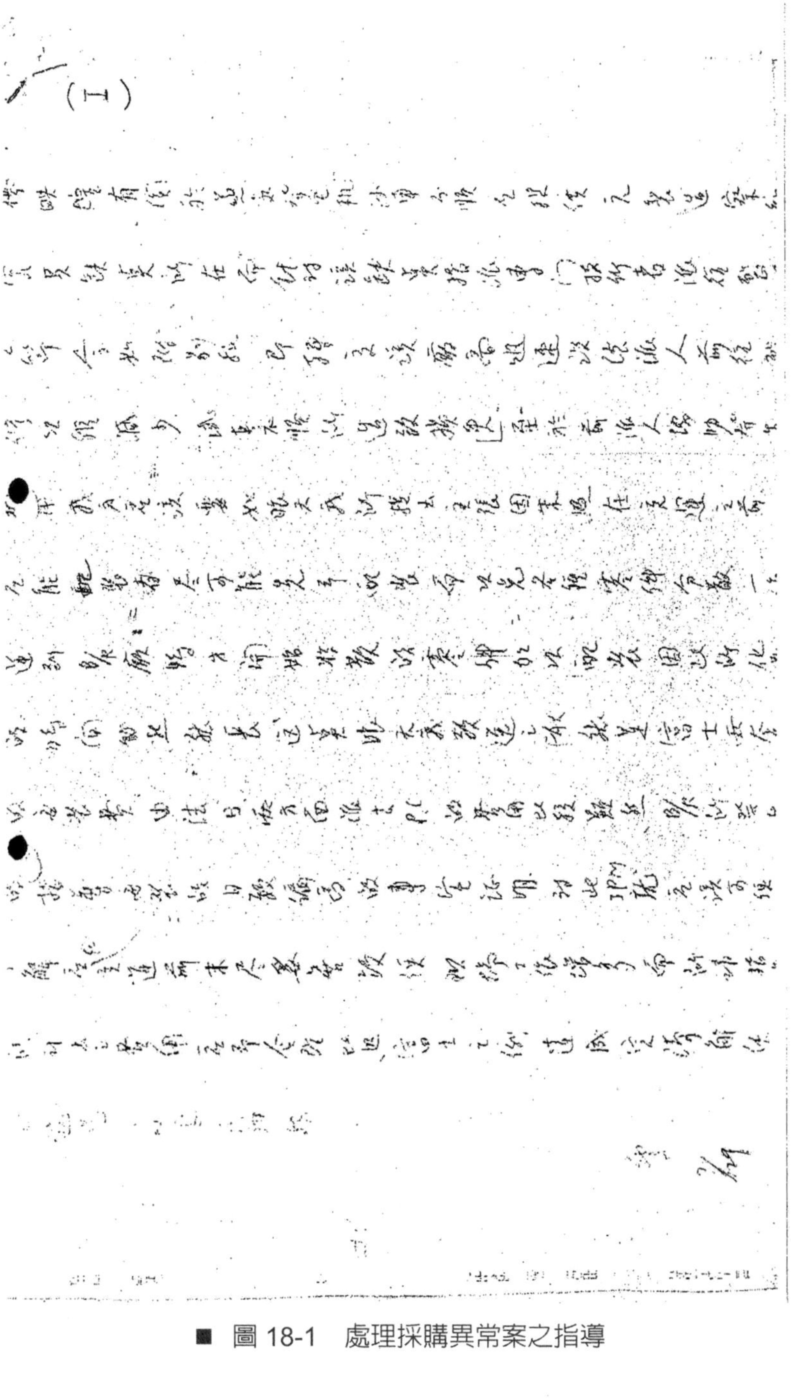

■ 圖 18-1　處理採購異常案之指導

呈　董座：

　　BR廠蒸氣發電機，對於我方所提議之修護責任劃分原則，IPM回覆轉達製造廠ANSALDO未能同意之說詞，兩家公司如此是非不清之作法，使人不予苟同，尤其IPM原係各製造廠共同成立，代表各家推行業務，而IPM如此不負責任之作法，令人遺憾，使職甚感內疚。

　　於9/23連絡在台代理商「睿傑」公司王剛先生前來洽商，向其說明未能同意事項，並以最近我方在台發生類似之案例予以說明如「台塑聚烯部林園廠之蒸氣發電機係向ABB訂購發電量為46,000KW(46MW)，於80年6月中旬開始試車，在試車階段運轉時發生異常，發電量僅產出35,000KW(35MW)，我方工程人員請求ABB公司在台試車工程人員尋找問題所在予以解決，於80年7月下旬ABB人員認為因我方水質問題引起汽機葉片產生水垢所致，但我方工程人員極力辨明不同意ABB之觀點，遂於80年12月初在ABB人員指導下進行汽機"水洗"等措施但仍無法解決，最後雙方決定停車打開汽機做徹底檢查，並與ABB工程人員協議若我方之問題則由我方負責，ABB之問題者由ABB負責，結果發現渦輪機之轉子部份葉片脫落，傾斜彎曲，造成磨擦，阻塞蒸氣之流入導致發電量無法達到應有之效能，此問題經與ABB人員檢討判定係為ABB於製造時之問題，故應由ABB負責整修至全能生產為止。后來ABB提出整修計劃為原設備之轉子進行整修，費用約175萬馬克，全由ABB負責，我方則堅持以新品更換，但對方認新品須275萬馬克與原品整修費用差額約100萬馬克，須由我方負擔。為此ABB TURBINE製造廠人員與我方雙方堅持未有結論，經一再交涉，最後與ABB台北分公司洽議多次，於上週六才達成協議仍以新品更換全數由ABB負責。」

　　由本案瞭解，其所發生之案情與BR廠比較，除BR廠另有技術費用問題致技術人員未能積極予以處理外，其他兩者類似。由此顯示IPM廠商不負責任之做法。台灣部份在拆修時保固期限已超過，但在試車異常時係為保固期限內。而在BR廠於開始運轉

■ 圖 18-2　處理採購異常案之指導

後不久即發生振動異常，經瞭解雙方亦曾多次聯絡並更換軸承一次，其間BR廠雖於91年10月9日在技師修理該機冷凝器之後即去函IPM稱「TURBINE在5月份其技師到廠進行運轉檢測時發電量、軸承溫度及振動情形均符合要求，NO.1軸承亦跟著以改善之新型軸承更換，經觀查運轉情形之後認可接受」雖然如此，但據瞭解因前段蒸氣供應之問題影響，發電量均未達到合約量，故對本套蒸氣發電機，廠商仍尚未完成全能試車運轉，其責任仍未善了對方理應對其設備負責儘速整修並判定應負之責任。

於9/23將台灣所發生之案情及 董座提供與GE之實例（GE對一套未按裝設備應我方要求展延保固期限以向我方請求支付該套設備尾款）一併向代理商說明，最後代理商認為我方於9/10董座指示由職去函提議事項甚為合理，因此代理商特別表示IPM在台電已有7佰萬美元之交易，目前約有900萬美元之案件正在洽談中故代理商將全力與IPM交涉。

經交涉後，今天代理商王剛先生來電表示IPM同意負責修妥使本套設備之發電量提高至最高合約量12MW，但要求我方提供足額之蒸氣量。在整修時若屬該套設備方面之問題者，供方願負其責。有關來電所言，其稱IPM將隨後來文通知我方。

以上報告

職 楊映煌 敬呈

■ 圖 18-3 　處理採購異常案之指導

有關由　貴公司供設汽旋發電機案，其設備自使用至今經過二年多，一直拖延尚未能達到正常運轉，FPC方面受害當不待言。其間未蒙　貴方及製造之供方儘早達成正常，致對此懸案雙方各執其詞，其主要者　貴方派人試車等之發生費用未付，而在FPC方面認為，配件及儀表等，應在發運之前組立才是，但實際上，許多應組立者卻散置於箱中未予組立，且所需圖面資料不全，因此造成額外產生費用等情。與此同時，我方亦列舉其他類似案件實際所發生之費用情形，供　貴方參照比較，但遺憾者皆未得　貴我雙方彼此諒解，由此仍停滯於各執其詞的狀態。

最近本企業上峰獲悉本案，認為只要雙方本著合作的誠意，在此前提下應可謀得妥善解決，隨即交代先付十五萬美元，希望　貴方即行協助將設備整修至正常。至於雙方如何求得達成圓滿解決乙節，有賴以誠實合作的態度相互檢討，求得雙方的理解，如此即能結束無謂的爭執。

項又接我方上峰第二度指示，同意依照　貴方最近請求之條件，全部照付。至於自此以後之修護費用負擔原則，在此亦有必要同時加以明白界定，凡因FPC方面操作不慎之過失所造成設備的損害，此一部份應由FPC負擔其修護費，除此以外亦希望　貴方及供方負起應擔之責任。我方上峰並特別交代，凡交易之雙方，皆應本著合作並促進友誼之基本態度相對待，以期能夠延續彼此良好關係，使雙方皆可獲得有形無形之神益，並建立信譽。依此指示原則，我方茲誠懇提出如上之議，尚祈惠予明察並賜覆至禱。

FPCG採購部
經理　楊　映　煌　敬啟

■ 圖18-4　處理採購異常案之指導

■ (五) 企業知識管理－明文化

本論文提到人才培育與台塑企業採購作業為例，培養人才須設定一套使壞人無法橫行的制度去執行，再由人才於工作中所遇的問題仍用心思考解決，可以於工作中汲取經驗，這就是你個人智慧財產，但要如何再教導別人，才能再培養人才，唯有讓個人知識成為組織的知識，因此公司需要進行知識管理，將現有的知識，有系統的明文化，這就是台塑企業創辦人王永慶先生常常在講把事情模糊不清的地帶，能把它澄清改善而予以明文化使同仁有所遵循，再創造競爭優勢，變成核心競爭力，再延伸應用到其他產業。

■ (六) 採購發包機制發揮－案例說明

1. 設備採購

(1) 電視台硬體設備

當時由一位立委民視公司蔡同榮董事長請託，內容大小設備儀器甚多，整套設備已由該公司作業並議價完成該公司要做決定。經董座交辦，由本人與經辦組將複雜內容單純化，分別類屬於哪方面設備種類，依過去經驗該方面種類還有其他廠家可供應，如此逐一檢討洽商後，比原約降 30%，最後該公司蔡董事長約我請我們吃飯，我說不必，大家聚聚在我們自己餐廳共聚，對方相當高興，對此案我們而言，呈報董座有交代亦有成就感。

(2) 泛亞電信公司之成立與「西南貝爾」公司合作：
（大型通訊設備談判實例）

　　此行業本企業第一次投資，對其設備通信系統（如行動電話交換中心、基地台控制器、基地收發台等）不曾接觸，則由「西南貝爾」依期對這方面全球購買力經驗主持採購之工作，最後全部以 9,000 萬美元向瑞典「易利信」公司分批訂購。於民國 86 年 2 月 26 日呈董座核決。當時董座未簽交代本人重新比價，瞭解此行業為當時新興行業，世界可供應廠商與「西南貝爾」所詢廠商也是大家為主力。後來 NOKIA 在台人員表示，經了解除 Ericsson 及 Lucent 根本無做比價洽議動作，繼續談其他均剔除，則我方再次詢價，「西南貝爾」人員次願提出「規格書」供詢比，堅稱已與易利信簽認「採購意願書」如果改購即違規。但我方採購曾金瑞君再與「西南貝爾」人員泛亞公司人員交涉，終於 3 月 22 日送來規格書（RFD），並對易利信洽議，並詢其他供應商「易利信」在台人員表示應可再降，當時另有一家有實績廠商已再報價，經初步洽商未正式議價為 4,462.89 萬美元，「易利信」提出 4,848.17 萬美元，經與泛亞人員確認報價內容易利信價格減甚多，但所報範圍、各戶容量、基地台、交換機數量及項目均減少甚多，經計算其單價及減價比例和簽呈所提出之價格完全相同，經呈報董座，對「西南貝爾」在我們環境條件規定下認為非他不可，因此認為有機可乘，產生以強欺弱的心態，所以對國內合作對象予取予求。爾後董座對本案處理如「台灣活水」一書所提到：第一次報價高達一億一千九百多萬美元，然後自動降為九千八百多萬美元，但是我們請台塑企業採購部蒐集有關資料結果發現，應該可以易利信降價後九千八百多萬美元的半價左右購得該等設備，甚至在正式展開洽購作業以後，也可能再進一步壓

低價格。我們雖知西南貝爾公司行為不當，但是他們卻一再強調，對此採購案三家主要股東都已簽屬書面，同意委任西南貝爾公司，如果任何股東不遵守此一約定者，西南貝爾公司將依法提訴，態度十分強硬。事既至此，我們認為繼續和他再談也是無用之舉。為了避免相互關係更形惡化，應該是以避之為上策，因此和東元公司商量，由無可能在雙方皆有利之條件下，以後中區和南區透過某種方式另議合作方向。經東元公司黃茂雄先生允諾後，本案之權限一切委任由其承受辦理。」

開始，我就不希望再和西南貝爾公司有所任何接觸，此後一切事務全權委由黃茂雄先生負責。有關設備採購，據悉在黃茂雄先生的主持下，表明中區已向易利信以外其他供應商訂購，並提供相關數據資料，經過和西南貝爾公司副總裁深入檢討後，終於迫使西南貝爾公司知難而退，不得不同意由黃茂雄先生直接和易利信洽商此一設備交易事宜。由於中區的設備，業經已相當合理之價格，向世界馳名的其他供應商採購，所以黃茂雄先生即向易利信表示，希望易利信能夠體會，為何中區沒有和易利信達成交易，而轉向其他廠商？」尤其東元公司本身也是易利信台灣分公司占相當股權的大股東，實在是因為易利信所提交易條件無法和其他廠商競爭，東元公司才不得不捨棄和自己關係密切的易利信，而另尋他就。此次南區會易利信洽購，完全是因為西南貝爾公司的面子問題所造成，可是無論如何，其交易條件最起碼要和他廠之條件相接近，才合乎情理。在此情況下，易利信除非決定放棄本案交易機會，否則就必須大幅降價，趨近於和其他區相當的交易條件，此外沒有第三種選擇。由於各項事證皆已非常明顯，易利信

自己更是心裡有數，所以最後終於同意比照其他地區之合理價位，作大幅度的降價，雙方就此算是達成圓滿交易，一切才告塵埃落定。

此一事件使我想起這家「泛亞電信公司」係由「亞太投資公司」總經理為前工業局吳局長擔任籌備。而「亞太投資公司」也於民國 86、87 年接受「東怡」已在營業的量販店，並成立「亞太量販店」，也是由前工業局吳局長擔任總經理，並籌劃擴大營運多處購地發包建造量販店。而當時量販店內各貨品及新建量販店均需由採購發包辦理，但新建量販店與其他廠商、投資者所指定包商之發包金額高出 30%以上，為此雙方因有歧見，有所爭議，但不多久不知何故，層峰將「亞太量販店」轉賣其他企業而結束。

也因為「東怡」使我又想起六輕擴建抽砂造陸工程，本來向外詢價國際標且變成國內「東怡」承攬，又因欠台塑企業之債務，演變成以「東怡」名義由台塑企業出資購買 2 艘定點式抽砂船，竟沒有經過企業採購部，由一位離職人員擔任此案件仲介，據賣船者當面說過有一位任公關離職主管有不法行為，其他人員就不講（因在職關係吧!），此工程交由沒有經驗的公司單獨承攬施工，事實也是本企業營建在主導吧!（營建部屬總管理處）為何無了解台灣抽砂船係由台灣航運辦理（自航式）而定點更加容易，操作人員均為船員身份，而且本企業自己有海運公司，為何不由具有船員之船公司處理呢？爾後自總座直接參與第一線後，六輕每項工程發包採購均需由我負責部門採購發包辦理（六輕案例如後說明），對航道水深維護及對自購船隻自行運作，成本可減少一半以上。總座認為「對的事情就堅持去做」，符合台塑企業「追根究柢」之企業文化吧！

2. 長庚醫院藥品及醫療器材採購實務展現

(1) 民國 74 年 2～3 月本人調採購部，前一年由董座親自約談採購人員瞭解他們的工作方法，並由外來反應部分採購人員不法之嫌疑，有部分人員自己知道所作所爲而自動離職，有部分人員或主管調至其他單位，這裡面很多來自總管理處總經理室的人員，另外還有一組編制於長庚醫院的採購人員，這一組長庚醫院的採購主管也是來自總經理室的主管，董座這次重組採購單位，亦將醫院採購人員納入採購部統籌管理，而醫院這位主管爾後也離開企業。董座改組後對採購新制度的推行「通信投標作業」制度，我也全心全力的執行，而能永固運作。

(2) 民國 75～76 年這段期間董座有感醫院的藥品、醫材耗品及各科用材料，採購方面外界風評雜亂，董座即大力整頓，每一案件金額 10 萬元以上均由董座核批，而採購我就是他的經辦，但這個領域很窄，但種類、對象很多，過去有能耐廠商靠「走門路做生意」，但爲能給供應者有一個公正的平台合理的競標，身爲執行者的我，以用量大、合約期間拉長至少 1 年（原來是一個月一次），要得標則需競價。經過這一年之運作使藥品及醫療耗材相當大的降幅，其他骨科之材料銅材料比原購降 40%，眼科之水晶體每粒由 15000 元降至 5000 元，爾後再降爲 2000～3000 元，降幅相當驚人。民國 75 年，董座親自主持長庚之藥品耗材及各科主材料等進行大力整頓，

經過一年來改變合約期限為一年，使廠商不競爭沒機會，以品質為優先，給開藥方醫師們及醫療人員可接受前提下競標。

經這次董座親自督導，在院長、莊主任及藥師廖主任配合下，我在執行上供應商有感在公平狀況下，人人有機會，自然呈現有競爭力價格，所以本次所得到價格與前購比較實在差異甚大，如藥品醫療耗材方面 30%以上，骨科材料也相差 40%以上，B 型肝藥試劑–37.5%、胃藥–42%，成人尿布以企業內自製，外科透氣膠布一個月就用 340,250 元，長庚用藥 X 光片–30%，橡膠手套亦差 44%。開發對抗品經廖主任測試合格其價格差異也大，如一項抗生素–50%，其他藥品降 20～30%是很普遍的。儀器方面降幅也很大，另外眼科 1 項人工水晶體如上所述，據聞當年 1 年約數億元，為此董座曾向我說「長庚醫院可再救更多人，因此你也是做功德」，使我一股幹勁忠於人忠於事。

(3) 長庚醫院藥品採購已在業界建立相當名聲，因而台灣公家機構之醫院如高雄市長曾請託我方協助詢價並提供資訊供參考，另奇美私人醫院許文龍董事長也來請託董座協助詢議價，1 年約有 2800 萬元差價。另慈濟及彰化秀傳醫院也派人前來洽談幫他們提供資料並協助詢價。

3. 大宗原料採購模式績效

(1) 大宗石化原料採購：

大宗原料屬石化業生產重要物資，需要量龐大，一般除製造商與用戶間之供需關係外，貿易商亦經常介入其間視行情扮演買或賣之角色而形成所謂的現貨市場（SPOT MARKET），因貿易商經常以較投機之方式（價格上漲惜售，價格看跌先賣再補貨，或賤賣手中存貨）介入，不但使價格變動頻繁，供應情況亦時緊時鬆，因此大宗原料之採購，須瞭解庫存情形（現在總裁當時任台化總經理時設定台化各大宗原料庫存表），依當時價格之高低而適時採購適當數量以配合所需，隨時反應呈報有關公司之最高經營主管及兩位創辦人做決策。現將以往大宗原料之採購情形說明如下：

合約採購方式處理：首先針對各事業部生產主產品之大宗主原料，如煉油廠用原油及輕油，PTA 用 PX，耐隆用 CPL，VCM 用工業鹽， AROMA 用 MX， MEG、SM、PE、PVC 用乙烯，PP、AE、AN、MMA 用丙烯，及公用廠用煤炭等，均因用量龐大，故為能確保料源，必須尋找世界各地區之製造廠商，並評估其生產品質是否良好、信用是否可靠、交期是否可確保，並考慮價格合理以符合經濟原則，如出口價加上運費，運費之價格因距離之遠近而導致 CFR 價格有所差異，故亦須列入考慮之重點，經評估選擇後，依使用原料之年用量考慮由幾家供應多少量，予以設定合約之供應量，合約價格之設定雖不同，但仍有所根據。綜合上述採購經驗，價格上揚、標準線偏高時，合約價比 SPOT 價格為低，反之價格下降至下限時，合約價比 SPOT 價格為高，但就長期而言兩者平均不會差距太大，但有部份用量以 SPOT 採購時，除能依 SPOT 價格影響合約價外，並可於 SPOT 於歷史低檔

時適時大量採購。如以台化耐隆原料已內醯胺（CPL）一年約用 12 萬噸，合約廠商供應約 96,000 頓，其餘以現貨 SPOT 方式採購。適逢 81 年起價格陸續下降至 1,300 美元/噸以下，82 年起價格再下降至 1,100 美元/噸以下，最後降至 1,000 美元/噸。過去 SPOT 平均 1 年約訂購 3 萬噸，81、82 年兩年於價低時多訂購 8 萬噸，可分批交貨，當時庫存約 10 萬噸，可用將近一年量，1 噸價差 300 美元計算，僅這次降價就有利約 8 億元。

由以上 SPOT 之採購經驗，SPOT 價格之取得，係於當時依行情洽議，其差額有限，但當在某一個下限價格之階段採購時，如能大量採購予以儲存，則其差額甚大，甚至於所建儲槽投資費用在很短之時間內可回收。如 SM 5,000M3 儲槽可容納約 4,000 頓，建造金額約 1,280 萬元，而合約價 600 美元/噸、SPOT 價 450 美元/噸，以每噸 USD150 之價差計，就差 1800 萬元一批就回收。故本企業雖然六輕開工後部份大宗原料已能自足，但部份原料仍須購買，且另衍生新的大宗原料須外購，除合約量外，SPOT 採購亦須考慮，以供所需，若無儲槽可用者，屆時原料再便宜，亦不能多購，以水泥為例，因有建水泥槽之原因，故可進口低價之水泥供用，雖開支約一億元，但半年內就回收，故亦應適度增建儲槽。

由以上經驗瞭解，台化大宗原料儲槽之建造長期在總座及總裁之推行下，在各廠區均設有大儲槽，在原料波動狀況下，依市場走勢價格至某一下限階段（成本邊緣）而再有持續下降或到低點維持階段均為大量採購時點，換句話說：追低不是追高。才有多餘能力購買低價位之原料儲存。

(2) 大宗煤炭採購（以台灣用煤為主）：

本人於 74 年接任採購工作，大宗原物料採購其中一項煤炭係為汽電共生所用煤，於 75 年 1 年用量 50 萬噸至 80 年須用量 136.4 萬噸，增加至 245 萬噸，煤採購方式係以 SPOT 各間競標參考行情以到岸價（CFR）交易方式為主，來源澳洲及南非煤為主，於 1990 年大陸開放可出口煤，經層峯接觸機會允諾 50 萬噸售給台塑企業，至 1998 年 3 月止 8 年期間，大陸煤共進 1110 萬噸，澳洲及南非煤進口 619 萬噸供麥寮以外廠區使用。自 1999 年起麥寮廠區用量漸漸增加，大陸煤除中煤供應之外，神華亦加入，至 2004 年止，6 年供麥寮廠區平均到岸價每噸約 30 美元具有競爭力，平均每年約有 1,000 萬噸佔台塑企業總用量之 67%。爾後 2005 年起因大陸經濟成長，各項建設增加導致用煤量增加，致使大陸供煤逐年減少，到 2008 年起大陸煤由出口變為進口，台塑企業已於 2005 年起亦開始使用煤質稍差之印尼煤來替代長期使用之大陸煤。長期來向大陸進口量超過 1 億噸，本企業 1 年用量麥寮約 1,400 萬噸，其他區約為 580 萬噸，全部將近 2000 萬噸佔台電用煤量之 80%，如此龐大用量站在民營企業，成本取得除建造成本以外，經常使用原料（煤）相當重要，如何取得優勢價格，下例說明：

大陸煤談判模式

(1) 1990 年大陸煤可出口到台灣，但兩岸不能直接通商需經香港為第三地間接通商，未三通前自中煤或神華都一樣須經代理商。大陸煤採購每年以固定量、價格於年底談判。1998 年以前每次談判，我方由本人、主辦人員等供商代理及中煤公司總經理等有關人員 5～6 位，並有當時 2 位經貿部台港司主管 1～2 位參與洽商（如

照片）。每次由本人將對方所提出價格若有不合理者，提出我方所購澳洲之實情及市場動態做分析，提供對方有所瞭解能接受我方洽議之價格，但每次都須經過雙方各自開會再協商，但最後有時無法達成協議者，仍有當時安司長出面再協商，待回台北向王創辦人呈報後是否再最後出價，定案者則後續依此價格交貨，所以每年談判董座、總座亦相當重視。雙方也能有誠意供方有時為增加供量，而我方亦能取得比澳洲煤更合理價格，如 1990 年到 1998 年 3 月止共有 1110 萬噸為考量企業最大利益，安排高雄港 29 號碼頭僅能以 3 萬噸級船承載，而台中及基隆以較大型 6 萬噸級安排澳洲煤進口，雖然大陸煤出口價 FOB 較澳洲煤略高，而大陸煤因短距離其運費較有優勢，如此大陸煤到岸價比澳洲煤到岸價平均每噸低 2.06 美元，有利 2,293 萬美元，延續至 2007 年麥寮以外地區均由大陸煤為主供料。雙方互利的情況下亦才能長期合作達到共贏局面。

■ 中煤由經天亮總經理帶領中煤人員往香港會議，當時安民司長協調。 1994.12.9

2004 10 26

■ 中煤經天亮總經理帶領中煤人員拜訪台塑企業王永慶創辦人

逢低價大量採購

(2) 1998 年 4 月起麥寮六輕汽電共生電廠啓動，試車入料，當年需用 74 萬噸。1999 年麥寮廠區用煤量增加至 258 萬噸，當時澳洲煤 FOB 價格下降 22～22.5 美元/噸，即大量購買 560 萬噸，增加一倍以上。2000 年須用 767 萬噸，行情處在低檔大量採購澳洲煤，而中煤仍希望賣給麥寮電廠用，即提出 450 萬噸每噸到岸價 CNF26.4 美元，而神華也加入供應行列，隔年提出 200 萬噸每噸 27 美元到岸價交運。2001 年～2003 年澳洲煤 FOB 已提高至 25 美元以上，加上運費亦須 32 美元以上，但這幾年（雖然行情 2001 年～2003 年到岸價每噸已達到 36 美元～38 美元）因神華加入，在談判時無論中煤或神華先均須與澳洲煤或蘇聯煤均有牽制作用。麥寮至 1998 年開始使用，從 1999 年用量逐年增加至 2003 年 5 年採購量 5,057 萬噸，其中大陸煤 2,447 萬噸平均每噸到岸價（CNF）29.99 美元，澳洲煤及蘇聯煤 1999 年～2003 年這 5 年適逢不景氣低價階段，所以本企業多買，造成煤倉放滿而存於戶外並帆布遮蓋。

在低價時 1999～2003 年 5 年平均到岸價 30 美元/噸，雖然僅比行情少 5 美元，但因隔年 2004 年以後每噸到岸價已漲至平均 70 美元以上，在未漲前以多買約 1000 萬噸，1 噸差 25 美元，在六輕電廠未全部建造完成前於低價大量採購，總價差 2.5 億美元，依麥寮電廠實際利益前 5 年多賺約有 60 億元，到 2004 年煤價已有上漲趨勢，而前已有大量訂購在案，所以在未大幅度上漲前訂購 1,251 萬噸，平均每噸約爲 43.93 美元比 2004 年平均行情 73.25 美元低 29.32 美元，僅 2004 年 1 年總價差 3.668 億美元。自 2005 年起煤價一直往上漲，運費也一樣上漲，至 2007 年 3 年平均到岸價

每噸 60.9 美元比行情 65.9 美元/噸低 5 美元/噸。這三年總量 4,042.5 萬噸總價差 2.02 億美元。這 9 年來因於低價時大量購買，後來雖大幅上漲但因庫存飽足，所以訂購時有選擇，亦因為自有船隊自運，所以總價差有 8.188 億美元，其中約有 2.8 億美元是低運費貢獻企業。也因為有此動作於 2008 年到岸價漲到有史以來最高峰 162.85 美元/噸，但企業內實際購入價格 99.27 美元仍比台電到岸價 129.14 美元/噸還低約 30 美元/噸，因此延續到 2009 年～2010 年麥寮電廠實際利益 118.35 億元及 87.21 億元，比 2012 年到 2014 年平均 1 年利益 68.82 億元，2 年就差 67.92 億元。

購買時機－競爭優勢與日本及國內比較

(3)　本企業購買下年度用澳洲煤及價格之時機係於上年度約於 9 月份起即請各供商報價競標，而台電約有 7 成合約量 3 成以現貨價於當年度分季競標，其合約價格仍比照日本洽談合約價，時間分為年底小量及每年 4 月大量。自 2000 年至 2010 年日本合約平均價 56.49 美元/噸，台塑企業所購 FOB 平均價 45.53 美元/噸比日本約低 10.96 美元/噸。而台電比台塑企業 2000 年～2009 年所購平均到岸價約高 7 美元/噸，2010 年約高 7.5 美元/噸。據統計資料，台電為降低成本仍大量使用印尼煤，1 年約有 1,680 萬噸佔總用量 60％，其中 500 萬噸 NAR5100～5300Kcal，台電採購印尼煤價格雖然較低但其煤質為平均約 NAR5800Kcal，其與澳洲煤比較需轉換為 GAR6322Kcal 等於 NAR6062Kcal 比較，依 2010 為例煤質價差每噸約為 3.85 美元且因煤質較差影響鍋爐燃燒效率。台塑企業所購煤印尼煤除煤質價差外，採購時機避開日本廠商與澳洲煤洽談時點及旺季時點，進行採購詢價競標亦有價差，仍作為與大陸

煤中煤、神華談判時之籌碼。而台電前總經理於 2012 年 4 月 23 日在自由時報刊載「台電購煤應可於在淡季採購，每噸可省 5 美元以上，1 年可省 40 億元購煤支出」。由此點說明與實際印證，購買時點甚為重要。

與董座澳洲之旅

85 年 9 月與董座前往澳洲，勘察煤礦記事，經日本商社丸紅會社安排前往澳洲瞭解投資煤礦之可行性。一行人董座及夫人以及台塑王金樹先生及發電廠主事者陳運順先生及周鷺生先生及本人，由丸紅商社人員引導，這次參訪 Newcastle 裝煤碼頭儲運量等設施，及參訪一家商社投資煤礦坑，一年約 200 萬～400 萬噸礦坑很多，日本商社參與投資比率甚多，當時僅由 Newcastle 出口日本就占約 70%，但賣煤貿易商均由澳洲及世界有名廠商如 BHP、Glencore 等把持，但經了解景氣低迷價格低時，礦商開礦興趣就缺缺。因為礦多量不太大，待好轉相繼開挖，經了解世界煤產地甚多量又大如大陸、印尼、俄羅斯、南非、哥倫比亞均可釋出，屆時可足夠取得料源，所以這次董座實地了解一家 1 年約 400 萬噸礦坑至地下約 200～400 公尺深之開挖地點，觀察煤之取得，這次我真的佩服董座堅毅的精神，以一位當時 80 幾歲的長者，如此對一件事情的求真求實不懼環境的坎坷勇往直前，以我年輕晚輩不時不刻的扶著他注意董座的安全啊！由此了解經營煤礦坑風險較大，若只投資取得股份而已，其煤量多少固定，但價位仍需以市場價談判洽議，這與長期談合約量供應價格每年談一次或兩次沒兩樣吧！所以台塑企業仍以開標作業取得數量及合理價位，但有一點須說明，購買時機避開日本及台電洽長約時點，並衡量價低時多購方式者，依長期來本企業所購比日本合約價每噸平均約低 11 美元，比台灣台電每噸約低 7 美元。這是這次與董座進煤炭坑後採取之買煤方式。

■ 1996 年 9 月參訪澳洲港口及煤礦區附近葡萄園農戶

■ 1996 年 9 月董座下礦坑勘察澳洲煤礦

採購印尼煤之優勢：注意品質的混淆

全球煤炭價格低迷時段，以澳洲、南非煤品質較優且價格具有競爭力爲主要供應來源。後來於 1998 起印尼煤出現在市場，雖然煤質較差但折合標準煤仍有競爭力，所以本企業亦開始訂購印尼煤，但供應初期貨交不出來，自 2005 年起印尼開始發展經濟，首先由其印尼煤商直接供應。2008 年後適逢大陸用煤量增加導致須進口，所以對印尼煤之進口甚爲重要，但因煤質較差則須有一致換算基礎，否則容易產生弊端。

長期來參與大宗物資之採購，一般市場認爲採購是肥缺，但是我個人經驗，每一次開標後均須與各地區不同煤種須折合同一基礎（無論日本或台電均以 GAR6322 或 NAR6062 之標準煤）比較。如此對煤質較低的價格，雖然價格較低，但實質上須多用量才能與高煤質相比，若降低煤質標準爲 NAR6000Kcal 做比較，比一般標準煤 NAR6062Kcal 不利 1%，對低煤質印尼煤或其他地區而言價格略低但不等值。兩者一噸以 80 美元計則一噸差 0.8 美元，一年 400 萬噸差 320 萬美元，而煤質不同往往在交貨上檢驗之公正甚爲重要，否則被視爲偷質之嫌疑啊！

所以擔當之最高主管如本人須再視市場狀況洽議後研判是否多買，經須呈報層峯（面報或書面報告）主事者須爲層峯負責，不可能由下屬單獨處理，不符合目標價，即是開標，仍由代理人與供應商（礦商）洽議，雖然有部分代理人仍有不法之舉動，金額雖大，但仍不爲所動，每次仍須呈報層峯，否則破功，有何立場競標爭取合理之目標價，這是我長期 26 年來秉著一貫原則，無論大宗材料或大型設備等均須如此，否則市場傳言四起，風風雨雨不得安寧，這樣如何在市場立足？這就是我對兩位創辦人的忠誠以待。

六、核心競爭力之二－煉化一體

麥寮石化工業區開創獨一無二的經營模式

■ (一) 石化經驗累積展現－麥寮工業區六輕建廠記

■ 六輕之源起

　　台灣經濟發展係由各產業加工發展起，而台灣屬於島國經濟，沒有資源其各種原料均須靠國外進口，由外國廠商賺取外匯，而本國亦僅以台灣人民賺取工資，有時原料受制於外國無法掌控料源之供應，於民國 62 年台塑企業王永慶創辦人有感需發展上游石化工業確保料源，則向當局申請輕油裂解但被當局以不能經營（節制私人資本）否決。

　　創辦人鍥而不捨，六輕於民國七十五年六月，經政府同意開放民營建輕油裂解廠，本企業即積極規劃六輕投資內容，並選定宜蘭利澤工業區為廠址，後因遭受即大阻擾，於民國七十七年十月放棄宜蘭利澤建廠計畫，改於桃園觀音鄉設廠，後因工業區土地價格太高，對於所需用土地動輒千百公頃的工業來講，實在難以負擔，又逢環境變遷環保意識抬頭，在此情況下，由於雲林地方上下，對於在沿海地區以抽沙填地方式興建六輕一致表示歡迎，又感於六輕自民國七十五年核准興建以來，至民國八十年已拖延五年，部分設備已購交貨堆置在倉庫，已開始生鏽需保養防銹並氮封，此外企業內也動員數千員工，在

承擔此一計劃作業，凡此所造成的損失已達百億以上，而且同仁在半作半等的情態下，台塑企業創辦人在此清況下，其心情非常苦悶。所以在百般無奈之下，只好接受其議乃決定在雲林縣的麥寮及海豐地區，離島式基礎工業區興建六輕。

▌ 建廠基地及工地範圍

六輕案開發的麥寮及海豐區，北鄰濁水溪南岸，南至新虎尾溪出口北徹，南北長 8 公里，東西長 4 公里，基地面積 2,610 公頃，原始地貌大部分為 EL+OM 至 EL+1.0M 之潮汐淺灘地，滿潮時更是一片汪洋，為顧及廠區安全及有效利用，本企業以築堤及抽砂造地方式，將麥寮區地面工程增加至 EL+4.8M，海豐區更增加為 EL+5.4M，所需砂料需 1 億餘立方米，則利用闢建工業專用港之港地，航道浚深及疏濬濁水溪出口之砂料，造陸後又要經過地質改良，鞏固基地後才能提供作為建廠之用。

所有主要設備的基礎於民國 84 年中起配合實際需要一一打設基地樁，基樁長度自 12M～68M 不等，直徑最小 50 公分，最大為 1M，六輕工地就需用約 877 萬 M，混擬土使用量約 864 萬 M^3，都是創紀錄的龐大數量，六輕第一、第二期至第四期規劃共 77 廠，內有煉油原油年 2,100 萬噸、3 座輕油裂解廠，年可產乙烯 293.5 萬噸比中油約有 3 倍大，芳香烴（AROMA）3 座、及塑膠系統中間原料、纖維系統中間原料、及電子系統中間原料，另設立大型火力發電機組 7 套，每機組發電量 60 萬千瓦，總共有 420 萬千瓦，另有麥寮區及海豐各設汽電共生廠，不但充分供電及供汽六輕使用以外，並有餘力可以提供台電公司。

▊ 深水港建造－原料輸送

　　六輕工業區共約有 77 個廠其使用原料如原油、輕油、煤等大宗物資進口及各產品及成品油等出口、由本企業在六輕建廠的同時也規劃闢建麥寮港，港域面積 476 公頃與台中港相當，但其航道深達 24 公尺，可供 30 萬噸的油輪在港內進出，世界罕見是全國最深也是第一座民間投資興建的港口，至今共 20 座碼頭可供使用，故整個麥寮工業區原油或輕油進口後，均以管路輸送至廠內以生產各種中間原料或成品油在以管路輸送到企業內：台塑、台化、南亞等，成品油液化原料需出口亦以管路輸送到槽區。由此可見建廠時須同時建管路鋼架工程，另煤炭船到岸後及以最先進卸煤設備以密閉式輸送設備輸送至密閉式大型煤倉，在輸送至電廠，完全沒有看到煤炭在輸送，可見輸送鋼構及管路鋼構之用量及槽區用鋼板、重工建塔槽、壓力容器等使用鋼板，與基礎用鋼筋等鐵材類，總用量超過 200 萬噸，由此所舉，六輕各項建設涵蓋的大大小小工程，其種類不計其數，所涉及的設計及施工技術亦相當繁複，且其中不乏國內首次引用者。台塑企業各項相關建廠部門在規劃、設計及施工過程中，為了配合實際建廠需要，除了充分運用本身已往所累積的豐富經驗外，也分別向世界上在相關領域內具有專業權威的機構引進必要技術及設備，予以妥善運用，或進一步結合台塑企業本身具有的心得，相互融會，終能發揮最高的技術水準及更大的施工效益。

▌(二) 上游原料之垂直整合

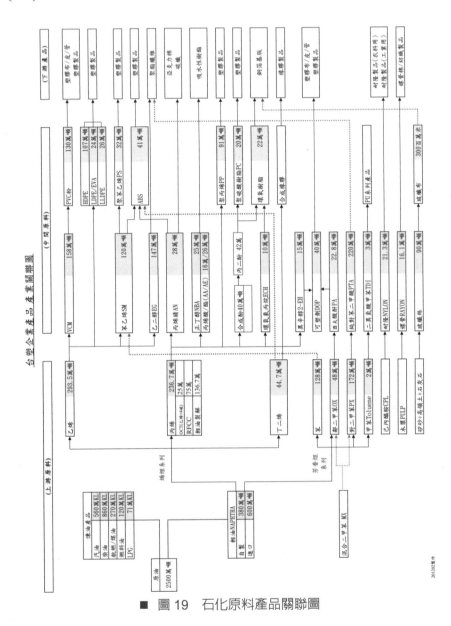

■ 圖19 石化原料產品關聯圖

▉ (三) 建設規模

1. 六輕工業區分麥寮區及海豐區，位於雲林縣最北端濁水溪出海口，南北長約 8 公里，東西向沿海岸線向外延伸 4 公里多之外海地帶總共 2255 公頃係以抽砂造陸而來，相當於台北市面積之 8%，砂量 10915 萬立方米，相當於中山高速公路 373 公里長，築 8 個車道之路達 3 層樓高。工業區面積約 2600 公頃係為林園石化工業區（388 公頃）、大社石化工業區（115 公頃）及頭份工業區（95 公頃）合計總面積之 4 倍多。

2. 建廠基礎工程：(1)各建築物及各設備及管墩之基礎工程，用混泥土用量 864 萬立方米，工地自設混泥土廠，委外代工，水泥、砂、石自行採購，水泥用量就需 191 萬噸。(2)基樁總長達 877 萬米以上。

3. 配管工程：53 座工廠其管路長度高達 3,000 公里。

▉ (四) 如何規劃

以煉化一體生產大宗石化原料如乙烯、丙烯、丁二烯及芳香烴，以管路傳輸供應下游產品的經營模式（如圖 19），總共 54 座工廠投資總金額 5,744 億元，包含 7 部機供蒸氣及電力 420 萬 KW 發電廠及汽電共生公用廠，另建立 20 座水深專用港（如圖 20），供 1 年煤用量 1,400 萬噸及原油 2,500 萬噸，大型船隻進出，針對這點具有相當競爭優勢。

由以上了解台塑企業王創辦人在麥寮建立六輕工業區（如圖 21），選擇「垂直整合」大量生產，並與不同系列產品原料「水平整合」上中下左右連成一氣石化原料，降低成本具有相當核心競爭力，進而擴

大其產業，這些結果使企業選擇如此流程，產生持續強化經營模式的良性循環。如此整合在同一廠區還以抽砂造陸方式造地 2255 公噸，建設 53 個工廠，這是世界上石化界之最，（長期大陸國營企業或政府機構人士來訪參觀後均認爲這是中國人兩項大建設之一（三峽大霸與六輕工業區）值得讚頌的地方。）同一廠區生廠乙烯 293.5 萬噸，可供國內需求 90%以上，對國家經濟貢獻 1.5 兆元，占總 GDP 約 10%，並以環保及社會責任爲重(如圖 22)。

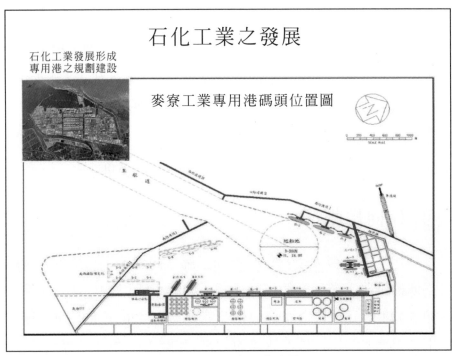

■ 圖 20　石化工業發展

六輕工地範圍

■ 圖 21　六輕工地範圍

環保與經濟並重

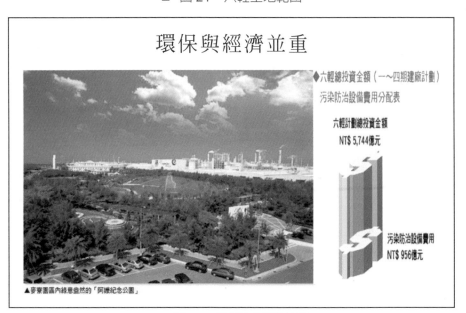

■ 圖 22　環保與經濟並重

■ (五) 1992年成立六輕工程推行小組

1992年台塑化成立並成立六輕工程小組，王金樹為召集人，王文洋為副召集人，初期推行工程抽砂造陸土方，廠內大中小排水工程等營建工程及海事工程由總管理處營建單位為主事單位，公用工程規劃及發電廠設備採購如鍋爐、發電機係由台塑為主事單位，初期麥寮工程主事單位以簽呈核准分配特定對象，如土方造成「你有，我也要有」之困擾，以及發電廠鍋爐問題等。1993年因小組推行重大決案懸而不決，又有部份已發包項目當時由發包中心以大工程小包商承攬進行不力，最後由總座親自跳到第一線督導六輕，產生之問題於工程會時檢討，配合總座指示均由我負責採購發包處理，這就是六輕成功之關鍵。

■ (六) 王永在創辦人執行六輕工程建設－如何完成

台塑企業以成長策略長年來不斷擴充建設，尤其至六輕之建設在進度方面之確保，並能確保建造品質及建造成本之合理取得，故在執行上，王永在創辦人嚴格督促甚為重要，也是產生企業核心能力之所在。

在凱文·柯尹恩文中提到，他們的研究方法是在漫無邊際的猜測與量化數據分析這兩個極端間取得折衷。假如你問對問題，創造新的思考架構，就可以避免同仁迷失在天馬行空的思緒中，提供他們做選擇和比較的基礎，同時也可得知他們是否有進展。

　　王永在創辦人支持會議解決問題：但是問對問題還不夠，怎麼召開和進行腦力激盪會議也非常重要。他們認為必須重新設計點子發想的過程，排除產生新點子的障礙。例如在會議中針對問題，大部分的人都不太願意發言，這就是障礙之一，依我們為例：會議檢討問題，針對問題就要提出，由誰提出解決方案則依所屬機能別，再由高階團隊思考其解決方案之可行性，長期來依我們最高領導者之性格，凡是有問題就要解決，我們領導者常在會議中談到：問題發生，「對的事情就去做」。

　　如工程會議的果斷裁決：好的點子在會議中決定就須徹底去做（執行）台塑企業創辦人－總座王永在先生在麥寮六輕建廠期間，主持每星期一次由各部門參與的工程會，每月兩次在麥寮廠區開工程檢討會，每次到麥寮廠主持會議須早上 3 點多出發到麥寮廠區 7 點以前到（有時候總座會找我跟他一起坐車），與各公司主管早餐後，即到廠區巡視聽該廠簡報，爾後在辦公大樓會議室由各部門提出主題報告，每次檢討重點工程進度及工程施工品質兩方面：

1. 如何確保工程進度：

　　首先抽砂造陸，由營建部門負責規劃何種工具，需什麼完成造陸，高於海平面幾米。各公司：台塑、台化、塑化第一期之生產廠何時完成，則公用廠之汽電共生及水供應應於何時完成，均須以前後順序控制進度，在工程檢討會時由各負責部門提出報告，隨即由總座裁決馬上執行，如各公司為取得土地建造廠房，須先打基樁，又廠商供應不及，則總座交代採購辦理，如上述已說明又不能給廠商藉機抬高價格，又不能斷料，即想辦法爭取大陸進口基樁之限制等等，又打樁機不足

總座亦交待採購馬上採購購入…等，各擴建部門在總座如遇有問題馬上解決，不給予拖延藉口，各部門自然戰戰兢兢堅守執行自己本身工作，以免因延誤在工程會被提出批判。

總座在擴建期間除在工程會檢討解決問題外，平常在辦公室亦如此，經常找有關部門瞭解，一遇有問題即解決（因每件事與我都有關係，所以我都需要參與），麥寮六輕工程分四期66廠，自民國84年7月動工，第一期於民國87年中完成生產，後陸陸續續至民國90年完成。在短短幾年時間完成生產，在總座強有力之執行下，各部門不敢怠慢，才能迅速完成企業之目標，否則如此龐大工程拖延個一年半載亦是平常事情。回想建廠初期，在那風頭水尾惡劣環境下進行建廠，可見多麼艱辛困苦，記得每次到麥寮開會回去，太太在洗衣服發現你開會為什麼口袋都會帶砂回來，可見飛砂多麼強，所以在建廠時認為在此惡劣環境下，其建廠品質絕對加強防備。

且須將麥寮區第一期有5個廠於民國87年7月同時完成，則汽電共生電廠需供電、供蒸氣就須先完成。這5個廠就須完成煤碼頭，煤得用進口煤、煤倉、煤輸送管（部分），及石化原料輸送至這5個廠就須完成煤碼頭、石化原料碼頭及石化輸送各管路其發包工程如何配合，在總座主持工程會議中每次均針對以上每一個工程不斷檢討所遇難題，鍥而不捨提出檢討、解決問題，有下列工程說明：

〈案例一〉公共管架工程

麥寮工業區六輕第一條公共管架由採購辦理通訊投標詢議價，最後由一家世紀鋼鐵公司得標，這次係由採購辦理第一件大型單一工程統包鋼構工程長 8.249 公里，總鋼構重量 28,930 噸，這麼大工程由當時不算一級之鋼構製作公司，雖然製作價格每噸僅 28,660 元，工作範圍包括 H 型鋼供料（台灣國內已有生產），依圖製作基礎及高張力螺栓、油漆，製作費另加鍍鋅及三道漆塗裝並由包商廠地運送至麥寮工地進行組合吊裝等，建造成本比原本自己購料並施工發包約低 6000～7000 元/噸，比台灣大型一級製作廠如中鋼構、春源等約低 3000～4000 元/噸，雖然沒有重大技術，但是重於管理如安排施工經驗，所以這次施工又是在砂地整地階段，而公共管架需同時施工，環境相當惡劣，當時每次工程會議均列入檢討項目之一，工程部門每次均提出這家之工程進度慢、問題甚多，為此採購即有在工地成立一小組，針對每一製作段進行統計資料跟催、追查之事實，這段時間於開工程會時較困難的期間，雖然工地環境複雜，施工較一般艱苦，但有投入能釐清每一工作時段工程部門也就是沒有藉口，最後大家為能完成這條初期所建大家所稱「萬里長城」而努力配合工程所需，這是我第一次遇到採購實際參與施工之追蹤的大型工程，由此經驗相繼而後對鋼構或管架之工程發包更順手，而由一級廠商如春源、中鋼構、長榮重工、聯鋼重工等競標，順利完成海豐區及煉油區之公共管架。

〈案例二〉配管工程

　　配管工程－也是第一條麥寮公共管路配管工程：

　　由泰國 PAE 公司承包本企業六輕公共管線配管等 9 項麥寮工程承攬總價 53,595 萬元，由原發包中心發包給 PAE 至 86 年 1 月由我接發包之工作，當時每次工程會各單位經常提出施工緩慢 PAE 配管人員不足，須由 9 項工程之間調來調去，PAE 所申請如 1130 人，但至 1 月中僅入 324 人，所以在工程會總座針對有關部門所需要人力未能入廠工作，請 PAE 排時間表，並列出以決包之工程之明細是否改包。當時本人接發包後對於一些沒實力之小廠商造成工程延慢均予以改包。而泰國 PAE 公司承包六輕之配管等之工程，應屬於該公司承包之強項又屬於國際公司，應可配合工程所需才對，但於每次總座主持工程會之各部門總是會再提到 PAE 配管進度有不如預期，為此發包中心仍依公共管架管制進度一樣，由 PAE 排人員進入之時間表，由發包中心之工地管控小組進行人員進入之管制並了解其工程進度。

　　至民國 86 年 8 月 2 日工程會議再度提出 PAE 廠配管不足到 9 月中前須完成 180,000DB，依 PAE168 焊工一天可完成 3600DB，則 45 天僅能做到 162,000DB，但當時七月前欠下包約 3,000 萬元，及到 9 月底開票據，因 PAE 財務困難已被銀行拒絕往來，總共累積欠廠商金額 1.198 億元，PAE 承包商母公司因亞洲因亞洲金融風暴又在台主持者管理不善，導致承包商非改包不可，但對現行施工之下包及外勞焊工總需要解決，PAE 為確保六輕進度，於 86 年 8 月 6 日 PAE 對下包承諾將於 8 月 31 前償還所有積欠債務。但經本發包中心了解，PAE 母

公司財務狀況並沒有那麼樂觀，所以本發包中心為使工程繼續進行不致影響進度，則採取下列因應對策：

(1) 洽 PAE 公司山具同意書，同意將現有人員、機具交由本企業接管運作，以便工程繼續進行，待 PAE 債務解決後，及與歸還繼續經營。

(2) 凍結 PAE 所有工程款，全部改由本企業統籌，PAE 人員薪資、下游廠商工器具租金…等皆改由本企業發放，而上述積欠之債務則仍由 PAE 自行解決，我方暫不介入。

(3) 請各工程單位就其所負責監造之工程即刻派員進駐了解 PAE 之採購、發包、會計情況及執行後續作業，對較大工程（如公共管架配管）建請公司另派專人協助管理。

(4) 外勞生活管理、勞動契約訂立及所也外勞事務管理，委請外勞管理組協助。

(5) 外勞薪資計算、發放及食宿委請麥寮管理處協助。

(6) PAE 公司目前已完工程尚可估驗金額共計 29,652,690 元（另 PAE 提供銀行保證函 49,945,000 元），7 月份期外勞薪資合計 31,617,281 元（含匯入員工帳戶 23,948,720 元，零用現金 7,668,561 元），需於 8 月 30 日前發放，否則勢必導致罷工，該筆款項擬請准予先由公司立即撥款墊付以防停工損失。

至 8 月 31 日 PAE 仍沒有動靜，下包商大部分為當地不可忽視之地方角頭，即進場要搬 PAE 之工具設備等，如此進行中之工程勢必重新再佈置，那一定延後工程進度，工地工程之主管謝福壽經理相當緊張，即打電話給我，因已取得 PAE 同意書由本企業接管

所有人力及器具等資源由現有各地工程單位管理。我呈報總座於9月2日至9月3日派呂芳裕副理前往麥寮工地區依上述對策進行談判，並進行積欠金額之洽議，由我在台北隨時了解動態向總座呈報，最後以與對方所議後金額之一半支付約為原積欠額之35.7%。最後解決了這場危機，如期完成公共管線配管等工程，這就是總座主持工程會執行工程進度之實例展現。

〈案例三〉西北碼頭工程建造

西北碼頭棧橋延伸工程預力樑基樁吊裝工程問題如下：

吊裝－榮工所需 650 萬→300 萬

86 年 3 月 25 日西北碼頭→龍門架吊預力樑

橋墩西 71 座→5 座→ 66 座墩未完
橋墩北 27 座→11 座→ 16 座墩未完　}　1 個月 3 墩

予力樑西 304→81→223 未完

予力樑北 112→92→20 未完

托架西 1298→127 完→1171 未完
托架北 598→367 完→231 未完　}　1402 支未完

總座對西北碼頭工程發包案進度無法推進，86 年 3～4 月總座每次工程會對西北碼頭建造工程之進度相當憂心，台塑工程部門也沒法子，榮工處龍門架也失敗，總座交代找 18 標工程是如何吊預力樑，身為發包的我對如此沒有進度之工程總座經常找我商量，我也不斷尋找

廠商，有一家與麥寮有小型統包之廠商→萬機機械公司，這家公司白董事長也相當有興趣有意願幫我們解決問題，開始設計以船吊方式並做模型在台塑大樓中庭水池做試驗，被台塑工程部視為兒戲，後來東欣（阿富）也以此方式向日本方面詢船吊之工程船，最後用船吊預力樑、橋墩完成西北碼頭工程，也配合 87 年中進口原料輸送到同時要開這 5 個工廠。由此可見總座所開工程會提出問題、解決問題也需要總座不斷追蹤公司，巡查鍥而不捨，追求而有關部門如發包或工程部門才能積極有效執行，完成目標。

2. 如何確保施工品質：

在建廠初期，適逢日本阪神大地震，總座即指示各工程部門主管赴日瞭解地震強度，如何防範等措施，為慎重起見交代全面地質改良，廠地夯實提高防震強度係數，爾後建廠完成生產適逢 1999 年 921 大地震，經過這次考驗，總算所下功夫沒有白費，安然度過，而台中港區之道路、平面卸貨台，不是斷裂就是凸起，混凝土→六輕土地之基礎工程、港灣碼頭、防波堤等需用混凝土、用量非常多，最後統計用量 843 萬 M^3，除能順利供料外，最重要還是確保品質，例如 3,000 psi 一般向外採購者依過去實際經驗供應大約在 3,000psi～3,500 psi 仍可通過允許供應範圍，但為確保品質及供料，在工地廠區自設 4 套 $3M^3$ 混凝土場，操作由外包代工，其砂、碎石、水泥由本企業採購，則 3000psi 混凝土在正常加入各料比例，其品質之強度可做到 4000psi，對取得砂及碎石之品質相當重要，這方面總座聘雇一位專門到工地抽查品質或到原始料源取得實地勘察，比如砂或碎石是何地的品質較好，雖然本企業有一套驗收制度，但為防止交料及驗收的缺失，這位專屬顧問大

家叫他"阿海"，平時各工地走透透，依其經驗都知道品質好壞予以抽查，如品質不良即照相整理後呈報總座，那這下不得了，總座大怒召集有關部門主管如營建，而採購不論何部門都有關，大家檢討如何改善，執行須更嚴格，檢查不合格退料，若遇灌混凝土有不良不合格，即打掉重新再來，這位高層顧問雖然仍會遇到糾紛，被圍打等，但總座的支持下仍堅持原則，如此在工地施工方面廠商仍需顧好品質，否則列入不良廠商而拒絕往來，本企業對各項材料或施工品質亦如此，所以總座在工程進行中對品質之要求是相當嚴格，另對麥寮六輕因前述所提，飛砂、塩份重在施工前即交代，原來各鋼構原三道漆，為防蝕增加至五道漆及鍍鋅之施工作法。

3. 工程執行力的展現：

麥寮工業區六輕工程施工執行前先須從抽砂造陸開始，抽砂船如何取得，抽砂造陸後如何整地，如何開拓可建廠之土地。

■ 圖 23　麥寮工業區施工前景觀

(1)海事工程

A. 麥寮港域如何形成－築防波堤

麥寮港港域 476 公頃需築防波堤，除沉箱製作外需大量塊石、岬石級消波塊，其塊石一部分由大陸引進，若全部由國內取得仍會引起漲價風潮。碼頭工程有樁叢棧橋式，管樁平台式及岸壁式共 20 座。降低成本實例舉例如下：

(a) 其中鋼管樁用鐵板約有 185,000 噸，其中 150,000 噸當時中鋼板 1 噸約 10,800 元，做鋼管樁場僅 1～2 家有參與報價 20,700 元，但六輕工程所需另有其他參與者競標每噸為 16,050 元，1 噸相差 4650 元，另有第四期鋼管樁 35,000 噸，當時中鋼板已經漲到 19,800 元/噸，鋼板向中鋼所購量不足需向其經銷商購買每噸約 24,000 元，鋼管樁所用鋼板，以大陸進口即可每噸約 18,500 元，交由遠東製作鋼管樁，每噸約 23,188 元，每噸相差 5,500 元，僅鋼管樁部分價差約 9 億元。

(b) 六輕碼頭水下防腐蝕鋁陽極塊，改以採購料連安裝辦理：83 年北護岸採工程發包方式供料平均 178 元/KG，85 年西北東及東護岸　陰極防蝕原擬採工程發包方式辦理，預算金額 647,456,806 元，由於鋁合金材料佔總工程比重達 86.75%，鋁錠價格隨國際金屬行情變動，以採購方式辦理較易掌握行情變化，經檢討後由供料廠商帶料並施工，決購總價 438,181,325 元較原預算低 209,275,481 元（−32.32%），平均單價 82.82 元/KG 較 83 年大幅下降。

(c) 六輕專用碼頭係委由荷蘭公司暨用歐洲規格，限定特有規格形同綁標，經多次與日本鋼鐵大廠如：新日鐵、住友等檢討，尤其提供依日本生產規格為設計基準重新提出，經荷蘭原設計公司確認符合標準，降低採購量 2,841MT 節省金額 1,983,944 美元（折合台幣 52,574,519 元）。

B. 抽砂造陸工程（現有抽砂造陸工程實際狀況）（如圖 24）

先從六輕抽砂造陸，做為建廠基地說起：原向外詢價演變成國內「東怡」承攬，並由「東怡」以新造船方式承攬施工，實際抽砂填地砂量 4,731 萬 M^3，每 M^3 單價 67.47 元（含油料），後因公司財務不佳，又「東怡」與台塑企業債務問題，最後投標取得抽砂船隊，後續再以無償由阿富「友力」公司繼續施工，每 M^3 單價 50.92 元，用新造這兩艘定點抽砂船共抽砂量 6,582.46 萬 M^3，平均每 M^3 單價 71.38 元（含油料、折舊及利息等，其中 62.8 元/ M^3 支付承包商，8.6 元/ M^3 為本企業負擔折舊及財息），總共支出 41 億，爾後原定點式抽砂船，經整修後交由海運與自航式抽砂船統籌規劃航道，與淤沙靠近航道南邊之所在定點抽砂，防止再影響航道淤砂之滲入，後來為〝新興區〞抽砂造陸需要仍出租其包商，經實際抽砂量計算 1 年約 616 萬 M^3，成本每 M^3 約 27.47 元，當時若由海運自行操作後已抽砂 6,582.46 萬 M^3 不超過 20 億元。有鑑於此，自總座參與六輕第一線後，六輕每項工程發包、採購均需由我負責部門採購、發包辦理。而後自行購買航道可自航抽砂船，雖遇到種種阻擾，但在總座堅持支持下運作，這就是總座所言「對的事情就堅持去做」之理念。

■ 圖 24. ：抽砂填海

■ 圖 25　地質改良

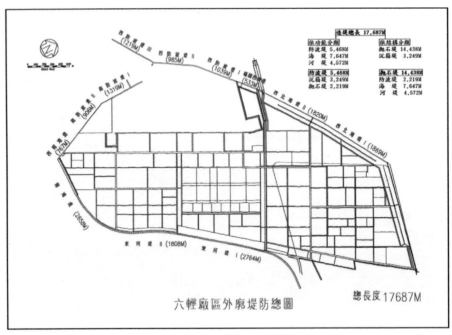

堤總長 17,687M		

依功能分類
防波堤 5,468M　　抛石堤 14,438M
海　堤 7,647M　　沉箱堤 3,249M
河　堤 4,572M

防波堤 5,468M　　抛石堤 14,438M
沉箱堤 3,249M　　防波堤 2,219M
抛石堤 2,219M　　海　堤 7,647M
　　　　　　　　河　堤 4,572M

六輕廠區外廊堤防總圖

總長度 17687M

■ 圖 26　六輕廠區外廊堤防

C. 航道迴砂淤積浚挖探討（航道水深之維護）

　　民國 87 年底抽砂工程完成後，麥寮港航道於 89 年 6 月～91 年中航道迴砂淤積影響 VLCC 承載原油量，由 26 萬噸減載為 22.3 萬噸,營建單位及台塑所屬港口公司多次在工程會提出報告，須再引進歐洲自航式抽砂每 M^3 62 元，再以原使用定點抽砂船排放至 6～7 公里距離之新興工業區，共每 M^3 須 134 元。為此總座（創辦人王永在先生）經常在辦公室找我談論此事，這是 "頭痛 "的事情，2 年時間就淤積 250 萬 M^3，影響至鉅，這個航道為能使 28 萬噸大型原油輪正常進出，則須列為經常維護之浚挖工程。如果每次由歐洲引進須一筆龐大支出，以 250 萬 M^3 則須 3 億餘元。

自航式抽砂船進行評估購買

(1) 當時 91 年中總座對於航道浚挖的事情相當重視，又如何能維持航道之暢通，經瞭解原來定點式抽砂船之實際狀況外，東怡及友力亦無經驗，仍可完成任務，本企業唯如何取得自航式浚挖船，當時我已負責台塑海運之營運，對於業界「台灣航運公司」也有浚挖船之業務有所瞭解，無論定點式抽砂船（無動力）或自航式抽砂船（與一艘船隻同），有此工具配上船員即可運作，在此條件下，總座交代購買自航式抽砂船，由採購進行詢價作業，日本 IHI 等報價新造船，每艘約 20 億～22 億日圓折約 1,650 萬美元（未議價），歐洲約在 1,350 萬歐元約 1,650 萬美元～1,750 萬美元，但交期約 2～3 年無法配合，中古船難找，在那時候透過國際性海事工程廠家查詢，剛好有一艘香港船東正在大陸中山執行抽砂工作，未避免曝光，我與桑輪機長即刻前往勘查，而這艘自航式挖泥船操作條件，主機裝置執行時速 6-7 節抽砂能力，每小時可抽多少，如 3,000 M^3 含砂量 24%，每小時可抽砂量 720 M^3，船艙承載能力 2000 M^3（約 3,420 噸），雖然這艘船抽砂能力及觸底深度僅 22M 仍不足，但相當實用，一艘 9 年中古自航抽砂船，價格低僅 188 萬美元，經呈報兩位創辦人後，即辦理訂購手續。

(2) 被密告為大陸製造不准進口
於 91 年 7 月 23 日完成交易手續後，即以購入此船各項文件，依照正常程序辦理進口手續，7/26 收到交通部基隆港務局覆函，同意「麥寮 501 號」認定基隆港為船籍港，經營麥寮港

區航道及碼頭浚深業務。隨即安排船舶驗船及安排招募船員上船，準備試航前工作。於 7/31 收到高雄港務局發給之「中華民國臨時船舶證書」及「台灣中國驗船中心之船級證書」，本來預定 8/2 上午結關下午放行可開往麥寮港進行作業。未料於 91 年 8 月 2 日上午 11 時突然接獲代理行來電稱：海關將上船查船。一直到下午四時才透露說「有人向台北海關總局舉報該輪為大陸製造」，依法高雄海關必須慎重查驗處理，暫時不得辦理結關手續。

(3) 高雄海關仍堅持認定為大陸製造

自 8 月 5 日海運部桑輪機長即攜帶交通部核准函，臨時國籍證書及該輪交易相關文件，由關務及代理行陪同赴高雄關稅局向有關經辦人員說明本公司購輪經過及相關文件，證明我方購入時出廠證明為香港建造，爾後多次經再三與熟知海關作業之人員檢討法規，因中間曾於上海改裝之動作，海關仍認定為大陸產品應予科罰，故擬以認定前申請退關較可行，遂於呈准後向海關提出申請書，申請退運，但高雄關仍再次上船查驗，仍無所獲，而我方也去函中國驗船協會及原製造時審圖單位，法國驗船協會要協助調查該輪製造廠及改裝過程。亦透過南亞吳嘉昭協理與總局交涉能儘早同意退運。但高雄海關將認定該輪為大陸建造，將逕予議處。我方將委託中國驗船中心查證之覆函向高雄海關陳情，表明該輪為香港建造，雖曾至上海改裝，但購入時確實不知有大陸改裝之紀錄，仍陳情准予辦理退運，總局亦希望我方維持退運之意願，於 9/6 高雄擬覆文呈報台北海關總局。但於 9/6 高雄海關正式

來函，仍稱該輪產地應爲中國大陸與原申報香港不符，而我方以不知情爲由申請退運，高雄局在執行上尚有疑義，已報請上級核示。高雄關如此處理方式，最後還是堅持其「自主性認定」。

(4) 向總局再次申訴、放行執行任務

海關總局體恤民營企業之用心努力，再次聽取本公司說明交易經過，總局亦瞭解對我方之實情，會加以考慮，並建議本公司需保留權利，原則上國貿局在不影響國防安全及民生物資等因素可專案核准進口，在此原則下認爲以退運再專案申請進口爲妥，或退運後以權宜國藉船由我方以承租方式處理。自 91 年 9 月中起與海關總局交涉經數月不斷瞭解、檢討，總局並請數拾名學者專家討論，最後總局於 11/7 裁決，可辦結關手續，則「501」抽砂船可駛往麥寮港執行抽砂浚挖工作。

這次有人密告事件，由以上處理經過瞭解，因此艘抽砂船曾在上海改裝過，高雄海關經辦自主性認定爲大陸製造，未免過於主觀給人懷疑有刁難之嫌。

因麥寮港航道浚挖工程於 91 年 6 月就已計劃考慮由外商承攬，已報價在案，但因買船事實，所以營建及港口公司遲遲未提出發包，致因該抽砂船被高雄海關扣船。於 91 年 9 月這段時間，爲了這艘抽砂船陷於困境，而台塑港口公司卻在 10/3 提出須由外商承攬之簽呈，總座即再找我商談此事，我向總座報告目前在總局處理中，最後如上述所提於 11/7 放行，11/中試航浚挖後，總座於 11/18 批示「請暫緩」，這一批 92-94 年承載量 26 萬船由 91 年

平均每船 224,380T 提高至平均 256,850T 最大 270,607T，總共增加載貨量 1,386,475 噸，節省運費 1,286 萬美元（折台幣 3.85 億元）。3 年抽砂量 5,253,128 M^3，自抽與外包比較，可節省支出 4.32 億元(134–51.65)×抽砂量。

(5) 第一艘自航式抽砂船（501 號）自 91 年 10 月吃水深 18～19M，28 噸級僅能載 22.4 萬噸，經過 3 年時間此艘船已浚挖到吃水深 21M～22.5M，則 VLCC 可載 26 萬噸，浚挖能力僅限於 22M 水深，此艘船爾後浚挖效率就逐漸減少。對主航道及港內須浚挖至 24M。

(6) 總座再交代再購 1 艘可浚挖至 24M 深，自航式抽砂船經詢價，有一艘 1996 年在荷蘭建造，吸耙長度可以浚挖至水深 30M，經前往西班牙之巴塞隆納港實地瞭解操作情形，該輪具有航行抽砂及定點抽砂雙重功能，而自航式抽砂能力比現有「501 自航式抽砂船」效率高出約 2 倍，定點式抽砂能力與原造陸用「塑化一號」相當。兩艘大約同時建造出廠，當時新造價格 1350 萬歐元折約 1650 萬美元,比當時東怡所購 1800 萬美元低 150 萬美元，又有動力可航行與無動力不可航行之價差約有 25%，可見當時未透過採購部正常詢議價易造成懸殊價差，難怪外界對此案件議論紛紛說：名義上是"東怡"買，但因有財務上問題實質上不是"東怡"所買，故才有回扣之傳聞」。第二艘自航式抽砂船於 95 年～96 年共抽砂量 462 萬 M^3，加上第一艘抽砂量 779 萬 M^3 共 1,241 萬 M^3，5 年浚挖支出可省 10 多億元，這次執著追求事理之精神，總

座認為是「對」的事情就大膽去做，這也是創辦人成功之所在。

以上了解為航運疏濬淤砂，總座（王永在創辦人）交代自購自航式抽砂船，為何阻礙力又那麼大？最後的「堅持」總座說「對的事就去做」，才擺脫工程單位向外發包之申請。後來 91 年將航道 18.4M 深度，至 96 年底共濬挖 1,241.6 萬 M³，濬到深度 21M，自抽比外包節省約 10 億元，VLCC28 萬噸大型原油輪載貨是由 22.3 萬噸提高至 26.5 萬噸，5 年來運費節省約 3,560 萬餘美元。這是事實吧！

後續購船抽砂－執行效果不彰

爾後於 97 年 1 月總裁在工程會決議航道淤砂須於年底一次性濬挖完成，故港口公司建議委外或購入一艘 4,000M³ 抽砂船來完成。後來由「塑化蘇總」主導購船事宜，雖然副總裁指示自有抽砂船應以本企業抽砂工作為首要，但屬「蘇總督導」之港口公司已發包由外商進入港域執行抽砂工作，而禁止海運抽砂船繼續抽砂作業。海運公司當時購置抽砂船之目的在於航道積砂濬挖維護工作，90 年至 91 年航道積砂嚴重水深淤積至 18.4M，VLCC 僅載 22.3 萬噸進港，當時如由外船承包，每次須加計動員費，折每立方米 134 元，為能保持航道需要水深且又能節省開支，故台塑海運自購自航式抽砂船，作為航道水深維護，5 年來所濬挖水深及承運量如上述之成果，但有感要達到 30 萬噸油輪可滿載之水深須濬挖至 22.5M 時效較慢。經檢討以當時自航式抽砂船麥寮 504，2 年來實際濬挖平均年約 230 萬 M³ 之實力，可與定點式抽砂船搭配執行濬挖並拋砂於工業局指定之南碼頭預定地附近陸

上及灰塘 3，航道淤砂依營建部所提報航道易淤積現象之海流漂砂，模擬並依實際抽砂經驗航道南側淤積最為嚴重，故擬初期安排麥寮 504 抽砂船浚挖航道南側至 22.5M 深淤積量約 126 萬 M^3，經麥寮 502 二次抽拋成本每立方米 87.7 元為前外包報價 134 元之 65.4%，並可於當年 11 月底前到達水深 22.5M 使 30 萬噸 VLCC 能乘載 28.5 萬噸進港，以上為本公司之建議。

但仍不被採納，爾後於 97 年 5 月「塑化蘇總」以 6 億元自行購船疏濬 1 年約 180 萬 M^3 之淤砂量。自 2008 年塑化工務單位接辦抽砂工作，以海運公司 VLCC 28 萬噸承載量計算，2008 年～2010 年平均每艘貨載運量 257,762 噸仍比海運公司執行時平均約 260,000 噸為低。自 2011 年開始海運 VLCC 改以 30 萬噸營運陸續交船，至 2013 年平均每航次載運量 274,482 噸，此載重噸吃水深與 28 萬噸可載 265,000 噸之吃水深 20.5M 左右是略同的。「塑化蘇總」所購這艘抽砂船不知何故於 2014 年又停止作業準備出售，至此自行抽砂工作中告一段落，這 6 年來為了航道維護而支出一艘 6 億的抽砂船中間仍有委外前來作業的發包費用。最近海運那艘可用的抽砂船也出售虧損 151 萬美元，對企業而言損失一筆可觀的數字，對抽砂之事宜前後推測，是不是給外包廠商處理比較省事嗎？

D. 船靠碼頭之建造

    (a) 首先建立重件碼頭，由大型設備及外購進口設備及材料能由此碼頭辦理登岸。

    (b) 港地挖深 24M，大型油輪於西碼頭延伸棧橋可停靠 30 萬噸油輪，比中油以浮筒方式卸油成本較經濟。

(c) 卸煤碼頭建造於東碼頭與圓形煤倉銜接，考量麥寮工業區煤炭用量 1400 萬噸，須用東三～七碼頭由 20 萬噸散裝船以卸煤機經輸送設備輸送至煤倉與台中電廠，以 Panamax 散裝船卸煤比較每噸運費相差 2～4 美元/噸，對麥寮港以深水港而言每年可省約 5000 萬美元折台幣 15 億元，碼頭建造成本約年餘可回收。

(d) 油品、化學品輸出其碼頭仍以較大型 MR5 萬噸油化船設計建造碼頭。

(2) 營建工程

六輕工程之建構首先須整地，需要土方壓夯實排水工程，施工分大、中、小排，其工程發包係由與地方接觸之公關人員安排由誰來承攬，由營建部門直接簽呈層峯核准分配，所遇的問題如下說明：

A. 土方及排水工程

營建工程：（土方處理、排水工程、組合屋，及麥寮三期員工宿舍工程）建廠初期部份營建工程，如大量「土方」處理、排水工程及組合屋等均由營建部門預算編立後，以預算簽辦由地方人士處理，但進行中排水工程有部份廠商能力不足，致使品質不良，進度緩慢，即以改包。另「土方」就是由卡車將甲方移到乙方距離計價，在擴建時此案係由公關單位或主導營建簽辦層峰核准，由特定對象承攬，此類案件甚多，因價格估算比如 4～5 公里距離每 M^3 須 75 元，拿到此承攬書之地方人士可轉包 2～3 手，以 10 萬 M^3 計算每手可淨賺百萬元，導致部份地方人士前來向總座爭取此工程，造成總座困擾，為此總座與我洽談此事，為何會這樣，我即報告可以直接發包公開競標，由實際作業包商承攬，每 M^3 僅 25 元，此工程就差 2 億餘元，除差異金額，另外其他項目亦如此辦理者，易造成影響正常發包及採購制度之運作。

B. 混凝土用水泥採購

六輕用混凝土其用量之龐大又確保品質，則總座交代自設混凝土場，砂、石以長期合約方式詢價確保數量及品質，而水泥也不例外，但供應對象不是國內大水泥廠，台泥、亞泥等，係由東帝士系統"東宇"在台中港設水泥槽，向外進口水泥，經與國內製造商比較其價格還便宜，當時我與總座檢討，我們可自行辦理進口，首先以太空袋包裝每包 1.5 噸送到麥寮港之價格 1,317 元/噸，加上貨物稅等 640 元/噸加上其他費用每噸超過2,000 元，與「東宇」供應價格（原 2,160 元/噸再降為 2,040 元）相當，審核單位建議是否要進口？最後再與總座檢討，「東宇」能我們為何不能，經瞭解水泥市況，即建議在麥寮港碼頭邊建立 2 座 15,000 噸水泥儲槽，即以散裝方式船運，辦理國內外詢議價，亞泥（遠東系統）每噸 800 元到岸價，加上貨物稅等費用每噸為 1,264 元比「東宇」2,000 元低 736 元/噸，自 88 年後續購入 68 萬噸，價差有 5 億元，扣除投資 1 億元還有相當利益，如果自始而為者，可節省 10 多億元建造成本，這就是本企業"追根究底"之精神。

C. 基樁採購－地質改良（如圖 25）

民國 84 年 7 月廠地工程（基礎營建工程）開始動工：

(a) 廠地夯實，另地質改良由台塑重工負責施工，進行中遇到日本關西大地震，總座相當重視即交代全面地質改良提高防震強度係數。

(b) 工地打樁以 50Q 及 60Q，工程由營建負責管理，起先由發包廠商連帶打樁機及錐頭，但因各公司同時均有工廠建設，為進度趕工，打樁機不足部份，總座在工程會時馬上指示緊急向英國及日本購入以備打樁。但 PC 樁需求急，全省基樁商且聯合漲價以 60CM - 900 元/M，陸續調價，最後要調漲 1,380 元/M，為此，我當時為大陸煤採購事宜經常到

大陸洽商之緣故，即以進口大陸基樁，此項當時管制進口，須向國貿局及工業局申請進口，因製品公會反對台塑企業引進大陸基樁進口，在此狀況下，工業局及國貿局請我方與工會開協調會，由採購部與營建部派員參與說明，在開會前一天工會副理事長為 12 家供應商代表前來採購部與我洽談，當時朱金池在場，廠商堅持漲價，又言當時國內 6 年國建重大工程進行，會不足供應六輕工地需用量，在當時民國 85 年上半年各公司全面展開趕打樁工程，我認為該製品全台供商無法增加本企業所需，又不讓我們進口，太無道理，但我方仍堅持強硬態度，希望對方能諒解，在雙方洽談約 2-3 小時後，對方稍能理解，而結束這場談判。

隔天，依工業局及國貿局約定協調會前往，原據說營建部林經理與當時蘇特助一同參與。我即告知朱金池若到工業局，情況如何再電話通知，朱君即告知他們兩位沒來，又工業局希望我們直接與工會洽談，則我準備前往，稍後朱君再來通話說；前來談判者是昨天到你辦公室那一位。公會副理事長知道我要前往，即告知朱金池說：不用來，就由你們進口吧。

此事件個人感受主管機關如此不擔當的態度對重大建設經濟發展之認知。對本案雖然大陸基樁價格每 M 較低 230 元約進口 100 萬 M，但品質較佳而不致使工程延誤半年，後續國內供應廠商有所認知，陸續將價格調低每 M 平均約 1,050 元。此事件，總座認為如此重大工程用量總共 877 萬 M 之多，事前應規劃由重工或專門部門設基樁廠（因六輕混凝土場亦由本企業自設供應）。

(3) 整廠工程統包模式

麥寮工業區六輕自 84 年中開始建造第一期於 87 年中為配合原料輸送同一時間 5 個產品製造工廠需完工投產,第二期於 87 年底有 9 個廠須完工,在短短 3 年時間從一片汪洋的砂灘地,雖然抽砂造陸,但需地質改良,並於壓重設備之所在,需打基樁等,又要同時施工,部分需同時完工,各項發包工作不能比照以往台塑企業發包作業,即以整廠統包方式辦理詢議價,大型設備由採購辦理向外訂購,如氣體壓縮機(乙烯、丙烯、丁二烯等)、冷凍設備、反應器、製粒機、乾燥機、切粒機等製程設備,另 EG 工程之氧氣工廠以整廠設備採購,仍由歐、日有名廠家競標,有比價才能得到更合理價位。則廠內設備安裝、電儀配線、配管及鋼構管架、保溫及基設等工程均由統包商負責並帶料及設計。為能確保施工品質、安全及時效,則須選擇國際化大包商參與競標。一～四期案例說明如下:整廠統包工程:(OL/1、OL/2 比較 AROMA/1、AROMA/2)

以統包及局部統包之方式統籌規劃發包,交有能力設計及施工之廠商統一規劃承作,大幅減少工程發包工作量,且由有能力之國際廠商,引進外勞參與競標,除可確保建廠順利進行外,並因競爭而大幅降低建廠成本,另統包亦因發包採購合併使統包作業發揮更大機能,合併前採購辦理僅能針對各家所報籠統之價格進行議價,但合併後可參照發包方式就工程內容數量進行統包內容之資料分析,評估其合理性;如輕油裂解廠二期及芳香烴廠二期與第一期比較均有相當大差異,後續之工程如煉油廠及其他統包工程亦因有其他前來有能力之競爭廠商參與均發揮相當大效果。

A. OL-1 發包在總座未參與第一線執行前係以專案呈准由「三星」統包（22.4 億），OL-2「三星」報價 39.5 億、「中鼎」報價為 40.89 億，當時由台塑公司辦理認為依產能比率分析建造費用 OL-2 為 OL-1 的 1.4 倍（約 31.1 億出價），但烯烴廠第二套 OL-2 係由採購、發包辦理，依經驗估算經與總座檢討後，以 25 億向「三星」力議，最後降為 27.25 億，實際決包金額為 OL-1 的 1.216 倍較概算低 3.85 億（–12.38%）。以預估總人月換算一年工資產值，OL/2 為 872,039 元比 OL/1 之 1,209,613 元低 28%。

B. AROMA 一期由「大林」承包，金額 12.1 億元，二期由「信和」提出 12.65 億元擬承包，但因財務問題未能履約；台化以 17 億洽議「大林」，經採購部議價後「大林」以 13 億決包。以預估總人月換算每人一年工資產值 AR/2：661,017 元比 AR/1：955,837 元少 30%。

C. 煉製組 RCC、ARDS 統包工程，原「三星」、「大林」、「信和」及「中鼎」報價，「三星」1.49 億美元；其他 1.65～1.97 億美元，議價中「信和」提前降為 1.25 億美元，其他如「三星」1.34 億美元，「中鼎」1.38 億美元，後與「信和」檢討內容確定期洽定後，「中鼎」及「三星」再降為 1.274 億美元及 1.245 億美元，議後為能確保時效等，仍決定「中鼎」以 7,800 萬美元承包 RCC，「大林」以 4,700 萬美元承包 ARDS，合計共 1.25 億美元，較「三星」1.34 億美元少 900 萬美元，以匯率 US：NT=1：28 計算折台幣 252,000 仟元。本案在競標議價階段，現在塑化王董事長大力支持下促成競爭，但於決購時，韓國「信和」因金融危機財務問題，我方為

確保時效，仍決定改由中鼎、大林、三星承攬。另 CDU、VDU 原預算 8,800 萬美元，「三星」議價後降至 8,000 萬美元，減少 800 萬美元以匯率 US：NT=1：27.5 計算折合台幣 220,000 仟元。以預估總人月換算每人 1 年工資產值為 890,232 元與 OL/2 及國內包商之產值相當。由本次麥寮擴建工程發包作業中瞭解，在公平、公開之制度下，原僅外商三星、大林及國內中鼎三家參與外，中間及引進外商多家如信和、永信、韓進等，並開發國內聯鋼、萬機、康全等廠商參與競標，完成單一廠工程統包工作，如 PVC、VCM、HDPE、LLDPE 及 EVA，進而培養出國內統包工程經驗之廠商，對麥寮六輕後續單一廠擴建如台化 PC 廠等有幫助。

(4) 管架及廠房鋼構發包方式－單項工程統包模式

麥寮工業區六輕各廠各石化廠建造由上游煉油廠→烯烴廠→中間原料→各種塑膠製品（如 PVC 粉、PE 粒、PP 粒、ABS 及 BS 粒），其自原油進口產製各油品及輕油輸送至裂解廠，生產乙烯、丙烯及芳香烴各項原料，均係以管路輸送，則需有管架承載，分為①麥寮區公共管架、②海豐區公共管架、③煉油區公共管架。又電廠所用煤均由碼頭直接卸至煤倉，再輸送至各電廠及汽電共生廠，均以輸送設備運作，鋼架數量龐大，另廠房部分，石化廠之製程係以鋼構建造。台塑企業以往石化廠之擴建僅單一廠，分為營建廠房鋼構與承載機械設備製程鋼構：

(a) 鋼構發包工作以往係由工程部門依供料與製作裝配之工資分開辦理採購與發包，如此做法每個工程不大，其投資金額不

大且供料之 H 型鋼以往國內無產製，均需向國外採購，這種小工程大廠商如中鋼構、聯鋼、春源等意願不大。

(b) 六輕剛開始已有部分工程，前已備料則依以往方式辦理發包對象為三和、合榮組等施工廠商，各公司均有如 PTA、IEM、EXPOY、汽電共生汽機廠房鋼構及 DOP 鋼油在六輕麥寮，雖然由本企業供料，但氣候問題製作後需鍍鋅，五道漆等不同條件，在檢討會時常提出，在鍍鋅廠找不到料等等問題，我方工程人員又要參與管理，成本又高。

(c) 採購在工程未進行前，事前瞭解 H 型鋼之用量，以往與日本新日鐵有長期合約之關係，即與對方洽商供應價格之事宜，每噸到港價 415 美元加上關稅及雜費，每噸約 13,500 元以上，但是逢六輕工程建設前國內已有兩家製造 H 型鋼廠商，剛開始，台灣亦由第三國家（如東歐）輸入競爭，國內製造廠商每噸約 10,800 元仍具有競爭力，因六輕工程有公共管架、製造鋼構，數座同時施工，固可改由廠商帶料（因料源在國內取得方便，又不積壓資金）施工，從製作油漆、鍍鋅施工的安裝，一元化均由包商辦理，減少搬來搬去，又形成較大金額案件已吸引國內較具規模具有品質水準之廠商參與競標（如中鋼構、聯鋼、春源、長榮重工，包括料廠東和）。

(d) 六輕管架及製程鋼構及運送鋼架，總共 H 型鋼用量約 680,000 噸，除免進口以外，國內大型鋼構公司之 H 型鋼，當然取之國內製造廠，為長期能穩定銷售，其銷售量多少有其獎勵辦法，如此本企業六輕之鋼架由大型公司製作油漆或鍍鋅至現

場安裝等一元化，因量大故管架及鋼構每噸完成金額比以往本企業供料發包小廠商施工方式價格為廉，如海豐區管架原南亞以 33.5 元/Kg 交「博愛」施工但採購發包加詢「聯鋼」、「春源」等專業大廠，以 31.2 元/Kg 分包趕工，另一例 PTA 製程鋼構原供料以發包施工每噸 36,020 元，又因負荷問題，原廠無法配合所需，最後加詢聯鋼等由聯鋼以 33.2 元/Kg 得標比原包商–2.8 元/Kg，六輕 68 萬噸鋼架，每噸低 2 元者，就節省 13.6 億。

在六輕工地每一單項工程對以往企業擴建都沒有如此龐大，各期建廠須同一時間完成，工程量及金額如依以往發包方式作業，須有多大人力，各項零零散散之配件、料須採購，經本次經驗，原先仍由以往配合之施工廠商承攬工程，最後因人力、物力等無法配合時效造成改包的命運。則本企業採專業統包方式辦理，對原案發包僅施工之案件如 PVC、VCM、IEM 等改包，如此對煤輸送鋼架及各廠管架等發揮相當效果。

■ (七) 建構麥寮六輕電廠－採購實力展現

(1) 麥寮工業區（六輕）設立 7 套 IPP 發電廠，每套發電量 60 萬 KW，七套總共 4,200,000KW，1 年均可發電 330 億度占台電總使用量（售量）2230 億度 15%。私營電廠係龐大電量投資金額相當驚人，若以以往建電廠之數據參考打 9 折 1,000 美元/KW 亦需 42 億美元約折台幣 1260 億元，就佔全部六輕建廠金額的四分之一。所以要如何取得合理投資金額，這是投資者重要課題。對於這項六輕電廠

擴建每套 60 萬 KW 之品質等級屬於超臨界，技術品質要求甚高，主設備所詢對象均為世界馳名又有實績廠家，各家均有意參與競標。

(2) 鍋爐及渦輪發電機之採購有所比較，但這次擴建主導單位「台塑」起先鍋爐及渦輪發電機由陳經理未經採購部門以簽呈分別向三菱訂購 4 套鍋爐，每套 3,625 萬美元，另向富士電機以每 KW60 美元訂購 4 套渦輪發電機，也因此對歐美競爭廠家不滿，而鍋爐廠家 ABB 又是以台塑重工有合作關係，台塑重工對鍋爐製作有相當瞭解，對於三菱設計體積較小，認為 ABB 設計較大運轉時較穩固。確保運轉之效能，麥寮電廠部分向 ABB 訂購 2 套鍋爐及后石 2 套，每套 3,475.75 萬美元比三菱略低，爾後三菱鍋爐試車時也因管排問題，材質不符有破裂，重新向法國訂管排再改造，均由三菱負責處理更換，顯示總座在六輕擴建對設備、材料及工程品質之要求是如何重視，不能馬虎。六輕發電廠鍋爐之建造在總座不斷開會檢討解決三菱鍋爐品質問題後來為能確保品質並於后石電廠再追購，向三菱不同製造廠訂 4 套每套 3,423 萬美元，ABB 4 套，鍋爐每套 2,954.375 萬美元，致使節省后石電廠之建造成本之一。另渦輪發電機部分 ABB 歐洲瑞士生產，市場實用實績佳，每 KW 提出 50 美元，但三菱參與競標意願大，最後董座、總座裁決向三菱訂購，含后石電廠共 8 套，平均每 KW45 美元。為此對原工程部門簽呈訂購之 4 套富士電機之渦輪發電機每 KW60 美元偏高甚多，經呈報最後董座交代再與富士洽議，因富士與本企業長期之商誼，最後在交易各案折扣索回共 2,090 萬美元，並再提供 4 套每 KW40 美元之每套 60 萬 KW 渦輪發電機供我方。

(3) 獨家承攬－報價高，後來也有幾個專案亦由日本廠家一家統籌承攬，如鍋爐安裝工程、輸煤設備等工程及材料費用與自行分包承製，價差其大，下列說明：

A. IPP 1,950T/HR×5 台鍋爐安裝工程：

本案工作項目有鍋爐本體、風煙道、鍋爐本體保溫、主蒸汽及管支撐、磨煤機、飼煤機及粉煤管、但經電廠工程單位詢議價後，擬向日本一家廠商以 17.9 億元統籌承攬 5 台份鍋爐安裝工程。經向總座呈報後，總座即找我到辦公室，檢討本案來龍去脈及內容，並稱這五項工作項目均有獨立不同專業，我對此案之觀感，認為不具競爭則總座即交代分案詢價，經分案辦理詢議價後，在當時廠商負荷低對六輕之工程都想要爭取，最後分五案經競標後總計 5 台份之鍋爐安裝工程費用不超過 11 億元，相差約 7 億元。

B. 另一案發電廠輸煤設備：

原由三菱報"日本輸送設備會社"以鋼構為基礎計價 15,476 噸之用量，包括輸送皮帶、渦輪驅動馬達及密封式裝置等整套輸送系統，其報價美金部分 6,157.3 萬美元加上 15.98 億台幣總共須 35.68 億元，經分項檢討認為價格偏高甚多，但總座交辦分包詢價，如鋼構歸鋼構廠商，輸送皮帶亦由多家專業廠商報價，等最後分包決購以 29,002 噸之鋼構數量為基礎計價，總價為 25.48 億元，每噸 87.866 元相差 2.6 倍。

(4) 指定廠牌議價困難－開發競爭對手促成競爭

採購詢價後經擴建部門規格評估，有偏好某家之設計規格，採購議價時困難重重，沒有降幅之意願，如下例：

A.　**IPP 發電廠脫硝設備之採購案：**

　　麥寮電廠 SCR 脫硝設備原發電廠評估以「三菱」較「BHK」所報效率為高且觸媒消耗少並稱 BHK 所用觸媒需每三年一換，如購買 5 套二年即差美元 747.6 萬元，雖價格經「三菱」出報價 4,625 萬美元降為 3,600 萬而 BHK 由 3,450 萬降為 2,800 萬美元，但事業部門仍以觸媒耗用較少為由，認為向「三菱」訂購仍有利，但為能讓有實力之廠商均能參與競爭，經本部再與 BHK 確認，廠商表示計算基礎有出入，保證觸媒前九年並不需要更換，若需補充，並由其負責，故反以 BHK 較有利，三菱事後再降至 2,600 萬美元，發電廠陳運順堅持向三菱訂購，在此狀況下最後在董座辦公室當場裁決堅守公平原則，最後經董座核准以 2,400 萬美元由 BHK 得標。本案顯示身為採購人員再洽議時，仍有比較到最後比出高低後再考慮效率問題，再由本案得知遇有問題或廠商反應不解者須鍥而不捨，追根究底，實事求是精神使事盡美。

B.　**IPP 發電廠靜電集塵設備(EP)採購案：**

　　進口部分原工程部門原屬意「三菱」，因「三菱」輸灰系統為空氣滑動式，另一家 ABB 為濃式空輸系統，不同設計，則 EP 在兩家競爭下價格分別由 4,000 萬美元及 3,740 萬美元 5 套份降為同價 2,450 萬美元，1 套價差 1,806 萬美元，最後以 ABB 系統實績較佳，決由 ABB 承攬。

C.　**345KV 高壓輸配線：**

　　兩條路線：中寮及民雄，其中鐵塔鋼架及碍子等以往台灣均以日本製造為主，但價格高，議降有限，及以韓國現代洽詢鋼架，價低約 3 成，而價差最大的是碍子，日本是以陶瓷製造，但經實地瞭解（前跟隨總座前往歐洲時瞭解）很多以玻璃製造其價格約日本陶瓷之 2 成。本案經向董座呈報，董座認為玻璃

是絕緣體，為何不能用，後董座、總座大力支持下單這一項碡子及鋼架，兩條線就差 12 億元。

(5) 提供公平、公正之競爭平台－展現採購實力：經前面所述對於 IPP 發電廠採購案件作業困難重重，但為做好採購之責任並有牽制作用，所幸經兩位創辦人支持，而擔當擴建工程之技術主持者，也持續不久而離開企業，相繼由南亞及最後台化工務主管擔任，也因此後續各大案件均能以市場機制競標，各廠家沒有壓制的情境下相繼降價，欲取得訂單其降幅之大，也是我擔任採購以來所罕見。如 345 高壓變電站之採購案，世界馳名廠家均參與，如西門子、ABB、TOSHIBA、日立、三菱分工期競標，各家自報價到決標降價幅度 30%～47%，甚至在不分高下狀況下採當場開標，西門子得標，另一案住友代理東芝廠牌得標，其他附屬設備如下：

項目	報價（萬美元）	決購（萬美元）	降幅比例
變電站(1)	13,360.0	8,500.0	-37.5%
變電站(2)	4,495.0	2,929.5	-35.0%
D.C.S.	1,678.0	800.0	-52.0%
海水泵	2,100.0	1,600.0	-24.0%
重油發電機	1,485.0	1,036.0	-30.3%
冷凝器	4,260.0	2,941.0	-31.0%
冷凝水系統	780.0	411.5	-48.0%
風車	2,735.7	1,939.6	-31.4%
給水泵	1,160.6	595.0	-49.4%
吹灰器	739.2	361.2	-51.2%
海水電解力泵	415.0	300.2	-28.0%
海水系統	774.3	475.0	-40.0%
渦輪機(1)	1,428.0	850.0	-41.0%
渦輪機(2)	1,634.0	929.9	-36.6%
配管(1)	445.2	200.9	-53.6%
配管(2)	553.9	269.0	-51.4%
總計	38,043.9	24,138.8	-36.6%

　　以上大型附屬設備及配管為例採購案，經公平競爭後平均降低 36.6%，加上碼頭及卸煤設備、輸煤設備、345KV 高壓線兩條到民雄及中寮，以及前述所提主機等設備之採購發包每 KW 建造成本能取得約 600 美元，全球最低。除麥寮電廠全體同仁之努力及重工參與外，最重要董座、總座親自參與規則、每套設備採購之指導，在建廠期間總座為求合理公平，並能建造超臨界高品質之 IPP 電廠，隨時督導進度，投入精神心血不在話下。大陸后石電廠又在董座指導下，交代本人依麥寮電廠每套設備所採購之價格依追加方式向原廠商洽議約 –10%～–20%，若未降者，再找第二家洽議，如此作法時效快，各項工程發包在地（大陸）包商當時經濟剛開始發展階段，相繼爭取工程而競標，則后石電廠建造成本每 KW 約 500 美元，比大陸其他電廠每 KW 約 800～900 美元為低，香港亦需要約 1000 美元，而日本約麥寮 3 倍以上。台灣部分，有感「台電前總經理於 2012 年 4 月 23 日在自由時報刊載台電各項成本取得之報導」，其中該前總經理表示主張民間蓋電廠快又便宜，應由民間接手新擴建計畫，台電再轉向民間購電，則台電每年折舊與利息支出至少可省 100 億元」。由此得知台灣部分每 KW 亦需 1200 美元以上，台塑企業麥寮電廠建造成本可說是世界最低，這就是台塑企業競爭力之一採購文化實務經驗之展現實力。

與總座歐洲之行

參觀瑞士 ABB 渦輪機製造廠，本次歐洲之行由總座及夫人及李志村先生、蕭吉雄先生、吳國雄先生、楊鴻志先生及本人由代理商朱先生引導一行 8 人，先到德國之後到瑞士蘇黎士參訪 ABB 渦輪機廠，在世界同業有先進技術一套 60 萬 KW，市場實績佳，要做意願大，提出每 KW50 美元，比已以簽呈呈准向富士訂購每 KW60 美元一台差 600萬美元共四台差 2400 萬美元，因有部分以日幣訂購因有匯率差，故共索回 2090 萬美元，經此變化後，三菱參與競標意願大，提出每 KW45美元共 8 台供本企業電廠，最後富士再提供 4 台每 KW40 美元，總共960 萬 KW 每 KW 差 10 美元將進億美元價差。另一項就是 345KV 高壓配線用碍子，台電用的是日本系統陶瓷製造，但經這次到德國時延路用，大多數為玻璃製造，此項碍子就省數億元，這一趟遠行收穫還不小。

■ 1999.9.7 蘇黎士

■ 蘇黎士

■ 瑞士 ABB 渦輪機製造廠

總座執行力之展現

麥寮六輕建廠由以上所述瞭解，初期規劃建造由六輕工程推行小組由台塑王副董及南亞王文洋協理主持會議，各項工程發包對象、發電廠及烯烴第一期係由台塑主事單位負責，營建工程及抽砂工程以及廠區整地工程如打樁，混凝土用水泥、砂、碎石等由總管理處營建主事單位負責，建廠初期均由主事單位以簽呈方式呈准分配特定對象承攬，因未有競標而使工程進行時有所爭議推行不力，自總座踏入第一線親自主持會議，不斷檢討解決問題，以上所述各項重大案例成功之展現。

七、核心競爭力之延伸－創造台塑海運在業界地位

■ (一) 第一階段經營及首次面臨困境

王創辦人自海運籌備開始對海運抱著相當願望能創造出一片願景，當時之海運之成立出自從美國運回 EDC，但 1981 年～2000 年雖然僅 10 艘化學船，但對美灣到遠東航線已佔有一席之地。但因麥寮六輕自 1998 年初期建廠完成 PVC 擴建，EDC 免再進口，導致台塑海運運力供過於求而降價求艙量，造成連三年虧損。至 2000 年清算前，保留盈餘約 4114 萬美元，經清算還投資借款及購買經營權淨值－3,085 萬美元。於 2000 年適逢六輕工程陸續建造完成，又台塑企業麥寮工業區六輕自己有深水港，可發展大型船隻，建立多角化船運公司，為避免延虧至 91 年，經由王創辦人指派對海運有熟悉總管理處採購部楊協理擔任。

■ (二) 組織重組創新改善－油化輪

由台塑、南亞、台化、塑化、麥電等投資成外商台塑海洋投資公司，資本額 1.38 億美元（約 NTD41 億）。為擴大營運項目如原油進口須用 VLCC，電廠用煤進口須用大型散裝船（CAPE），及改善現有 10 艘化學船供過於求之困境，並擬訂各項營運策略及改變化學船經營模式。為了有效執行，重新組織設計，利用企業文化產生核心競爭力來創造價值。

1. 創意－3.5 萬噸級化學船改造為油化兩用船：

台塑海運於民國 89 年底為改善營運將 3.5 萬級化學船改造為油化兩用，為全球業界首創之第一家，當時改造之目的為：

(1) 以量制價：改造 4 艘為油化兩用船，策略性改裝油品以減少化學品可乘載量，迫使客戶同意本公司提高運價之要求，使美國到遠東航線連虧 3 年後轉虧為盈。

(2) 塑化南北油管未完成前原規劃 9,000 噸油輪運送環島品但成本高，為節省成本提供 3.5 萬噸改造後之油化兩用船承運，每噸可省 1.65 美元，由 91 年開始至 98 年共載運企業環島油品 1,691 萬噸節省運費 2,791 萬美元。

(3) 開拓遠東區油品之運輸市場。

(4) 實際營運之驗證：3.5 萬油化兩用船 4 艘～5 艘改善後創造利益，90 年承載化學品平均每日每艘賺 88 千美元，油品平均每日每艘賺 184 千美元，90 年～97 年於金融海嘯前化學品賺 105,607 千美元，油品賺 31,549 千美元，這就是以量制價並多角化運作所得到之效果，平均每年每艘營運利益 193.1 萬美元比蘇忠正經營時期最好的 1 年亦僅 133.2 萬美元。

民國 91 年 2 月事情還是甚多的，前海運蘇忠正協理因本人 89 年接海運以來為了求生存將原化學船部分改成油化兩用船，他也呈報告給董座而反對，但董座維持由我進行改善並能轉虧為盈。自 90 年起修改 3.5 萬噸化學船為油化兩用，主要市場自用 EDC 減量，為求生存而將化學船也減船隻，換句說改成運油品，以化學船減少提高運價之策略，爾後證實是對的，改油化船營運 90～98 共 7.3 年時間賺 1.667 億美元，比前 20 年所賺多 2 倍以上。

2. MR 型 4.5 萬噸級油輪開發為油化兩用船之創舉：

(1) 動機：因 3.5 萬噸級化學船改造油化兩用船後，即開始在東南亞、新加坡各地區航線運送油品，但一船僅能裝 2 萬～2.5 萬噸，而油品運送市場習慣以 MR 油輪，可載 3 萬～3.5 萬噸為一批，當時呈報董座、總座後，經檢討即以 MR 油輪詢價，比價後，以日本新來島船廠所報最低每艘 28.9 億日圓折約 2,608 萬美元購 4 艘，當時請桑輪機長與新來島檢討，以化學船改油化船之經驗，認 MR 油輪亦可改油化兩用船，即進行 3 艘改造。

(2) 向日本新來島船廠訂購首次建造首次建造 4.5 萬噸級油化兩用船，當時世界船廠 MR 型 4.5 萬噸級係以成品油輪為主，尚未有油化兩用船之建造，適逢本公司已有改造 3.5 萬噸化學船為油化兩用船之經驗，即與船廠檢討，而這家船廠也是建造 3.5 萬噸之化學船之廠家，對於化學品槽艙需用之塗料載何種貨品已有相當經驗，另加上載油品之規定由本公司提供檢討，在雙方均有經驗狀況下完成建造第 1 艘油化兩用船之創舉。造價每艘為 2,900 萬美元比原純成品油輪 2,608 萬美元約多 290 萬美元。但比 3.5 萬噸化學船可載噸增加以外，其每艘價格比 3.5 萬噸化學船低約 150 萬美元。

(3) MR 型油化兩用船營運之驗證：MR 油輪於 93 年、94 年陸續建造完成參與營運，是當時油品與化學品運費之優劣彈性調整調度運用，這 5 年來於 93 年平均每艘月利益 62.5 萬美元、94 年 66.5 萬美元、95 年 67.8 萬美元至 98 年 8 月止 MR 油化船平均每年每艘營運利益 665.8 萬美元，比 3.5 萬噸級化學船平均每艘每年 193.1 萬美元高出 3 倍以上，因此 MR 油化輪的參與營運可改變原化學船隊的體質，在這 5 年期間 MR 油化輪亦在新加坡已建立有 5 艘

承載油品實績可發展多用途油化船隊，到 98 年 8 月止原購 4 艘油化船總投資額 11,491.5 萬美元已於 3.5 年內全部回收資金，基於此，對 3.5 萬噸級化學船部份，為能彈性運用及成本之考量將全部淘汰改由 MR 油化船替代。

由以上了解當時蘇忠正來函對改裝可載油品之疑慮，由以上實際驗證，那是多餘的。營運效益 4.5 萬噸級平均 1 個月 55.2 萬美元/艘，比原 3.5 萬噸級平均 1 個月 22 萬美元/艘高約 2.5 倍。

3. 全面改用 MR 型 5 萬噸級油化船

新購 MR 型 5 萬噸級油化船 12 艘及 3 艘專屬油品輪。油化部份 9 艘替代 3.5 萬噸級及 4.5 萬噸級油化船 3 艘，另外 3 艘專屬成品油輪，而這五年來在新加坡已建有 5 艘承載油品實績，所以安排 5 艘運成品油，確保油品市場，於 98 年以後適逢金融海嘯影響，對海運業造成甚大衝擊，甚至運化學品船亦造成虧損，但對美灣至遠東之化學品運送已有 30 多年業務經驗，在營運上有多少改善，無論以噸計價或 T/C 計價均比油品運送為佳，於 101 年下半年起轉虧為盈。後市又有美國頁岩氣影響，對化學品運送市場會較以往熱絡。本企業因有油化兩用船關係，其 T/C 租金比運油為高，爾後安排 12 艘從事化學品的運載。由以上印證油化兩用船如市場變化時，較有彈性調配。

由於「塑化蘇總」對本公司新購 MR 型 15 艘 5 萬噸級油化船認為未向塑化業主詢問油品出口量，竟以最大出口量 1,008 萬噸估算，造成貨源不足？若如其所言，那運油品船豈不是要再增加 14 艘嗎？其實在規劃時了解塑化油品出口係以 FOB 為交易條件，所以更不可能依其所言！

■ (三) 多角化營運擴張－採購經驗延伸

第 1 期大型船隻擴建－防止圍標

於民國 87 年購買大型油輪 VLCC，當時報價所有有名船廠如日立造船、IHI、川崎、三菱等均由一家三菱商社退休人員主導報價（此人前台塑海運所購化學船如佐世保船廠均由他主導，爾後聽聞前台塑所購均有拿傭金之傳聞每艘約 2.30 萬美元），因而對本次擴建船隻採購係由採購部辦理詢議價，故係日本船廠以外其他如韓國有名船廠亦有詢價並報價給我方比較，當此時正在進行比價時段，台塑王副董及蘇忠正協理正與日本船廠代理人進行洽議並請董座出價，原日本船廠均報價格為 9,500 萬美元（當時匯率 125），最後經董座以日幣 95 億向三菱出價但未接受，後由王副董及蘇忠正協理與三菱商社退休人員一同拜會總座，並引進 IHI 人員願意以 95 億日圓承接。

關於本案平時我已向總座呈報，而上述人員前來總座辦公室就表示要做決定的時候，所以總座要接見前已找我在總座辦公室了解所報價情形，韓國船廠每艘約 7,200 萬美元，以日幣匯率 125 算，日幣亦需 90 億元，總座心理已有底，經與三菱等人員洽談最後破局。爾後 IHI 直接與總座洽談，IHI 石崎部長最後以 92 億日幣折美金約 7,360 萬美元承接 2 艘，爾後韓國現代又提出 1 艘 6,920 萬美元，IHI 為不讓訂單流失，願以 91 億希望我方追購。經總座交辦採購再與 IHI 洽商，再降至 89.75 億日幣，最後經再呈報總座、董座指示再與 IHI 洽議，同意88 億日幣，而再追購 2 艘，此次案例，原來經營單位與特定代理人將日本船廠鎖住（以前就是這樣），我被董座、總座任用於採購，我就不一樣。雖然這 4 艘總價差 20 億日幣約 1,600 萬美元，但後續再擴充之15 艘，是逢低價景氣，平均每艘價差仍 3 億日幣，總價差 45 億日幣。

由上述了解本案正在比價階段，為何台塑高層與蘇協理一同帶三菱退休人員前往拜訪董座、總座洽談決購事宜，經了解該報價人員且將日本有名大型船廠由該員主導共同報價，是否圍標之現象嗎？

與總座參訪韓國三星

在此須一提於民國 86 年 9 月底～10 月初與總座一同到韓國參觀三星集團，科技研究中心車廠及造船廠等在參訪到造船廠時曾與該船廠人員私下洽談 28 萬噸 VLCC 每艘約 7000 萬美元，但回台後正式請三星報價，且表示須約 8000 萬美元，總座為此極為不悅，有圍標之嫌疑，爾後 OL-2 統包案，三星報 39.5 億元，而台塑最高主管仍以 31.1 億元出價，但有感船價有圍標之嫌想起 OL-1 統包係以專案簽呈簽准由三星承造，所以 OL-2 之統包案與總座檢討後認為應以 25 億出價為宜最後取得 27.25 億元，相差 3.85 億元，這也是這趟韓國行對三星報價洽談有所感之反應吧！

■ 參觀韓國三星集團科技研究中心

■ 參訪三星之化工廠

■ 參訪後與三星人員檢討

80~102年海峽岬型散裝輪及VLCC油輪船價趨勢表

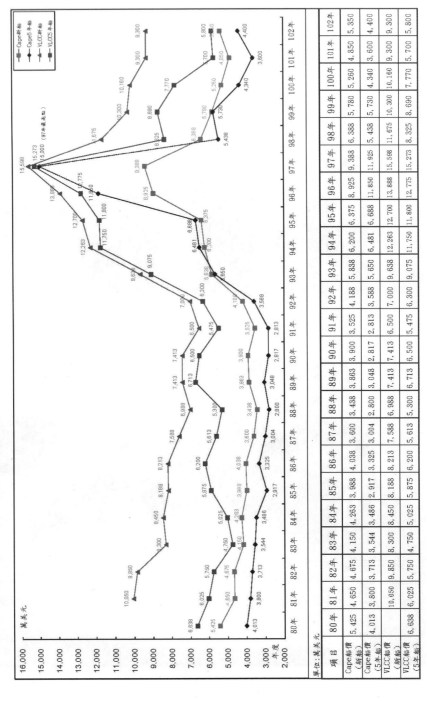

單位：萬美元

項　目	80年	81年	82年	83年	84年	85年	86年	87年	88年	89年	90年	91年	92年	93年	94年	95年	96年	97年	98年	99年	100年	101年	102年
Cape船價（新船）	5,425	4,650	4,675	4,150	4,263	3,988	4,038	3,600	3,438	3,863	3,900	3,525	4,188	5,888	6,200	6,375	8,925	9,388	6,388	5,780	5,260	4,850	5,350
Cape船價（5年船）	4,013	3,800	3,713	3,544	3,486	2,917	3,325	3,004	2,800	3,048	2,817	2,813	3,588	5,650	6,481	6,688	11,850	11,925	5,438	5,730	4,340	3,600	4,400
VLCC船價（新船）		10,050	9,850	8,300	8,450	8,188	8,213	7,588	6,988	7,413	7,413	6,500	7,000	9,638	12,263	12,700	13,888	15,598	11,675	10,300	10,160	9,300	9,300
VLCC船價（5年船）	6,638	6,025	5,750	4,750	5,025	5,875	6,200	5,613	5,300	6,713	6,500	5,475	6,300	9,075	11,750	11,800	12,775	15,273	8,325	8,690	7,770	5,700	5,800

■ (四) 採購經驗－展現買賣船之實力

1. 「依勢而為」－逢低購入，創造財富

　　第二期以後擴建係因原 3.5 萬噸級部分改為油化船營運而有好的成績驗證，於景氣低迷時為能更有創意之舉，預定提高承載量降低成本，將新造 MR 油輪改造為 MR 型（4.5 萬噸）油化兩用船及依六輕所需，視船價行情趨勢下跌則「依勢而為」，逢低購入承載輕油及大型油輪及散裝輪。（長期統計分析彙總歷年船價趨勢圖如上頁圖）2002 年為船價低點，4.5 萬噸 MR 油化船約 2900 萬美元，比 3.5 萬噸化學船還便宜；VLCC 僅 6500～7000 萬美元，為歷年來最低；CAPE 散裝也是最低點 3500 萬美元，所以依多年來採購經驗判斷，呈報創辦人購買。作業程序仍依以往督導公司方式辦理，依照採購及總經理室審核機能做牽制，不可能一手包辦。依個人經驗看法，最高主持者的操行理念有正規的心態是最重要的。

　　91 年總共購買 12 艘新船投資金額 4.96 億美元，於 2 年後交船市場價格約 7.6 億美元，價差相當大 2.64 億美元，具有競爭優勢。至金融海嘯前實際上經營利益 2.3 億又適逢大型散裝船市場急需，其 5 年中古船自 95、96 年起，有史以來漲勢驚人且比購新船約高 3 成到 6 成，所以與兩位創辦人研討過後，採不影響企業內自己營運狀況下賣船，加上售船利益 2.05 億共淨賺 4.35 億美元。

2. 逢高賣出－累積資金，擴大船隊

　　台塑海運 95 年、96 年為何賣船齡較低之新船呢？首先了解海運界賣船之習性慣例，就台灣船公司而言，依過去經驗係以船齡較舊老之船隻為處理之對象，但經與歐洲國家如希臘、德國之接觸，了解他們是將船隻視為一種商品可自由買賣，有此這方面概念，適逢市場需求相當旺盛，在不影響自運（船隻自有運企業內）為了賺取龐大資金，平時須做好市場行情包括運費、船價之趨勢分析，如 CAPE 自 2002 年 3500 萬美元後續不斷高漲至 2006 年約 6800 萬美元至 2007 年漲至 9500 萬美元，認為有史以來機會難逢，為著王創辦人王永慶先生曾向我談過有賺錢才擴建各類船種，也因為有此概念船價高漲而出售 CAPE 大型散裝輪 6 艘及 VLCC 大型油輪 4 艘等，共獲取售船利益 5 億 1168 萬美元，加上至 2008 年營運利益 7 億 5400 萬美元，總利益合計 12 億 6568 萬美元。2007 年財務結構淨值比 77.8%，此項為王創辦人所言「資產淨值」也就是股東權益有 30.5% 報酬率，總資產報酬為 22.5%，財務槓桿大於 1 為 1.36→對股東有利，且流動比率 149.6%→償債能力強，符合王創辦人所言「公司有賺錢才擴大船隊」，所以董座核准執行 5 年投資計劃。在售船當時新船交期 3 年/艘，比中古船價格約低 30% 以上，即以大型散裝輪 18 萬噸及 20.5 萬噸淘汰 17 萬噸級；而 VLCC 以 30 萬噸淘汰 28 萬噸，MR 油化輪以 5 萬噸淘汰 3.5 萬噸級，並增設小型 CAPE 及承載輕油 10 萬噸級之 LR2 船，總共 52 艘。其投資額約 32.5 億美元，自有資金約 30%，其餘向銀行抵押長貸，至 2013 年全數交船至今有 68 艘參與營運，總噸位約 800 萬噸總資產由原 10 艘 100 億台幣提高至 68 艘 1000 億台幣，為台灣最大噸位船公司之一。

以正念思考審核：

台塑海運秉著台塑企業王創辦人以往經營理念，本企業為了不斷成長，均在景氣差時擴建可取得低投資成本，六輕不就是這樣嗎？為何會投書反映總管理處主管說景氣低時買那麼多船是不是有好處？依照前台塑主導購船時，外界傳聞都有好處，所以才會以為別人都和他們一樣。但在金融海嘯前，2008 年中，有 VLCC 及 CAPE 各一艘市場船廠出價超出前所賣價位甚大，這次約有 2 億美元之差價，也因「督導公司蘇總」做出反對之決策，實在令人遺憾啊！詳細如下例。

(1) 本公司後來於 2008 年起隸屬塑化督導，因為所核准之投資計畫中 VLCC 擴充為 30 萬噸級，預定淘汰 28 萬噸級，散裝 CAPE 增設 20.5 萬噸級，淘汰 17 萬噸級，適逢在金融海嘯未影響前，有買主對本公司 17 萬噸級 5 年中古船出價 1.485 億美元歷史新高，可獲利約 1.2 億美元，VLCC28 萬噸油輪 7.5 年中古船亦開出價 1.3 億美元，仍可獲利 8,000 萬美元，當時剛好有一家希臘廠家主動開價每艘 5,537 萬美元購買 STX2 艘 MR 型 5 萬噸油化船，每艘可獲利近 1 千萬美元，當時也考量日本船廠要出售我方此型油化船，至塑化蘇總手內稱副總裁反對而截殺掉，連帶上述 2 艘中古大型船也一併擋下而作罷，後來於 100 年 12 月這艘 CAPE 僅賣 3,000 萬美元，另 28 萬噸這艘預定 104 年出售約可賣 3,200 萬美元，如此大價差也因而影響，爾後資金不足向企業內、外短貸救急，其金額則剛好約這 2 億美元，後來有機會向王董事長提起這件事，可以直接向層峯稟報，當時時勢比人強，造成相當大遺憾，後續又發生了 1 件看法落差甚大之事件。

(2) 101 年底當時船價最低點階段，為配合我方前期購買交船 20.5 萬
噸向船廠要求減價折扣，每艘 8 億日圓（約 1,000 萬美金），對方
同意但要求我方續訂購 2 艘新船，每艘當時洽議至 5,100 萬美元，
我方認為這為最低點，依供需判斷往後續漲可能性大，則向海運
王董事長報告考量本公司向外租入需退租 2 艘及河靜鋼廠 4 艘之
考量共 6 艘，但仍被蘇總等以河靜鋼廠林信義董事長不認同而否
決，為此有以往遺憾之經驗，即面報董事長，合理之堅持，最後
呈報總裁，而決購 2 艘並享有折扣之優待。

至今看來雖享有 2 艘船約 2,000 萬美元之折扣，但對已購 2 艘 20.9
萬噸之新船，市場已開出 7,500 萬美元向本公司購買，並可租回營運。
後來在行政中心會議時，仍提起越鋼投資買船之事宜， 海運董事長對
當時未能依海運計畫全數 6 艘執行亦感到遺憾，本次價差約有 1 億美
元。

■ (五) 大宗物資煤運輸－計畫自運

1. 購「巴拿馬型」中古散裝船自運大陸煤

本企業全省各廠區之建設均有汽電共生之電廠所用煤，分布進口
港為高雄、台中、基隆及蘇澳，其使用量依台塑企業發展經過陸續增
加。由民國 75 年 1 年 50 萬噸至 80 年增加至約 150 萬噸，爾後增加至
87 年約年用量 300 萬噸，延至 90 年以後年用量約 500 萬噸以上。自
於 2000 年由王創辦人指示由我本人參與營運有感六輕建設初期完成
部份生產廠及深水港。經評估麥寮區以外港口因吃水深限制，僅能以

「巴拿馬型」6～8萬噸級進港卸貨，因而購這3艘中古「巴拿馬型」散裝船參與營運，共投資3910.9萬美元，自民國93年～98年計6年營運利益為4979.5萬美元，約3年內就回收。待5年計畫交新船後，就將這3艘舊船賣掉，還有售船利益665.3萬美元。對於「巴拿馬型」之船隻，海運理應於民國80年起就須規劃購船自運，奠定散裝船發展之基礎。

2. 購「海峽型」中古散裝船，自用或出租需慎思評估

蘇協理於2000年才以簽呈方式購買1艘15萬噸中古船，但當時採購購煤外攬船運澳洲運回麥寮每噸僅約5美元以下，而蘇忠正協理且以簽呈呈報董座要以出租比利時船東，出租年限5年，第1年至第3年出租租金為每日12,000美元，計算每噸約為5.23美元，雖比採購向外承租每噸為高，但當年行情已為6.5美元，第4年13,000美元，第5年14,000美元，當時董座（王創辦人）找我詢問，因我在買煤對行情稍有了解，認為市況不好時依長期趨勢判斷，更不能以長約出租，認為不妥，而建議留用。爾後92年下半年已漲到31,197美元，93年亦漲到61,050美元，行情一直漲到民國96年漲數倍，該船投資2,529.3萬美元而於5年內行情計價可賺2,253萬美元，後續差距更大，比出租比利時5年所賺623萬美元約四倍，至96年中運價及船價漲至最高峰，而中古船比新船高出30%以上，故這一艘星輝輪予以出售而得到售船利益4,897萬美元。因為這一擋下，雖然我的車被割線，但對爾後經營績效影響差距就大了。

3. 大型 Cape 散裝船以自運或外運做最大利益之運作調度

　　麥寮工業區六輕廠挖深水港域建碼頭供大型船進出港卸貨，使用煤炭進口船隻以海峽型（CAPE）為主，此種海峽型船隻載礦砂，自2004 年起因大陸北京奧運會場及各地公共設施之建設，使用建材之用量陸續增加，致使礦砂需求也就大，運費也相對水漲船高，由 2003 年前每日約 1.5～1.6 萬美元租金至 2007、2008 年超過 10 萬美元 1 日。澳洲到麥寮每噸運費行情價超過 30 美元，佔煤價一半以上，運費佔比率相當驚人，為使本企業麥寮產品有所競爭力，92 年～100 年煤運價平均 1 噸 15.526 美元計價，比行情價 20.718 美元 1 噸差 1/4，總價差之海運不利 3.2 億美元。

　　另外以採購長期買大宗物資掌握長期攬船優勢因有低價 COA 之合約，故海運可部分出租 SPOT 高價之租金，此部分使海運有利約 1億美元，站在企業立場可獲得最大利益。2007 年與董座、副總裁洽談由我專任負責海運經營時，曾談到煤採購與船隻調度之事宜，才將此方面工作由我再續任之原因。

　　於 101 年以後煤採購統籌由採購部辦理，市場運價於低價時無法先向外船承攬訂約，雖海運事前先洽運量，但採購若供應商供煤連帶運費可報到岸價，使自運船隻有斷載時段在緊迫情形下，即向市場以SPOT 攬貨，其租金約 7000～8000 美元/日，比 1 年或 3 年長約租金約1 半，故於 102 年上半年呈現虧損 1 千多萬美元。

　　也因此越鋼開工後所需使用之船隻，越鋼林董事長仍決定由採購辦理攬船，故海運於 101 年 6 月行政中心提出購船計畫而未有結果，低價階段已過，如今已 20.9 萬噸級 CAPE 為例則需要 7,500 萬美元，

比原已購兩艘之價格 5,100 萬美元須支出多 2,400 萬美元。在計價方面經於前行政中心決議以15年折舊計算每日固定成本再加10%為計價方式，近幾年來市場行情現貨偏低甚多，每年談一次價格均以 SPOT 行情為由，要減量或多出部份要以低現貨價之計價要求而有爭議。長期來對散裝市場之了解，鋼廠或電廠為取得穩定之料源須有長約，則船運不例外仍須有長約如 3～5 年，亦有 10 年長約，其運價均比本企業所設定計價方式之運價為高如 103 年上半年平均 24,958 美元/日比本企業計價 22,835 美元/日高出 9%，下半年後行情降至每日 17,333 美元，但長期 94～103 年 10 年平均 44,688 美元/日比較，本企業計價方式仍有利 21,853 美元/日。其實本企業運價也是長約之一，只是年限多少而已。則不能短視低價行情，應以長遠之計以企業最大利益為考量。

■ (六) 金融海嘯－所遇困境：加強管理

船雖然適逢 2008 年以後金融海嘯影響，至今約五年全球大型船公司包含日本 NYK 等 3 家、韓國現代、中國大陸中遠、中海、中外運及台灣長榮、陽明兩家，除 2010 年本業有賺錢外，其餘 4 年均呈現虧損嚴重，而台塑海運僅 2012 年 1 年受較大虧損 4382 萬美元。資金方面因購船時即已評估有所準備，所以自有資金無慮，尚有餘力填補營運資金之不足，使第三期擴建之船隻如期交船營運。船隊由 11 艘總資產約 100 億元，至今增為 68 艘總資產超過 1000 億台幣，營業對各船種營運能掌握行情動態，對市場供需之了解、運價趨勢及船價評估而擬定營運策略。後續惟有加強管理，如船隊省油計畫及各種船種營運模

式能「依勢而爲，隨需調整」，並著重在組織設計上，成立油輪營運專案組及安全衛生組，加強船上各項管理之執行，如 TMSA（液貨輪管理與自我評估）不斷設修訂，岸上的船長、

輪機長使用 PMS（定期保養系統）與 VMS（船岸遠端管理系統）對船上所發生異常即時處理、加強管理，再爲船隊創造最大利益。

實例說明：

(1) 事故發生危機處理－以台塑承載液化氣船爲例：

其航程自土耳其載乙烯之類冷凍貨品前往韓國，卸貨後返回土耳其。途中於亞丁灣附近船上增壓機起火燃燒而主機停止運轉。船公司遇到事故即緊急召集辦公室高級主管、船長、輪機長及保險有關人員前往公司研討如何處理。「原處理方式」船長及有關主管以緊急找拖船將船移到就近港口待處理（修復），但經了解該區域已進入海盜區，須各國海運護航，當時是韓國海軍擔任此任務，但時間將到，若爲須等待拖船前來須一段時間，韓國海軍已離開，船又停駛是屬於極嚴重危險區，如果拖到附近港口修復也有問題。在當時，我已在場即與輪機長檢討，因我在採購時數千數萬設備，稍有一點認知，輪機長表示幾點可處理可修復(a)潤滑油油質是否可用，即請船上以詢信將影詢傳回，即判斷油質可用；(b)主機檢查是否燒壞；(c)幫助主機燃燒之輔助機增壓機以燒廢，若輔助機無功能者，主機可運轉僅速度減半，在此情況下經檢討後，輪機長即將輔助機口以鐵板封塞。幾個小時後，主機開動而船慢慢開動前進到吉達港（此港一般商務人員方便前往修復），中間韓國海軍還未離開，爾後其他護船隊（如大陸海軍）亦會前

來，而解決此事件恐會延伸不可收拾的後果。由此事件無論經營層或專業輪機、船長們均需有經驗累積，才有判斷之基礎。

(2) 經營管理面問題－營業定價之策略：

美彎到遠東承載化學品之航線已有 30 年經驗之實務操作，運價均有大小量不同價位設定，但經金融海嘯後價位往下降，雖於 2010 年稍有起色，但仍沒有提升，經再做市場分析，認台塑海運此航線佔有率約有 2 成半以上，應不至於嚴重虧損，每月與董事長檢討時認為應從成本立場著手解決，即設一套成本與運價關係之電腦顯示每批訂單價格之合理性，於每批接單後於後批均會顯示成本多少，後續該批定價應訂在哪裡，另外對於獨立一批量僅一港口裝卸，如此對該批須負擔較高成本則營業人員即須確認實際價報價。有這套即時反應成本供參考合理交涉，客戶亦能接受，爾後漸漸進入系統制度化，使美灣航線轉虧為盈。當今依此系統將現在未完航之船隻航行動態、成本、裝卸貨號用時間等成本，即時呈現由分析人員提供船長、輪機長及營業人員了解現況與差異部分，爾後補救改善之所在。

(3) 成品油輪營運模式之改變：

金融海嘯後油品運輸市場全面下滑，尤其現貨以噸計價行情新加玻→日本航線每噸由 20～30 美元降為 9.3 美元，但 1 年期日租金 13,000 美元每噸約 14 美元，故改以 T/C 出租替代 SPOT 現貨營運，但需取得油公司對租用船艘所需之各項管理之認可。

以上三個實例可了解每遇到困境須用心追求，以個人經驗無論管理或專業，對事情總有解決之道。

(4) 台塑海運組織設計－對船上如何達到管控效能，分爲航務與輪機說明如下：

　　A. 駐埠船長之工作如何落實

　　　　駐埠船長平時工作機能，每人管理 7～10 艘船，每日了解每艘船之動態：

　　① 航行中船速、地域位置、天候是否正常，如何防止或彌補已延誤天數等，對成本影響如何。

　　② 進港時應注意事項與領港人員之配合。

　　③ 裝卸貨時效及貨物品質掌控（化學品、油品之品質是否汙染的檢查控管，尤其洗艙是否符合標準）。

　　④ 外部、內部對船上檢查，防止缺失，平常須做好各項管理工作。

　　B. 駐埠輪機長之工作如何落實

　　　　仍由工務單位主管分派各駐埠輪機長管控 7～10 艘船隻，平常工作分：

　　① PMS 機艙各設備被依運轉呈現時數與目標運轉設定時數是否超過保養週期之管制。

　　② 耗油料控制：油價高檔時實施省油計劃，仍須了解因時速慢，雖省油但浪費時間者，需分析是否合理等。

　　③ VMS（遠距離管控系統）：每日輪機長依設定管制值落在超過或達到某點管制值時就會有預先警報，而予以了解處理達到管控目的。如此則減少故障，依 2014 年爲例，故障次數由 2013 年 178 次降爲 65 次，減少 113 次，修護費用由 372.6 萬美元降爲 99.7 萬美元，減少 272.9 萬美元。

　　C. 船員考核運用及調度

　　　　海運對船員如何取得並對船員上船時間及岸上時間之管控是否超出該設定標準，做合理調派。船員實務不足之訓練如散

裝調派其他專業船種，除有證照外，仍須至本企業相當之碼槽
方面之實地瞭解操作訓練，並定期訓練各種證照機構之講習訓
練。

　　另為能使船長、輪機長有所為與經營上績效之關聯有所了
解，除平常工作中之接觸了解並於每週 1 次當他們在工作中提
出報告檢討是改善之所在，並能於工作中就是訓練之做法，永
固持續延伸企業文化。

▌(七) 海運發展綜合敘述：

　　自 2000 年以來為能求生存仍須創造求新，改變經營結構向多角化
方面發展，雖海運當初成立宗旨以服務企業內為首要，原設 2 艘化學
船運企業內 EDC，爾後因這條航線美國到遠東區尤其是日本、韓國、
大陸及台灣為雙方所需而將美國多餘化學原料及不足原料輸出輸入，
形成固定航線有 10 艘 3.5 萬 M^3 投入營運，使台塑海運成為這條航線
承運化學品主要運輸人之一，約佔市場 3 分之 1，服務對象轉變為以
企業外為主約佔 9 成以上，因有此基礎，後來發展多角化船隊，無論
原油輪、成品油輪、散裝船等，在船員招募營運制度操作上均能很快
就投入，這就是本書中所言延伸企業文化，產生競爭力之所在。於 1998
年為配合麥寮煉油廠及電廠原料所需，建造大型油輪 4 艘及散裝船 4
艘以因應企業內所須，於 2000 年～2003 年之前交運，運價雖低但取
得成本亦低，仍為海運創造資金來源－利益，此次所購大型船僅佔以
後全部用量之 37%～41%，於是在 2002 年依以往長期趨勢判斷仍為最
低點階段，又於這幾年海運有賺錢，即與兩位創辦人商討，在此低價
時總座也提出建造中型油輪 4.5 萬～7 萬 M^3 之 MR 及 LR 型船種，但
因現行化學船已改為可承運油品，則 MR 亦將此技術改為油化兩用之

MR 型為造船界首創，除船價不到 3 千萬美元比 3.5 萬 M^3 較低，又可視油品及化學品市場而調度，在這段造船市場價格相當低落，CAPE 不到 3,500 萬美元，VLCC 不到 7000 萬美元，可說長時期來最低點，若再購 CAPE 型 2 艘及 VLCC 型 3 艘，自運量也僅佔 55%及 72%，即建議兩位創辦人增購，海運改組以來，這階段所購此 12 艘船為歷史低價，為台塑海運創造龐大利益奠定擴大船隊基礎。

在這 10 餘年來因大陸經濟成長所影響，自 2003 年第 4 季起，煤、礦砂以及原油價格由 1 噸或 1 桶 20 美元左右，到 2009 年金融海嘯前，每項大宗物資達到每噸每桶 150 美元以上，運費當然亦提高數倍，則船價亦不例外，達到有史以來最高點，以 5 年散裝 CAPE 漲幅最高達到 1.5 億，當年 2008 年平均亦有 11,925 萬美元，比同時再訂新船高出 45%～60%，所以把船當做商品可買賣流通，於是在 2007 年前後，將低價所購出售給急需現貨船隻之對象，也因此累積相當大的資金，可循著董座所言有錢再擴充的論點，提出 5 年計畫擴充船隊，至 2013 年完成交船，全部有 68 艘總噸位有 800 萬噸，除化學品及油品船全數運企業外貨源，其他如原油輪、散裝及液化氣船（全冷半壓）全部運企業內亦僅佔 7～8 成，而實際上企業內貨源僅一半，因長期來台塑海運船隻已出現在市場參與競爭，已有部分承運外界貨源，使台塑海運在市場佔一席之地。

■ (八) 經貿情勢影響匯率變化－船公司應變措施

台塑海運的公司重組係由企業內台塑、南亞、台化、塑化及麥電 5 家各出資 19％共為 95％剩 5％由台塑重工投資，成立海外公司為『台塑海洋運輸投資公司』屬於權宜船掛國外旗，記帳幣別以『美金』計帳，船隻訂購金額龐大，支付金額須向銀行貸款，貸款額度以台塑海運而言，以七成貸款照正常應以美元貸款，沒有換算匯率之風險，但自 1998 年以來分三期擴充船隊，第 1、2 期擴建訂購時屬於低價階段，CAPE 散裝六艘換算當時匯率約 115 日圓，平均單價在 3,365 萬美元～3,500 萬美元。VLCC 原油輪七艘，當時匯率約 115 日圓平均單價 6,760 萬美元～7,500 萬美元，連同 7 艘中型油輪分別於 2001 年～2006 交船。這 20 艘船均在日本製造，船廠開始以提出日幣報價，以日幣訂購，最後交船時以當日匯率平均 114.63 日圓計算美金入帳，第 1、2 期貸款日幣 910 億入帳美金為 79,396 萬美元，爾後還日幣貸款，匯率雖然升值為 107.68 日圓，不利匯損 5,121.7 萬美元，但日幣利率低甚多，利息差有利 9,227.9 萬美元，總歸貸款日幣係為有利 4,106 萬美元。

全球經濟貿易變化，大陸崛起，2004 年起礦砂、煤等價格已開始高漲 2 倍以上，第 1、2 期 CAPE 所購每艘平均價格約 3,450 萬美元，分別於 2001～2004～2006 年交船，則船價延到 2008 年已漲 2 倍～3 倍，6500 萬美元～9500 萬美元，而 5 年舊船且高漲 10,000 萬美元以上，甚至漲到 15,000 萬美元 如此價格變化那麼大，有史以來從沒遇過。所以藉此機會將 17 萬噸價格 3,450 萬美元賣出最高將近 1 億美元再買 20.5 萬噸多載且省油的 CAPE 散裝船，每船以日幣購買，折美金以匯率 116 日圓計算為 6370 萬美元，折 17.6 萬噸級約為 5,470 萬美元，

僅佔當時行情約 6 成。若以交船入帳匯率 87.84 計入帳成本 8,406 萬美元起，接近行情價。VLCC 原油輪第 1、2 期所購平均 1 艘 28 萬噸級約 7,000 萬美元，2006 年出售平均 1 艘賣到 11,000 萬美元，當年所買為 30 萬噸級 1 艘約為 9,120 萬美元，當時匯率計價 1 美元=113.8 日圓，當時行情約為 12,700 萬美元。若以交船時平均匯率 87.84 日圓來計算，則取得成本約 12,238 萬美元與行情相當。

由以上兩種大型船 CAPE 及 VLCC，自訂購到交船至還款，美金對日幣匯率變化影響營運利益甚鉅，以第三期為例，訂購之匯率與交船時入帳匯率比較約差 25%，而還款時日圓匯率又如何？以 1990 年至 2005 年平均 114.79 日圓而 100 日圓以下僅占 6.9%，1、2 期入帳匯率為 114.63 日圓，另近十年 2005 年至 2014 年平均匯率為 98.5 日圓，而 100 日圓以下且佔 54%，導致第三期交船貸款額 1,185 億日圓入帳時匯率平均為 87.84 日圓，主要美國自金融海嘯起美國經濟重創，實施貨幣寬鬆政策，美元利息降至 1%左右，美元轉弱，對日本而言，在經貿上與美國最密切，因 2009 年開始美國推出 QE，美金大量進入購買日圓，致使日幣升值，加上 2011 年的地震，日本採取變賣國際資產以拯救國內災難日幣需求增強，致使日幣對美元匯率最高升值到 75.99 日圓，使日幣近五年來（2009 年～2013 年）75 到 85 日圓約佔 2 年半時間，如此下去，台塑海運須多支出還款 2 億餘美金！於 2014 年美國因頁岩油氣影響經濟漸漸轉好，則美元亦越來越回復強勢，而日本為結束通縮仍實施寬鬆政策，因而日幣下跌趨勢，則海運為此向行政中心提出報告將約有 7 成 770 億日圓轉換為美金借款，以避開日幣匯率之變化大，而得到委員們的共識即由王瑞瑜委員交代財務部與貸款銀行交涉，最後以完成日之匯率轉換為美金，其匯率 119.48 日圓，與入帳

匯率 87.84 日圓相差 2.5 億美元，這可印證於 2003 年底曾向總座報告
所言，交船後仍需 2 年才開始還款，7 年貸款可以『時間來換取日圓
回貶的空間』，有機會採取有力之避險策略。

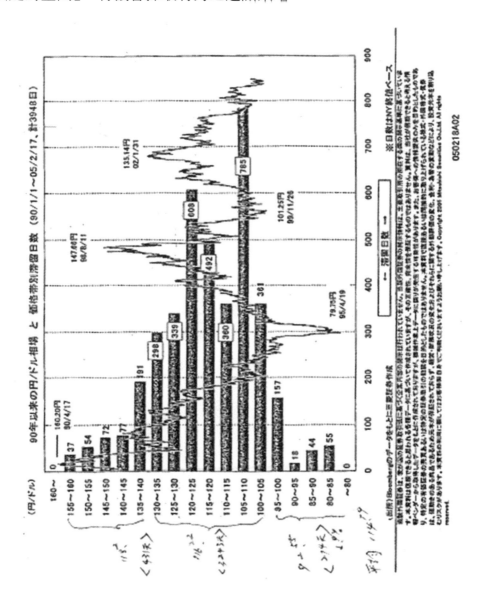

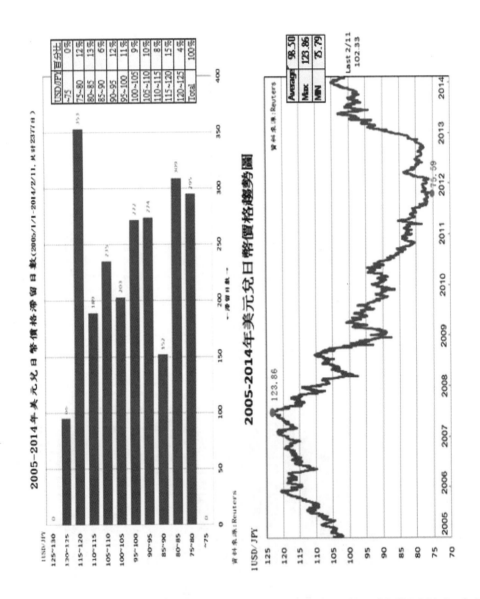

除了匯率變化採取措施及高價售船之利益，未全部動用前有充足資金，經由董座檢討後，以 2 億美元投資企業內股票，所得利益有新台幣 17.6 億元。

第 2、3 期擴建船艘，新船交船儀式：

　　船隻是海洋中航行之商品，各船東依營運需要，視行情變化進行買賣船之交易或長租爲經營模式，本公司也不例外，而本企業在運作上又有長期建立採購文化累積之經驗，於低盤時買入高價時賣出而累積龐大船隊，也因此這 10 幾年來新購各種船隻均需由船廠辦理交船典禮，依傳統需由女性擲瓶儀式，長期來委由總裁夫人及本公司董事長夫人主持、加持，有一次亦請蕭副總統夫人主持，本公司今有如此龐大船隊，非常感謝各位夫人加持，至目前已完成兩位創辦人 5 年計畫的願景。

■ 2010 年 7 月 15 日 交船典禮後與蕭副總統夫人合影

■ 總裁及夫人上船駕駛台參觀

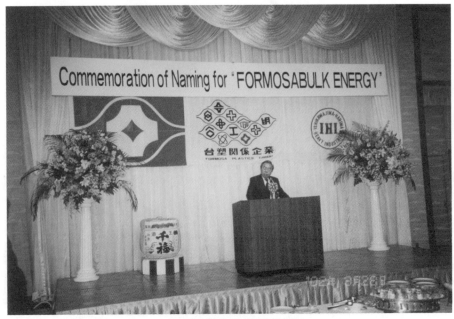

■ 交船後午宴總裁致詞

■ 交船後中午宴會敲開酒桶平安儀式

船廠對交船儀式甚為重要，船東管理更重要

　　船廠交船、船東接船之儀式典禮，對雙方均為相當重要重大事宜。船廠當然須將1、2年來從設計、製造過程而完成一艘性能良好，帶給船東順利營運創造價值；有如一個家庭生育了一位寶寶，來到這個世間，家人如何養育維護他，使他不斷成長茁壯，而能自力更生。

　　所以船東為能使船上船員有被重視而有自信，對公司所付託，對此艘船維護如往昔，而船廠予以辦理船東接船儀式，能使船航行順利，營運生意興隆創造最大利益，所以其儀式之隆重，下列程序說明。

1.　交船前一天晚上由船廠舉辦接船前晚宴，安排邀請來賓參加，由船廠工廠長祝謝詞，宴會中間請來日本傳統各式技藝表演，如藝

伎舞、太鼓擊祥及日本各式吉祥表演等，而揭開交船前熱鬧、吉祥的氛圍。

2. 交船當天在吉祥的時間內，首先由 Sponsor(圖中夫人們)首先命名，再由 Sponsor 擲瓶，切斷連結香檳的繩索敲船殼，彩花揚起，一片吉祥熱鬧的氛圍、船廠及來賓的祝福，一艘 10～20 億元的大船誕生了，並交給船東；隨後雙方及來賓集體拍照並上船參觀，鼓舞船員士氣。

3. 中午由船廠安排交船午宴，宴會中除雙方致感謝詞，並敲開酒桶平安儀式，宴會後安排到碼頭歡送新船順利出航。

在船運界視交船儀式為重要一環，但當接船後，船東如何營運，如何管理，是船東極為重要的工作。依本書內容所提，船員管理、船上各項管理工作、船長、輪機長如何執行、公司總部如何督導管控，都需有一套完整制度落實去執行，使企業文化延續產生競爭力，創造台塑海運在業界地位。

■ 2012 年 5 月 30 日交船典禮後全體合影

■ 命名及擲瓶典禮後合影

■ 董事長及夫人上船參觀留影

■ 至輪機機艙參觀

■ 敲開酒桶平安儀式

■ 歡送新船平安出航

八、 結語·心得

■ (一)「勤儉、堅毅、努力、誠信」之信念為創新基礎

現代人常提起企業文化以往以「刻苦耐勞」於實習階段所需經過歷程，已漸不適用，仍以創新為首要，但我不覺得為了創新就放棄以往台灣人美德，好不容易台塑企業王創辦人建構的企業文化。一個人從學校研讀各方面的專業學術理論階段，讀書時輕輕鬆鬆就能把每一段了解的透徹嗎？如果你死背，你的記憶力比別人強，僅能在考試時占優勢，但往後很快就退化，就不知當時所讀是什麼，但以一個讀書人立場，你死背就不會「苦其心志」嗎？無論如何還是有「苦」的存在，如果你對每一專業題內容要能體會，產生興趣就能「融會貫通」，那你不會用心嗎？也就是付出心血，在苦思的時候不是感覺煎熬？所以依孟子曰：「勞其筋骨，苦其心志」，如果依照現代年輕人都不能吃苦的話，那遇到困難就退縮，那能完成哪一件事情？

所以根據我以往職場及進修的時候所能體會，凡事哪有一直都走得順利呢？在本文王創辦人提到，一個人歷經過程若有不順利遇到困境要如何度過？他說：「人在走霉運的時候就得學習瘦鵝忍飢耐餓，培養自己的毅力，為了求生存，也才能創新啊！」所以在本文提供王創辦人在創業過程所遇到種種如何去克服，這是寫本文提供給年輕一代參考學習王創辦人的「堅毅」、「勤儉」、「努力」與「誠信」的特質，依此基本信念為基礎，才有能力創造新技術與專業管理。

■ (二) 於台塑四十餘年間的工作經驗及與兩位 創辦人之互動

長期來跟隨王創辦人身邊將近 40 年的時間，了解王永慶創辦人與王永在創辦人如何分工合作成就台塑石化王國。以下是我跟隨兩位創辦人身邊，很榮幸有機會參與到這個行列之見證。

1. 午餐會－建立企業文化「追根究柢」的精神

午餐會報－「追根究柢」追查每一細節的問題，提出改善對成本影響分析到最後一點一滴，這就是「單元成本分析」，永無止境的「止於至善」，台塑企業靠這一點吃飯。

於民國 64 年王永慶創辦人〝整頓〞南亞纖維廠，我很榮幸參加這個團隊，午餐會報我是成員之一，由領隊主管（張特助）主報，到成本分析魚骨頭由我將差異部份面報王創辦人，這是我第一次參加午餐會，對一位 26 歲年輕人在那種嚴肅氛圍下，南纖各廠主管及公司高層主管們也戰戰兢兢，面對王創辦人的追問，如果沒有充分的了解準備，那這個會就開不下去了，當時有一位廠長級就因為答非所問，被罵得真的這個會開不下去，隨後南纖改組，由現在南亞林副總（現已退休當顧問）擔任當時南纖事業部經理。經多次午餐會洗禮後，由總座（王永在創辦人）接手主持每一個月之經營檢討會議，如何提升品質、提高產量與降低成本。

　　當時我在泰山廠成本會計組，亦因兩位創辦人不斷追求績效，各廠主管都是技術出身，不是化工就是機械、電機，未能瞭解產品成本差異並追求改善，每個月都會到會計找我了解成本內容。因為總座對成本之重視有相當深入。所以在此情況下，久而久之自然也訓練自己如何從原料投入到製程製造每一階段產生耗損或影響品質之所在，也因此把南纖產品提升為國內最佳甚至推展至國外。這就是台塑企業文化吧！

　　民國 66～69 年本人被調到總管理處總經理室經營分析工作，為了午餐會的報告走遍南亞、台化及台塑分布在全省各地廠區從事產品分析工作。這對我們年輕人而言，這是工作也是在訓練，有機會了解各產品的生產過程，用什麼原料製造及其製造過程如何。因每次產品分析都有技術主管參與，他們會將降低成本的配方及提升品質及產量的方法提出試製，改善後成本績效如何，由我們經營分析人員提出，雙方合作於午餐會提出報告。若有相當績效王創辦人於會中有一種獎勵的肢體語言，會給人一種無形的鼓勵。會後我的主管也會聚餐獎賞，在那時候每一次開會完後有所評論，今天是幾壘安打，如果有相當好的改善績效就稱全壘打。雖有所興奮，但對我們分析人員而言，這關過了但後續還能維持才最重要。

　　在那段期間就拼命工作，在家裡的時間約一半吧！不斷追求經驗，自然對企業產品之製程有所了解，其所用原料及何種設備，這對我來講幫助我後來在採購工作上的深度及價格的談判，獲益甚多。

2. 制度設（修）訂－表單檢討－電腦化

王永慶創辦人對台塑企業各機能之規章制度相當重視，認為抄別人是沒用的。自己的環境、條件、思想理念苦思去建立，但制度仍需配合時宜，乃需不斷修改，也就是「依勢而為，隨需調整」，於民國71年左右為配合電腦化，對其表單仍重新檢討，對每一種類如產、銷、人、發、財及資材類，安排時間由王創辦人親自主持，我當時擔任資財管理組長，此類我一定參加，與各公司高層利用假日有一、二次春節第三天由董座主持檢討每一張表單之欄位，說明其需要性，重新設計表格，並設定新流程，而檢討出人員合理化。

3. 以南亞塑膠公司為中心建立核心事業

各項新產品增設膠布機等設備擴充產量策略，以南亞塑膠產量增加，協助三次加工業之成長，如吸收匯率差超過百億元，新產品開發供應加工業於市場有競爭力，長期來加工業產值增加，二次加工之產能增加，而使上游中間原料 PVC 粉不斷擴充，形成一貫體系，這是董座長期來身兼總經理以南亞為中心不斷追求改善，研發新產品如乳膠皮、仿真皮、仿木紋膠布等，BOPP 包裝紙取代木漿作玻纖紙 PP 紙之研發製造，多元酯纖維經董座組立專案進行改革，爾後並由總座主持經常績效會議不斷檢討改善，將南纖品質提高至國際水準，而大量擴建成為全球前幾名大型多元酯纖維廠，因有纖維廠之基礎，向上發展纖維原料之石化工業芳香烴系列產品 PX，生產 PTA，才有競爭力與國際競爭。

4. 創辦人發展石化係由加工為基礎，建立石化王國－六輕

　　無論塑膠或纖維均如此，再往上游發展，而有六輕之建設，成為煉化一體之石化工業，這就是王創辦人於民國 62 年就有此構想建設六輕，而後實現成為台塑企業核心事業之願景（Vision）。由本文了解王創辦人對經營事業，如何擴大生存空間，為客戶想也等於為自己穩固開創塑膠原料，到二、三次加工一貫體系，也就是學術上所言垂直整合的策略。還有為台灣開創煉化一體系列（六輕），為此了解王創辦人那股毅力像鋼鐵般堅強啊！

　　談到麥寮六輕就談起台塑企業「總工程師」王永在創辦人，在本文內容中也提到甚多總座在那麼龐大的工程如何去執行完成偉大的六輕，今回想當時，除以上營建材料如砂、碎石、級配卵石、塊石、混凝土、基樁及公用管路鋼構，其用料何其之多，如何取得，又需兼顧到品質，都須慎重去思考、規劃的，而在民國 84 年中起，第一期 30 廠、第二期 20 廠同時建造，分別於民國 87 年中，須完成五個工廠同時完工投產，後續陸續至 87 年底再有九個廠完工，至 89 年第一、二期將陸續完成建廠，期間各項設備及各項材料之採購，及同時須發包各大、小工程建造，建造中所遇困難影響工程進度，在本文中提到總座如此龐大的工作量，台塑企業六輕建廠自 83 年 7 月開始抽砂，84 年工地正式動工，第 1 期 14 個廠僅僅約 3 年須完成投產，至第四期完成 96 年 5 月，長達 12 年時間，台塑企業兩位創辦人的督促，尤其台塑企業創辦人之一台塑企業總座王永在創辦人，同仁尊稱總工程師，六輕建廠這幾年之階段帶領各公司高階主管，一個星期在台北，一個星期在麥寮，每次開會各擴建工程部門提出報告進度如何，工程品質

如何，本人身為本企業採購及發包之負責人在工程會提出之問題均與我有關，每次遇到問題即馬上處裡，下次會議有所交代，在擴建期間，企業相關部門的同仁不畏艱難，企業內各擴建部門，不負使命，能創建此一跨世紀的重大工程，期間所獲取之各項經驗更是彌足珍貴，這是總座執行力之展現，可見兩位創辦人在台塑企業角色，1 位講求企業之願景，正常方向之掌舵，奠定管理基礎；對於我負責之採購與發包，在那麼龐大又新穎繁雜的環境下，要做好採購發包之工作不是那麼容易，一定要有一套完整管理制度有所遵循，本人擔任資材組長期間，自從民國 72 年 5 月～74 年 2 月前往 NJ 從事存量管制、採購管理及付款作業之電腦管理作業，當時受董座指導每一張表單設立，存量管制由電腦出單請購，經過採購作業並建立電腦化延伸至會計付款，一連串電腦化建立本企業四支鑰匙，民國 74 年 2 月回國從事採購工作長期以來，有感台塑創辦人王董事長對管理點點滴滴追求合理化，領導者親自參與，尤其在六輕建廠前就採購及發包工作如何不斷檢討改善更完整的制度，配合時宜以能如何將投資建廠成本降低並以大量生產與以降低產品成本而有所競爭力，故在台塑企業創辦人所著各書如：生根深耕、台塑企業發展塑膠工業以垂直整合來求發展，並台灣石化工業積極推展爭取擴建輕油裂解才有今天六輕，再創台塑企業業績民國 96 年突破 2 兆營收佔 GDP15.9%，六輕生產值 1 兆 5000 億以上佔 GDP 約 10%，對台灣經濟相當貢獻。兩位創辦人的合作無間，就這樣的建立「台塑企業王國」！

5. 用人方面－人才培育

　　王永慶創辦人於總管理處總經理室成立時，招收一批在各公司有實務的財務、企管、會計等管理人員，在總管理處總經理室工作就是訓練，對各項制度設修訂，並配合王創辦人在組織設計上採取獨立計算損益的事業部，由伍朝煌先生以會計出身的專業推行〝利潤中心〞，以分權式經營模式來評核各事業部經營績效。本人當時 62～64 年代也學習到此方面經驗。

　　當時王創辦人為能使總管理處總經理室之各項制度能落實，於各公司徹底執行，則分派吳嘉昭先生於南亞公司當總經理室管理主管，邱錦江先生則分派到台塑公司，台化也以會計出身的劉康信安排推行管理方面工作。總管理處總經理室則由楊兆麟先生及伍朝煌先生擔任主任及副主任，負責推動全企業管理工作，待總經理室各機能組較成型進一步推行，後來陸續由張仁恭先生、黃謙信先生、蔡名坤先生與我，後續侯水文再加入，李憲寧、李金炎、陳勝光等以有經驗為主幹，再帶無經驗新進大專人員參加專案工作等予以訓練。但在長期來在總管理處總經理室新人輩出，後來分派到各公司或前往國外從事實務工作之推行，也因實務經驗較欠缺，而無法勝任，而離開公司者也很多。

　　在總管理處工作能出人頭地可說王創辦人對他們都有相當程度認識，並直接指揮工作訓練，爾後適才適所安排他們有發揮空間。依我為例，首先以我成本會計經驗從事分析，較有發揮所在，又長期中午會向王創辦人報告，可當場直接承受王創辦人的理念，較能體會，又提出資料、數據，在各公司高層主管面前較謹慎，對事情較確實際，如有實力也較不虛偽，如此長期來對事情判斷就較扎實吧！

　　因此在總管理處總經理室長時間的午餐會經營分析及管理工作，後來到採購部，王創辦人曾向別人說過，觀察我很久，比如我參加課長級訓練班的時候，最後有心得報告，當時我和主辦人員表示，因有點不舒服，報告 8 人即可，但到中午 12 點，主辦單位即向董座報告已完畢，但董座說還有人還沒有報告，當時我心想跑不掉，果然董座知道我還沒有報，續下去就是我報告，後即結束。由此了解董座長期來對他要培育的人，均有深度瞭解，才能進一步教導他、安排他。由此了解王創辦人對事業之願景布局外，無論技術專業或管理人員，如何選人、訓練人、安排人，王創辦人無時無刻都在思考吧！這也是王創辦人成功關鍵之一。

6. 擴展海外事業

(1) 美國建廠收購及新廠設立

　　美國塑膠粉工廠建廠收購及新廠設立，再收購塑膠管廠，另為配合美國市場需求再增硬質膠布、軟質膠布及纖維廠，仍以台灣發展之模式再往上游原料廠，以地主國優惠之原料如天然氣、鹽礦等資源，建設烯烴廠生產乙烯、丙烯等原料，再設 PE、PP 加工及纖維原料之乙二醇（EG）消化其原料量，而完成前後垂直整合的策略。當初收購時虧損階段，王創辦人利用優勢天然資源，並以台灣成熟專業技術及管理制度克服困境。

王創辦人到美國建廠甘苦談

以資材管理為例說明：用心去做－在美國開花結果

　　過去台北總管理處總經理室派員前往作業均以報告呈核後，在實際動作上，不了了之很多這次如何落實能延續執行才重要。首先在 N.J. 總部與電腦人員互相配合，作業系統由我規劃，並設定表單輸入及輸出之 Key in，在表單設計時，王創辦人也在 N.J.時參與檢討指導。在這段期間因接廠階段仍呈現虧損，董座也投入參與解決罷工之事件，J.M.公司營業績效提升之改革，而且會計、生產管理及各項產品製造技術提升，都來自台灣有實務之戰將實際參與，這也證明管理、實務無國界。如何做好所需要實務作業，由我們來自台灣管理人員，無論你在台灣當主管，但來到地主國（美國）仍要親自設計系統，操作電腦作業，教當地以後要操作之人員，在加州 J.M.總部的時候，為了要將操作系統完整順利運作，有時須加班到很晚，現任總裁當時是 J.M. 總經理，看到我還在操作電腦，那麼晚你還在操作，這就是我執事的態度，一定要有責任地把它完成才能離開 J.M.。前後 3 趟行走美國 5 個廠，每趟約 3～5 個月，每一個廠仍須與程式人員合作測試完成，真正能運作才離開。在此要說明，第一次在德州廠（PVC 粉）測試時，當時鄭廠長當場潑冷水，你們總管理處來做只有檢核？實務能運作嗎？我即表示，我已教後續操作人員應該沒問題。請您再看看吧！

　　這一趟隔了幾個月，董座交代我設好系統電腦作業存量管制及（四支鑰匙付款管控作業）到底做了怎麼樣，再去一趟看看（收帳）。這一趟出發前，德州廠鄭廠長通知我人到德州廠，他會派人去接我並安排要請我吃飯，在飯局當中向我表示，你來推行這套管理制度後續執行得不錯，感謝我。

這一年多來在美國各廠執行資材管理電腦化，雖然離開家那麼久，但有成果功效，有一種成就感，感到很欣慰，後來董座在地主國（美國）經營上轉虧為盈，也證明在先進國家雖然在專業上的技術及台塑企業管理等優勢，但只要用心去做都會達到成效的。也因為如此，後來美國開發頁岩油/氣，也使台塑企業在美國石化工業佔一席之地，以後可成為台塑企業金雞母之一。

(2) 大陸投資困難重重

大陸投資因台灣三次加工業於 1986 年以後陸續外移西進，王創辦人為考量台商至大陸發展須有競爭優勢，原料供應加工業上游原料取得須從原油煉製開始，形成煉化一體到加工業一貫體系才能永續，於國際市場具有競爭力，而有了「海滄計畫」。但因我方政府「戒急用忍」政策，而不同意前往大型投資項目，爾後在寧波成立石化工業區，但對於上游之烯烴及煉油廠一直到現在均未能投資之項目，而寧波廠開始僅同意 PVC 粉、PE、ABS、PS 等五大泛塑膠類之擴建外，大乙烯擴建及 PTA 擴建自申請到建廠拖延甚久。不知何故，是否與「海滄計畫」有關嗎？或是同業的排斥？

■ 國務院吳儀副總理接見後，南下浙江省拜會時任省委書記－習近平先生

後來台化王總經理對 PTA 擴建案急需先完成，故先提出申請，雖然 PTA 專案經由台化王總經理於 2005 年～2007 年這幾年時間，不斷奔走於寧波、北京，亦由本人及協助申請海運兩岸直航證的港埠代理人之一賴小姐，熱心奔走有關部門，一心一意的努力能早日使 PTA 新廠順利開工。經過 2～3 年時間勤奮奔走，再經董座出函國務院並由總裁交涉下，取得開工證明文件。

由此次 PTA 專案申請經驗，這是一個新的挑戰，雖然不是我的工作範圍，中間所遇困擾、壓力，但為企業在大陸發展，引用我在大陸長期採購煤及購船之人脈關係，如對外經貿部吳儀部長及安民司長的支持及武漢的金濤先生的努力交涉，我也全力以赴。

湖北省委书记俞正声、省长罗清泉会见台塑关系企业总裁王文渊一行

大陸經濟成長，經貿結構改變－出口變為進口

本人自 1990 年董座交代向大陸購煤從 1 年 50 萬噸至 2009 年最高 1 年 1,100 萬噸，總共超過 1 億噸，但大陸奧運前不斷建設，經濟成長快，至 2013 年人均 GDP6 千餘美元，雖然大陸資源豐富，礦砂、煉鋼焦煤均由自產自給外並可輸出，經濟陸續成長反而變為大量進口，發電用煤也不例外，而影響整個全球經濟走勢，董座曾於本企業大量進口時向我提起後續大陸國內用量不足，須向外進口，（交代本企業須多方來源供料之準備），不出所料大陸於 2008、2009 年開始向外進口至今 1 年約 1.8 億噸以上，2013 年達到 3.2 億噸。

回顧約 1988 年左右南亞下游客戶相繼出走西進大陸，曾來台塑企業向王創辦人請益何去何從，希望本企業供應原料，能就地建廠，分別在華南廣州及華中南通建膠皮、膠布廠及廈門等建管廠，後來得到

浙江省同意在寧波設立石化廠區，生產石化中間原料能就近供料。至今來大陸當地加工業無論塑膠加工或纖維加工，各地設廠林立，競爭激烈，工資也越來越高，導致台商陸續撤離，有的移到他地。

有感當時「海滄計劃」依王創辦人構想成立者，在萬公頃（約麥寮工業區四倍大）那麼大廠地，由煉化至二、三次加工業一貫體系，在成本方面、管理方面具有競爭優勢，那局面又不一樣。爾後對兩岸各方面洽商，是否會更有實力，兩岸之發展雙方經濟更有實質之效果。

■ (三) 作者採購工作階段－漫長 23 年歲月

1. 從事採購實務之心得感想：

從事採購實務之感想，如在採購系統與廠商打交道「言而有信，議價談判，如果出爾反爾會造成廠商對我們出價有不信任感之體驗者，就無法建立威信」，對買方都無法達到所需要求的價位，在商場上要建立個人 style，對各廠商一定要公正、無私，給廠商們有感台塑企業採購主管是一個實實在在的人，各廠商在我們採購制度下表現出他們的實力，建立一個公平競爭平台，我們當主管「以身作則」使各同仁在這種環境下，不敢也不能與廠商從事不法交易行為，如此發生而有投書所聞者，則馬上採取措施，首先將該同仁換掉，也給同仁沒有機會，長期以來我就是在王創辦人麾下從事 23 年採購主管工作之經驗，我有此經驗無論實務工作經驗或與廠商打交道，那股長期來毅力、耐力，因為過程中多少誘惑，即個人又堅持執著的原則不能淪陷，對企業內各公司之牽制，這也是相當困擾的事情。家裡的內人（太太）也是相當重要，如何懂得對廠商委婉拒絕，這也是一門學問？還是一

個人的特質呢？我太太常對我講「做人不要貪」、「知足常樂」、「夠了就好」，我們兩人有同樣的本質吧！王創辦人曾對我說：「他」王創辦人，多一個零以外，其他沒什麼兩樣吧！當今要做的事做有意義的事，對自己感覺「成就感」，對於社會公益事業如「長庚醫院」能節省就節省，可在創造救更多的人，這也是一種功德吧！在大力整頓長庚採購醫材用品及藥品時期，尤其對眼科事件，亦受到當時王瑞瑜特助的協助也特別感謝。

所以由本文個人自序中瞭解，並能瞭解王創辦人的特質、領導策略…等，我能夠很榮幸被王創辦人接受調教，這可能有類似的性格吧！才能在這種環境之下生存之道。話雖這麼講，但實質上你如果沒有下過苦工夫，或沒有用心過，就沒有良好結果，所以我相信任何事情，只要有心去追求企業最大利益，把事情做好至更完善更合理，事事項項掌握先機，得到有用資訊去應用而有知識，而後產生智慧進而得到信任，對王創辦人也忠於人忠於事，如此建立良性互動才能在這採購環境工作 23 年的紀錄。

2. 採購難為－自我做功課充實實力，累積經驗：

採購難為，幸好有明理 創辦人支持，非常感謝兩位創辦人的支持。採購組織重整，完成企業分佈在各公司主辦各項原料及擴建設備之採購，統籌在總管理處採購部辦理，對企業內各單位均有內控牽制機制，故在此特殊工作環境下，沒有董座、總座支持甚難做的工作。董座、總座經常找我去辦公室詢問事情，尤其是總座一星期至少 3-4 天，大部份時間約在 5 點半前後，都是總座透過總機找我去洽談，亦因此對我個人而言是一種考驗（我經常向同事講，總座、董座找我去不是去聊天（開講）），因我要與兩創辦人洽談，一定有主題，如工程正進行中有何問題須要解決的，因發包工作亦在我這裡處理，事情甚多及外來函等…，又平常經辦大宗原料、大宗設備，目前市況行情，所以我本人平常需做功課，分門別類、設計表單、統計資料、瞭解實事、做分析。

(1) 如大宗原料，各項原料價格趨勢走向，並須瞭解其原料成本結構，在何時點能大量採購，呈核創辦人（總座）。

(2) 大宗設備所購過去紀錄，尤其是發電廠各項設備及大型儲槽等均需列表在自己檔案內。所以本企業發電廠之建廠成本在兩位創辦人主持下，能取得全世界最低廉價位，每 KW 造價費用相同製程之同等比本企業高出 2-3 倍，這是有目共睹（設備內容在本文中提到）如此週而復始洽談，可提供上層決策並可與層峰洽談可得到指示不足之處，進而再作功課待下次洽談時之題目，對個人亦可再擴大累積經驗，這是我在採購階段長時間與兩位創辦人之互動，由此瞭解兩位創辦人為了台塑企業發展，經常與外界政、經專業人士或國際性企業高層來訪，再與企業內各公司高層主管詢問洽談，並能集思廣義，對個人亦能成長。這也是王創辦人對員工一種培訓。

3. 找對的人做對的事情：

　　台塑企業自民國 60 年代統一集中辦理採購作業起先未有電子化作業，完全由人工辦理事務性工作，採購買東西以「買辦式」方式處理，係由採購經辦掌控，企業規模越大，每一採購案件金額也越大，材料項目多，每天廠商前來採購部報價、議價、確認規格等接洽事務，視同菜市場吵雜，採購人員辦事效率，當然未能提高，採購部雖有一套制度規範，但如果沒有一位強有力主管去監督管理，只偏重與廠商交涉買東西，則採購人員那麼多，個人素行不一，自然在一套制度下仍會脫軌，問題自然層出不窮，在此情況下，那有力量再將其他有在買東西的部門併入呢？一直延後至 74 年初，仍有 12 年時間以換 4 位採購主持者，平均每任約 3 年。

　　民國 74 年初王創辦人親自對採購人員總體檢，對不勝任人調離採購單位或任其自選離職，徹底重整採購部門組織結構，為防止採購人員與廠商頻繁接觸，產生弊端，並設立一套公平公正之交易平台，及實施上述所細述的「通信投標開標」制度，為能落實此項作業即調我本人至採購部主持採購管理工作，要如何落實呢？身為採購領導者，本身自我約束，對所屬人員能做到公平原則之考核，對廠商更需要徹底將開標作業做到公平公正的地步，經過短暫時間漸漸使廠商有了解易成習慣，經過 2、3 年業界對台塑採購部有相當大改變形象，相對供應商也能供應價廉物美的東西，使台塑企業製造出更有競爭力產品，也因此創辦人要將未集中在採購部的採購單位，在那時候也沒話說了，而歸隊集中統一採購，對我來說也完成階段性任務，我也自動向創辦人提出我可以離開採購部，創辦人表示〝做好就繼續做下去〞，爾

後民國 78 年，美國石化廠擴建其設備案採購也在台北由採購部處理，於 84 年適逢「麥寮六輕」擴建，4、5 千億投資也全部由我主持採購、發包辦理，亦因前述所建立通信投標之開標制度，大設備採購亦用此作法，順利完成麥寮六輕建廠作業，僅發電廠部分，為企業節省百億元以上，六輕工業區也為國家創造將近 10%GDP。中間也再向創辦人提出採購工作至此就好，但創辦人還是要我來處理，一直延到創辦人交棒，我也離開採購、發包單位，至民國 96 年底總共約 23 年時間，在此期間有感一位領導管理者相當重要，有一套完美制度，亦需要有人去執行，如何帶人去做而落實，這是一個經營事業成敗之關鍵。

4. 內部牽制，防止弊端之心得：

因王創辦人長期培養之人員公平公正之執行而採購執行者具有內部牽制之機制而能取得更合理價位。案例如下：

(1) IPP 發電廠採購及發包如何促成競標

A. 電廠規劃專案執行如渦輪發電機，以富士電機為對象單獨洽談，爾後有三菱及歐洲 ABB 等馳名廠家競標，由 60 美元/KW 降為 40 美元/KW。

B. 電廠規劃鍋爐由三菱建造，設計規模小之效能，提供低品質之材料如管排，似有偷工減料之嫌疑，該廠製造品質有問題，該廠區已關閉，後來與台塑重工合作之鍋爐廠參與競標。

C. 電廠發包大包化，但無比較就無競爭。但因重工有經驗，促成競爭。

D. 技術規格綁標如脫硝設備陳主事者以技術條件爭取由某一家得標（高價），但採購洽詢多家，其中有一家日本廠商參與競標，價差甚大，最後兩家相繼降價得標。

在麥寮六輕企業內之 IPP 發電廠原工程部門主事者（陳經理）起先對每一採購發包案均有設定對象，造成其他廠商想競爭也不得其門而入，經總座與採購部門大力化解下，而有競標局面，之後該「陳主事者」也離開企業。爾後電廠各別附屬設備亦成世界馳名有實力製造廠相繼投入競標，也才有辦法取得全球更有競爭力的電廠，這也證明工程部門主事者能光明正大無私，將事情明朗呈現出來。哪有雜音問題，當時參與作業各案談判的人最清楚啊！

(2) 循正常制度運作

在本文內容中提起營建材料及工程，剛開始公關人員參與各項基礎工程之建設如土方、大、中、小排水工程等，亦因轉手就有利可圖，導致未分配到，有關人士也前來向總座〝要〞，造成總座極大困擾，後來也只由我以公平方式投標來平息這樣的困擾。有關公關參與採購、發包之事件，董座王創辦人曾向我說過正常制度下運作，不與公關方面混淆不清者，另有一位企業人士（人已不在台灣）曾向王創辦人提起，對建設大設備可於第三地（如香港）設貿易公司，可經由此賺取價差…等，但董座王創辦人向我說：他不做這方面事情，要以正派經營才是正途阿！否則影響不是這個點，是整個制度面。

還有一個例子在本文中提到長庚醫院眼科有位大牌醫生，因購買水晶體之問題，因而致使這位醫生離開醫院，如此做也是爲了整個醫院，可節省不合理之開支，可在救更多的人。王創辦人這種做法實在令人尊重、欽佩！

(3) 爲誠信原則而捨

另需提「亞太投資系列」的例子，在本文中提到最主要案例也就是王永慶創辦人在「台灣活水」一書詳談的「泛亞電信公司」投資案，經董座交辦本人再做市場調查結果，由原投資額 9 千餘萬美元降爲4500萬美元以下，相差數倍，致使董座對此案投資夥伴「美國西南貝爾」公司有不當之質疑。但對我方當時如何跟對方洽談之種種也不得而知，所以董座一向以講求「誠信」原則的人，對此案抱持不樂觀，而請東元「黃茂雄」董事長解決。

另一案例也是亞太投資接收「東怡」之量販店，並新建多家大賣場，也因建造成本偏高，造成互有爭議，是否此原因，不得而知，結束營業而轉售其他集團，包括東怡買抽砂船事宜，事情甚多，後續新建立之行業，王創辦人爲顧到企業形象最後選擇放棄。

(4) 廠商參與競標，應完整比價

採購部詢價，經有意參與競標的廠商已報價正比價中，南纖事業單位依以往美國 EG 擴建均向德國 Linde 購買，所以麥寮 1、2 套同時由事業單位以簽呈簽准向 Linde 追購。但本案採購已與日本廠商洽談中價格約 4560 萬美元，與已准追購之金額 5130 萬美元相差 570 萬美元，即交代採購經辦還不能訂購。隔天早上即掛號呈報總座，平常均

由總座找我洽談，唯這次因事急主動呈報，為了這事造成代理商再次與 Linde 總公司交涉，這次真正展現代理商之功能，為了這件代理商陳介元董事長不斷與 Linde 總公司總經理周先生，最後由美國分公司總經理 Dr. Kistenmacher 與陳介元先生親自打電話給總座表示需要這筆訂單，願意與我開出價格接這筆訂單。並邀請前來台北，最後尚有一些尾數金額洽議，經由陳介元先生再交涉，勉為其難，終於成交了。為了這個案件陳介元先生在他回憶錄中寫了六頁篇幅，真是不好意思，但也感謝他。由這事件顯示身為負責採購主管，如同本文中所提各案例，為求企業最大利益，均以兩位創辦人對我的信任而盡最大力量完成任務，這對我而言是一種極大「成就感」。不是如一般人所言，得到採購權為了私利，而喪失做人基本道理，長期來我對這種人最不肖，不管位高權重，也得不到我的尊重啊！

(5) 組織設計，互相牽制

　　台塑企業長期來王創辦人在經營事業上極為重視一項機能，於民國 58～60 年代企業發展很快，事業越做越大產品項目也多，王永慶創辦人採中央集權式管理，成立總管理處總經理室，並組成幕僚組織系統，長期性推動各項管理，制度設修訂，並做各事業部產品經營分析及管理改善工作及各項管理功能審查檢核之工作。此舉帶給各事業單位相當大的壓力，自然績效就會好。

　　長期來在王創辦人重視下，有的親自訓練，因工作就是訓練，如此培育數百多位管理人才，後來因為伍朝煌先生帶了一批這樣的人才出去，相對也為台灣企業界培養相當多的管理人才，也有部分留在企業分布於各公司擔任幕僚或領導層管理工作。

(6) 制度設定領導主管落實執行

　　但人性每一個人都不一樣，往往受到環境或身邊的人影響，各人價值觀不同，如果制度不完善導致管理上有漏洞，又因主管管理較鬆散，下屬容易出軌，除需要一套更完整的制度外，管理者視爲相當重要，故董座於民國 73 年以前，外界對企業採購風評相當腐敗，因當時亦有內購主管經常將採購案件帶到酒家，如當時北投，當場分配收回扣之事件層出不窮，爲什麼如此猖狂？因這批人員均由總管理處總經理室所派，爲此董座親自主持與每位採購人員洽談。大力整頓採購人員，經王創辦人瞭解認爲領導主管相當重要，因本文所言俟我從美國回台後，被董座調到採購部即參與採購工作，落實執行「通信投標之開標制度」。爾後漸漸施行電腦化，經過 5、6 年後，外界對本企業新的制度有所了解，亦能認同公平處理原則，重建台塑企業採購形象，也爲企業再建立公平之採購文化，成爲核心競爭力之一，對長庚醫院之採購展現相當績效，也就爲美國擴建大設備之採購及台灣六輕採購及發包均有相當績效之展現。爲此董座也曾經在 N.J.時傳眞給我，本文第 126 頁提到：『連接提供有關向外進行多種交涉事項，其用心至於令人欣慰及欽佩，所費用心之感激，查本企業之採購總非自我驕傲其有所成就，由其實事求是的實情效果加以衡量而判斷決無落於下風我亦常以此爲其心足矣！』。

5. 為六輕採購而準備

(1) 王創辦人修改採購制度之心得

美國擴建投資成本雖然可比美國同業節省約 37%，董座表示「其心足矣」，對我而言相當「成就感」。但在作業程序上，經辦若有包庇，又與代理商有偏心者，就容易給爲投標者不滿，就會有閒言閒語，涉及買房子的事情…等。爲此董座、總座兩位創辦人自己比別人還清楚，爲能終止誤會，對作業程序內容，有需再加強一番，而進行修訂制度。

當時本企業王董事長親自坐陣在美國 NJ 督導美國擴建，如設備採購、進度問題或蒸氣發電機試車問題、塔槽採購問題。台塑企業不斷擴建，從 75 年台化 PTA 開始延至美國擴建，78～79 年引發重工可製造槽類及交換器類 75 案件有所爭議，這幾年董座因大陸投資事宜滯留美國，爲此董座對美國擴建案件之進度追蹤，均以手稿傳眞給我，由我個人傳眞向董座報告，79～81 年共傳眞數量約有百封以上文件，除工程案件以外，並在 NJ 主持採購作業辦事細則修訂。

修訂重點 1.採購與請購單位聯繫會簽過多而拖延時間，造成採購效率不佳。重點 2.廠商名冊表單修改以建立股實廠商資料檔能保持六家競標原則。重點 3.設備採購仍有開標之動作，雖然沒馬上決購但有比價表高低優先順序，故不能因沒有參與投標而空降奪標，本企業須堅持公平之態度爲原則，並推動直接對外廠商之詢議價；董座傳眞指示希望台北採購同仁以新設定「廠商名冊」修改爲外國製造商聯絡資料與國內代理人，並有改變既往作業方式，議價以向原製造商洽議爲依據之原則。

(2) **如何精簡對外廠商之詢議價過程，董座傳真表示：**

爲因應「六輕啓動，採購案件必增多，對其工作量如何 〝精簡克服〞外，對各項自向外提出詢議價以致議價到結案，雙方同意履行其所約定洽約等等一連貫作業，查我們都認爲本企業採購部一切尙稱不錯，爲求更趨向追求更理想之境」。如爲能簡化採購規範書已設計出該單項設備之用途如泵（幫浦）、壓縮機等要輸送甚麼樣貨品，壓力如何、要打多遠或多高、何種材質、設備大小、以輸送多少量衡量。詳列YES/NO FORM 表上，可普遍性由這方面專業廠商報價採購可明確審查其可製造性，並做有利比價快速選購，因有多家競標更能取得價廉物美的東西。

(3) **利用網際網路詢報價，實施開標作業：**

內購 85%開標決購，增加合約採購項目，每月採購之件數 15,000件，致六輕完成 1 個月 62439 件，人員由 118 人反而降爲 46 人。外購採購案件，除部分配件以合約採購外，其餘大部分爲製程設備，開標後金額大，雖有競標，仍需以最低價或最有利標爲洽議對象爲原則，外購又因作業程序長，每月件數 800 件 28 人辦理，致六輕完成 1 個月3146 件，件數增加約 4 倍，人員僅增加 8 人，符合六輕所需。

(4) 台北採購部直接網路詢價－代理商傳播訊息給外國製造商：

詢價資料直接給 Maker→PASS 代理商分公司接洽，但代理商如果沒有努力沒拿到訂單，也沒有用，所以代理商要將接洽之能否拿到合理之價位，機動性反應 Maker，如此我方再直接去函洽議更具有實質性。

因台灣環境，已造成代理商為 Maker 尋找商機之作法在台灣行之有年，經董座推動對外詢議價可縮短時效，並爭取六輕有競爭力價格。有此方式直接去函代理商為賺取多少傭金，須全力以赴爭取生意，否則就沒生意。故如此方式，董座於民國 80 年 12 月 23 日再來傳真表示：「則能採購求得價廉物美者，此舉認為占所採購其發揮力量達超過90%以上總不以下者，所以再言以實事求是本企業的採購能在此發揮應有採購成就，雖既往都經過各代理商貿易商經辦而來，但其主要我方設堅定的原則，能使該等代理商、貿易商向供者連繫提報其競爭情態使供方為爭取採取各其適當措施而經由其所委任的代理商前來面向，本企業採購部提供各其參考資料由其我方參酌分析比較採取適當決購。此作法不僅是無可厚非，且多年來代理、貿易商所和我方合作其努力當亦不能否決，既往一概如此堪謂成為正常良好的作業，本實無須我方必要向供方直接所另設任何行為，應可維持才對，而無損害可言」。

6. 採購管理者應堅守採購文化

於民國 91 年初總座經常詢問王文堯在採購工作如何，提升經理後希望由我訓練。董座向我講希望王文堯向事業性工作發展，經向總座報告交代檢討，因總座安排王文堯為短期訓練為重點，而續留在採購部工作。

91 年中以後，董座每星期均有 1、2 次詢問。王文堯擔任經理這段期間，採購現況事宜，不斷叮嚀身為採購主管應以本企業長期來企業文化所建立的公平公正之採購制度徹底執行，不能給外界有所批評。

爾後總管理處的主管即安排簡志仁接採購經理，這些話都是從簡志仁那裡傳出。當時總管理處楊主管曾向我埋怨說，我為何不提升、不重用簡志仁呢？我即表示長期來簡君是幕僚人才，從事管理制度工作，每次採購會議或經常作業上有需要改善與以電腦化即由他與總經理室資材管理檢討，進行電腦化之工作。長期來就是如此，每年考績及特別獎金均最高，此部分劉康信協理他都知道，當時楊副總即向劉協理求證，劉協理馬上點頭，這是事實，楊副總才沒說話。這次安排他（簡副理）擔任採購實務工作，其實我個人認為不妥，既然總管理處主管要他來重整採購組織，我也沒話說。

經 1 年多簡君與王經理搭配參與採購實務工作，此期間簡君依他的個性，我當時認為會出事情，後來不出所料與廠商有不公正行為之傳聞，又對所屬採購人員彭育夫的縱容，該君長期來擔任採購時就有風風雨雨的傳言不老實，簡君他們當年又要提升彭育夫為高專，當時我極力反對，沒有如願，而採購同仁也有不滿聲音傳出。爾後彭君再度廈門處理採購實務案件，又有不法之傳聞，最後由王瑞瑜副總查證後，請他離職，而簡志仁與廠商也有不公不正之傳聞，相繼也離職（退休）。董座好不容易推行採購新制度創立企業文化之一，不容許有所損傷。

　　王文堯最後依計畫於 93 年底由台化安排前往越南擔任駐廠管理實務工作。94 年初開始回歸正統由呂芳裕擔任採購經理，至於我個人部分亦已安排由總經理室派員接任。

　　所以 96 年 9 月 28 日董座在辦公室與王瑞華副總裁及本人 3 人洽談移交 23 年採購生涯，董座希望我在事業體發展，由我經營海運能建立一支龐大船隊。當時並決議散裝船營運能與市場結合，內運或外攬以最大利益為調度，大宗煤炭採購仍由我處理，做最有效調度。

　　雖然我已離開採購工作範圍，但董座仍有所感長期來對長庚與六輕之貢獻維持以往互動，不斷了解海運經營狀況並全力支持擴大船隊，對於 23 年來董座及總座可說是每星期多次找我洽談並與了解我的業務，所以企業內沒有人比董座、總座更了解我的所作所為。俟於 97 年中有意將我調到總管理處擔任董座指派工作，雖然總座於 97 年 11 月 22 日休假日找我到辦公室，仍堅持要我再回採購，身邊有總裁並再找多位總管理處主管詢問，但因〝此調動〞已與董座談妥而作罷，可見長期來在六輕採購及發包工作上，每一艱困工程項目全力投入，配合總座解決問題為企業最大利益而堅持，均是得到總座支持而已有相當瞭解吧！

　　爾後民國 100 年以後，配合〝原油〞移交採購部統籌辦理，〝煤炭〞也不例外，經過 2、3 年時間，採購煤炭主辦者係由長期在審核單位擔任組長調至採購部辦理大宗煤炭之採購工作，就發生廠商與主辦者有不法行為，經廠商投訴並提供適時之證據一筆龐大金額，這種事在我個人經驗，廠商絕對會找對對象，不可能僅對一位組長主管下手，如此之不法，這次發生之多家廠商曾對我實際動作，但我不為所動，當

場退還或拒絕，並事後呈報兩位創辦人及現任總裁。但對此次弊端「雖然廠商表示拿的人說是上面主管要的」，但最後對此事件也僅由該員退職離開，而結束此案？長期來王創辦人重整採購形象，若有弊端事情發生，完全在人問題，所以負責之採購最高主管，應有責任管理所屬，維持正常環境運作，可見找對的主管相當重要，不輕易的將長期來建立基礎有所破壞。

在「經濟日報104年8月27日經營管理錦囊－強化公司治理守護核心價值」短評中，提到對於特殊規格獨家供應之供應商，如何想辦法維持供應關係?站在內部控制制度來看，每年應針對特定供應商需做評鑑及對抗廠商之評估選擇，可進行比價。這個機能須由採購部門強化做內部控制。

另一個管理機能就是落實內部稽核制度，這個機能係由總管理處總經理室檢核組擔任，這是在組織設計上必須分明、制度化，這是高層主管應有認識。關於這次弊案涉入層次高到總經理級，為何第一次內部稽核沒有能查核出這麼重大舞弊？主要原因內部稽核，僅檢視內部控制制度的設計是否有效執行，並非揭發舞弊。

長期來台塑集團在王創辦人強勢領導下，對任何事實事求是，對事不對人，在追究底的精神下，總管理處的主管則責無旁貸，訓練出內部稽核人員嚴守專業倫理，大家都在自律基礎下才能提升查核能力，關鍵在於最高主管為配合上層的理念下而正本清源。

而7、8年產生弊案何其的多，除檢調單位涉入才有涉案的人呈現出來，否則亦僅辦到某一個人程度就不了了之。如此者各單位也拭目

以待，未能公正處理，有心人一有機會即營私結黨起貪瀆之心，如果連高階主管都牽涉其中，就成貪污集團。有幸此次王永慶創辦人的女兒王瑞瑜總經理，長期來秉著創辦人即治理公司的理念，追求事理的精神，才能將這麼龐大事件揭露出來，否則繼續隱藏下去，那是不堪想像呀！所以唯有各部門內部管控的牽制，於組織設計上強化公司治理更透明化、制度化，各自發揮其機制，在強有力的領導下，才能避免企業高層的腐蝕。

■ (四) 海運擴大之壯舉，完成董座之願景

海運於 1980 年籌備階段，設定各項船務、工務及船員管理制度，完成後，董座交代再上船執行所設制度是否得宜。王永慶創辦人在籌備海運時對海運相當興趣與重視，並對我兩次上船長水路航行工作，將實務與設定制度能符合所需，不斷修訂改善，而「止於至善」，更加對我了解認識。

於 2000 年左右六輕工程採購、發包作業也接近尾聲、完工階段，而我本人再接海運經營督導工作，在本文中提到長期來王創辦人對海運之願景，能擁有自己龐大船隊，我也曾經以管理身分上過兩航次美國到遠東航行經驗，依所設制度於船上實務執行經驗，所以這次接手後提出創新改善，並於金融海嘯前市場狀況達巔峰時，做出對公司最大利益之動作，在本文階段有做詳細報導，海運經營績效於 2006～2007 年突破績效，總座交代自 1981～2000 年蘇忠正經營績效 20 年利益 7750 萬元與 2001 年起組織重組船隻改善及增設各種大型船隻 11 年之利益 127,400 萬美元比前 20 年之利益多出 16 倍，兩位創辦人對此相當在

意，因此有了資金才能把海運由 11 艘 100 億資產提高到 66 艘 1,000 億資產之龐大船隊，以噸位 800 萬噸成為台灣最大船隊之一，在這方面達到王創辦人之願景。

■ (五) 環保與社會公益→善盡企業責任

1. 環保

台塑企業長期來兩位創辦人對環保方面的重視不在話下，依我在台塑總部的採購為例，各公司於各地設廠，首要即建設焚化爐、廢水處理之設備，經由採購經手處理，各公司對廢水處理不斷檢討改進，如台化彰化廠將有味廢水處理到無臭的境界，此項對以前坐火車的人最能感受。又我經常在總座辦公室聽到台化其他各廠如龍德廠如何處理，與化工人員檢討，後來六輕建設階段，台塑企業各公司對汙染防制已有相當經驗，於各廠區設各項防治設備，並設立環工中心掌控整個六輕廠區汙染及管制標準，則依六輕為例防治污染設備費用就須 956 億元，占六輕總投資額 5,744 億元之 16%。

王創辦人在建廠採購設備時就特別交代「要做就做最好的」。以麥寮電廠為例，如脫硫（SOX）國際標準 200PPM 實際<20PPM；脫硝（NOX）國際標準 250PPM 實際<20PPM；粒狀汙染物國際標準 34.7MG/NM3 實際 20.7MG/NM3，這也顯示王創辦人做好環保之決心。

六輕長期來各製程運轉配合全球推行之節能減碳，在總裁不斷延續推動下，至 2013 年底已執行 2,043 件，每年降低 708.2 萬噸 CO_2 約

為 9.35 億顆樹一年的碳吸收量。另也執行節水措施總共 852 件，每年節水量 8,553 萬噸約為 93.6 萬人一年的用水量。

另在環保方面值得一提就是在六輕廠區內，兩位創辦人為紀念母親之養育之恩及發揚台塑企業文化「勤勞樸實」的精神，建造一座占地約 7 公頃的「阿嬤紀念公園」園內有小橋流水、人工瀑布、池塘內鯉魚游來游去，並設有健康步道等景點，在工業區內徹底執行環保工作，如此環境下也吸引大批白鷺鷥、綠頭鴨及各種鳥類前來棲息，這也證明台塑六輕環保工作的優異成效，而這座公園也成為觀光景點。

2. 社會公益－企業責任

台塑企業王創辦人長期來經營事業不斷擴充「永續經營」。王創辦人深切體會唯有做到利己利人，才能為企業帶來最大的經營效益，同時也使企業能善盡其回饋社會的經營宗旨。先以經營事業面來講，在本文中提到補貼下游中小企業百億元以上匯率差，王創辦人認為身為大企業的台塑，仍有扶持中小企業之本分，為整個塑膠加工業一貫體系的存活，而能持續台灣經濟成長。

王永慶創辦人於民國 52 年為培育清寒子弟優秀人才，創辦明志工專為企業儲訓領導幹部。於民國 65 年建立長庚醫院，王創辦人以企業經營理念一樣追求合理化，因為私人辦醫院是自己拿錢出來捐贈，並設立長庚大學培育一批批醫療人才，這些經費不是公家機構預算，所以王創辦人認為合理節省就節省可幫助病人節省開支，節省支出能再增加聘請醫師及增加病床，能救更多的人為宗旨，所以我於民國 75、76 年參與長庚醫院藥品及耗材、設備之採購，由王永慶創辦人親自參

與每一案件，10萬元以上均須送董座裁決，我以採購主辦角色配合董座全面整頓，這次成果在本文內容已說明，爲此董座曾向我表示「楊先生：你也是在做功德」，感受董座追求事理、正派經營之理念，使我往後不得不全力以赴！

民國76～77年董座當時撥一筆特別獎勵金給企業內高層主管，而我當時是位年輕主管且與高層主管相同的特別酬勞，使我改變生活品質購屋及有能力給三個孩子至美國留學，使我對董座感念更加全力以赴於六輕等事業，一生對台塑企業忠誠度不變，王創辦人對我這樣，他對其他主管也是一樣，但他們能知足感恩？

王創辦人對於國內外發生重大災情均捐出大筆金額，除此之外還捐贈921大地震而倒塌的學校重建工作，交代我找幾家有實力做好品質營建廠商參與實際重建工作，王創辦人再捐贈由黃俊生醫師主持耳聾孩童助聽器，恢復聽力如正常人一樣，這是我經辦的見證。還有其他公益如地方捐獻不計其數，還有身爲一位企業家長期來經營事業能不斷成長，永續經營給股東創造利益，並對員工實質照顧的企業責任。

▍(六) 對兩位創辦人之感念

　　針對兩位創辦人長期來對我培育、訓練，我為兩位創辦人做了什麼，為什麼兩位創辦人23年每星期多次找我談事情，首先了解自己學習什麼，有什麼特點為什麼獨鍾對你，我對兩位創辦人感言之所在。

　　我是一位屏東庄下仔，有機會來到台塑企業南亞纖維廠落腳，起先抱著我高段算盤，可好好發揮，後來經考試到會計課從事料帳工作，當時到會計因自己是念省高商，所以對會計工作甚感興趣，也相當努力打拼，要把自己的工作做好，也因為有這樣的工作態度，在做成本會計，南纖各產品的成本計算、成本分析，也因對製程了解，用何設備投入何種原料，對工廠生產管理之記錄工作頗有深入，所以對產品成本分析能了解到相當深度，爾後有機會參與總管理處總經理室經營分析工作，從事企業內台塑、南亞、台化各產品成本分析，安排於王創辦人主持午餐會報，在這股壓力下，為能將提供分析報告給層峯參考，所以我們在作業時，會特別對數據資料有所交代，也秉著實事求是的精神展現於這個舞台，因為我是組長，所以在午餐會上我是常坐客，久而久之也得到兩位創辦人的注意，也因此在籌備成立海運公司時，又能全程執行海上航行的制度，使王創辦人更加對我認識，後來受教於王永慶創辦人從事資材管理，設定存量管制，並將這套資材管理實務電腦化，推行於美國各廠最後能完成董座交代不失所望。

■ 受教於總座採購基本功

在我的職場生涯與兩位創辦人接觸最密切的就是採購，這 23 年到底我學到什麼，又付出幫忙了什麼？

回顧 20 幾年來，首先於工作就是訓練，針對機械設備類如泵、閥、壓縮機、 冷凍機、電廠設備及塔槽、壓力容器等製作之採購，初期承蒙總座悉心教導並對各項鐵材材質有所認識，在此階段雖然我不是讀專業知識，但能用心去了解每一項設備用什麼材質做，其大小之價格後來依此數據去評估，其價格之合理性，使我獲益良多，不勝感激。

長期來承蒙總座指導，有一項習慣在洽談中，對於生產設備、生產產品其機台產能如何，產能提高對製造每噸或每 PC 成本影響如何，如台化產品、南科 DRAM，都有習慣記錄於便條上。這種作法幫助記憶外，並可於記錄時做比較，可探討所記載數據之合理性，這樣也養成我對每一項資料收集並能延續比較，做成趨勢表，這些都我長期來所得到而養成一種收集資料習慣。總座對數字觀念甚深，尤其產品製造成本如何，經常翻閱會計單位所製各本經營績效資料，也因此各經營事業單位，也不得不深入了解。

所以對原料方面，最主要是台化使用原料如 PX、木漿、SM、CPL（耐隆原料），平時均需由廠商所報價格，整理比價，總座有請至其辦公室有特定交辦外，主要原料的動態均會提出報告，如何採取採購策略，比如因我們已知大宗原料製造成本如何，所以在景氣低迷價低時，我和總座、總裁有一個觀念，價格將低於成本階段，在永續經營理念

下，不可能一直虧下去，所以在此階段大量進口現貨，在本文中提到所得效益甚大，這也是我長期來從事大宗原料採購最有成就感的經驗。

總座也曾向我提起年輕時曾包工程如何帶人做碉堡工程　事，所以總座對工程如何進行、品質如何確保，相當有經驗。在六輕建設時，對每一工程施工階段有什麼問題，於工程會議時，能準確抓出問題予以解決。又羅東做木材之事宜，所以總座自動向董座請求要去台化參與經營，也因為總座對木材有所認識，剛好台化以木材製木漿，生產人造棉、仿天然棉之原故吧！也因在台化須種植樹木的經驗，延伸這個經驗，於民國 76 至 77 年間，交代我購買數千棵小樟樹，是要買活的不是買死的，至今都已成為大樹林，每次到球場也有一種成就感。後來六輕種植 120 多萬棵不同類別防風林，尤其是木麻黃，每次我們到六輕開會都需坐車巡工廠，路邊所站立的防風樹林堅強轟立著，回想建廠時那種堅毅的精神，與這些樹一樣的堅強啊！

■ 六輕建設－在總座身邊之點點滴滴

總座在六輕建設期間約 10 年餘，1 個月 2 次工程會在麥寮開，早上約 4 點出發到麥寮工廠吃早餐、巡工地或工廠完後即開會。因有問題須解決，我的工作是採購、發包，每一項問題均與我有關，所以有時早晨總座會找我一起坐車洽談，回來時亦曾一起做總座車子，大部分與王文潮董事長另坐一台。如果回到台北時間較早約晚上 7 點左右，即叫我和總裁及王文潮董事長一起在總座家裡吃家常便飯，如果時間較晚一點也會在外面吃了才回家。

　　這段時間有感總座把員工當家人看待，一位長者風範。總座知道你有在做事，如果有點差錯，總座總會說不要緊。如果有虧損案例，總會說「虧就算了」。雖然這麼說，但對我們來講可更要努力的，如果買的設備、材料有問題或是施工品質不佳，那不得了，絕對大發雷霆，不放過甚至打掉重來。如果有不法事實，曾經有位審核主管就被趕出去。在六輕建造階段，電廠之採購發包因工程部門不公平辦理且供應商品質亦有問題，全程由我及新工程部門主管及重工配合總座解決，在本文詳談很多使電廠投資成本全球最低的。另很多困擾的工程、案件經總座堅持由我配合公平處理如購船、航道抽砂及各海事工程。總座認為「對的事就去做」之理念，使我勇往直前拼命去做，使我回想在六輕建設階段各項材料用量均相當大，工程發包很多廠均須同時完工，中間進度、品質有問題均需要解決，可想工作量之大，但那時候在總座領導之下，大家全力以赴，同心協力地完成這麼龐大工程，真是「與有榮焉」，在我心目中的「六輕總工程師」，唯有對總座由衷的感念。

　　20幾年與兩位創辦人身邊單獨洽談，因不是閒聊均有議題，所以我格外用心去收集資訊，需戰戰兢兢的面對而會有壓力，因此產生動力對每一件問題均需苦思而想出方法去解決，長年累月就是這樣累積經驗，雖然辛苦，但很榮幸有此機會能在「經營之神」與「六輕總工程師」身邊學習受教而產生實力，貢獻於六輕，這是我一生最大收穫。

　　總座及董座長期來比我的主管還了解我在做什麼，我在採購、發包所作所為有何貢獻度，兩位創辦人最為了解，所以在考核上，總座直接考核每年特別獎金仍與各公司高層主管同等，董座有特殊獎勵仍與高層同！甚至有人說我買房子的事情如何‧‧‧但總座即向他們說給楊某某的一年多少會比你們不清楚嗎？

■ 工程單位主事團隊影響層峰甚大

由本書中了解各重大設備工程之採購、發包案，建廠初期台塑及總管理處營建單位主辦之工程，均以簽呈簽辦由特定對象分配辦理，當然均需取得董座及總座核准，但最重要是這個工程（廠）的主事者，若依正規程序經採購辦理，仍需評估製造商之能耐實績，再由採購比價後呈核，若由工程部門直接與廠商洽談，並安排與兩位創辦人洽議，各家雖然有比價實質上並無競標，最後，也是主事者之團隊，向董座或總座提議做決定，長期來據我實際參與印證及了解，工程部以簽呈呈准，無論價格高或低，總座認決就決去，不會與董座發生爭吵，唯有廠商所設計規格交貨安裝試車，有品質相當不良如麥寮電廠之三菱鍋爐，總座對負責單位之最高主管嚴重指責，可能亦會影響兩位創辦人之爭議吧！依我個人看法，負責工程單位之主事者（陳經理）偏袒單方影響公司權益引起所致吧！電廠亦因當時規劃主事者離開後，後續對每一件附屬設備之供應商則有意參與競標而得到更合理價位，在我部門擔當的案件均由我向兩位創辦人報告，就無爭議的現象！

除台塑負責電廠及海運初期規劃購買大船及烯烴之統包工程，因我採購有參與並有總座指導下，均能化解綁標之現象。此外，其他如總管理處所負責的營建工程，這方面在本書內容中敘述自土方，工地大中小排水工程及海事工程及大宗營建材料，本人所遇到種種困難均向總座報告不斷檢討，由總座親自主持各工程進度及施工品質之檢討，能確實執行，有問題就解決，這就是建設六輕最大動力。

總座認為對的事情就去做之支持也解決很多問題！最後值得一提就是董座對於亞太投資系列延伸之投資案件，剛開始之抽砂工程在文中所述問題重重，雖傳風風雨雨但也已完成。後續如何做最重要，對每一個案如何防止弊端為首要，如本書中所述。另需一提就是「泛亞電信」仍屬亞太投資系列，此案仍由該公司所屬人員自行運作，最後仍呈核董座核准，但當時董座是否因電廠所發生問題之原故，所以此案為慎重起見，再交採購由我了解處理，為董座擋下一件重大投資案。經綜合以上案例，主辦投資單位或工程單位團隊人員之正念由正規辦理非常重要！

▌兩位創辦人合作無間

因此對兩位創辦人長時間相處了解，總座對董座的尊敬，董座自賣米照顧小弟之情境均顯示在米店，後來董座經營塑膠粉初期遇到困境，總座於民國 47 年 5 月 30 日毅然決然把賺錢的羅東木材行收起來，錢帶到高雄 PVC 粉廠參與經營行列，當今社會兄弟之間能有幾個能這樣做呢？也因為董座總座之間無私，全為整體利益著想，於工作上合作無間，董座的方向指揮，依創業塑膠工業之基礎，創造未來之願景（vision），於民國 62 年向政府申請建上游原料輕油裂解廠，但被當局以力主公營，不願見到台塑企業發展太大而受阻。但董座還是為了料源而向美國發展並建立船隊，做為日後再向上游發展及擴大船隊的基礎，而在台灣的發展經過 20 年的奮鬥，在總座的輔佐有力執行下，終於完成董座交付石化工業的願景啊！

　　董座自從生產 PVC 粉陷入困境，爲了求生存於民國 47 年成立南亞塑膠公司做二次加工生產膠皮、膠布及塑膠管，當時一般民眾對塑膠製品還不能適應，除加強品質外，並再成立三次加工之「新東公司」，也因緣際會認識卡林先生，爾後對各項製品對品質研發重視而建立價廉物美的品牌。海外市場需求大，台灣塑膠三次加工業也如雨後春筍蓬勃發展，台塑企業就這樣奠定爾後發展的基礎，民國 60 年代台塑企業已成爲台灣最大企業，南亞排第一，台化第三，台塑第四。

　　當我親自接觸後了解董座之個人特質依本文中所述即是，大方向外，在經營管理從不放鬆，因他常向我說人是有惰性，制度上不合時宜均須修改，在管理上董座「以小見大」，點點滴滴不斷追求改善。這股動力，也是台塑企業發展的「活力」，永續經營的理念最關鍵在於人，我在總管理處當上高層主管時，不斷叮嚀我要"培養人"，可見對人才取得、人才培育相當重視，兩位創辦人對後輩之提拔不乏遺力，當今來我唯能將我與兩位創辦人身邊之見證以我的論文寫成此書提供給社會有需要的人供參考，這是對兩位創辦人的一種懷念。王創辦人對事業抱持著這種「勤儉、堅毅、努力、誠信」的信念值得留給後人學習之所在。

■ (七) 綜合台塑企業成長與台灣經濟成長的關係

1. 突破困境,奠定發展基礎

前述提到創業的困境,如何求生存,為當時王創辦人永慶先生之情境,「皇天不負苦心人」開啟了台灣加工業之簾幕,當時台塑經營困境一年營業額不到 1 億元,爾後經三次加工亦經過將近 10 年時間突破數十億元,奠定了台塑企業發展的基礎,而培育台灣一批走遍天下的營業使者,而創造台灣經濟發展的奇蹟。國民所得的增加,使每人平均 GDP 由貧窮基數 350 美元以下,10 年時間至民國 69 年,增加到 2,389 美元(如附圖三),因此南亞於民國 69 年關掉新東廠,培養更多的加工業老闆。台塑企業以顧客為主之經營之道,提供高品質、價廉物美的產品供加工,具有競爭力,大量外銷全球市場,民國 60 年~70 年代在美國衣服賣場及塑膠加工品如鞋類、皮包等,均可看到為台灣製造(Made in Taiwan),所以台灣經濟成長係從塑膠加工及紡織加工業發展起,製造業總產值,民國 60 年為 822.99 億元,至 69 年為 5,256.23 億元,提高 6.3 倍,也因為約有 8、9 成外銷,以台灣商人刻苦耐勞的毅力及追求生存的精神開拓美國市場,大批訂單湧入,相對造就國貿、金融、不動產、工商服務及運輸等服務業,等於民國 60 年代 10 年時間提高 6.3 倍。長榮海運於 1975 年 4 月~7 月,第一艘貨櫃船行駛美東航線進而美西航線,而奠定發展基礎。1980 年台塑企業亦因塑膠加工業的蓬勃發展,帶動上游原料需求大增,因國內投資原料建廠受阻,進而擴展海外事業,將所需原料(EDC)運回台灣生產塑膠粉,也因此台塑企業建立海運事業發展之基礎。

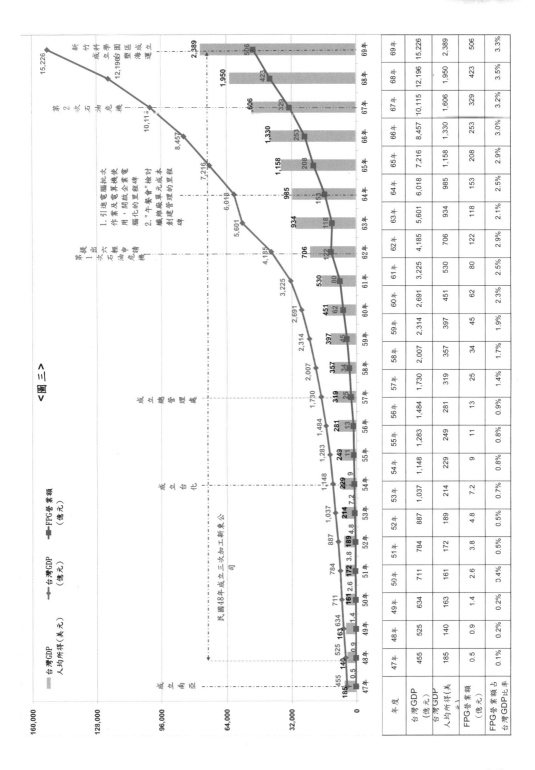

〈圖 三〉

年度	47年	48年	49年	50年	51年	52年	53年	54年	55年	56年	57年	58年	59年	60年	61年	62年	63年	64年	65年	66年	67年	68年	69年
台灣GDP（億元）	455	525	634	711	784	887	1,037	1,148	1,283	1,484	1,730	2,007	2,314	2,691	3,225	4,185	5,601	6,018	7,216	8,457	10,115	12,196	15,226
台灣GDP 人均所得(美元)	185	140	163	161	172	189	214	229	249	281	319	357	397	451	530	706	934	985	1,158	1,330	1,606	1,950	2,389
FPG營業額（億元）	0.5	0.9	1.4	2.6	3.8	4.8	7.2	9	11	13	25	34	45	62	80	122	118	153	208	253	329	423	506
FPG營業額占台灣GDP比率	0.1%	0.2%	0.2%	0.4%	0.5%	0.5%	0.7%	0.8%	0.8%	0.9%	1.4%	1.7%	1.9%	2.3%	2.5%	2.9%	2.1%	2.5%	2.9%	3.0%	3.2%	3.5%	3.3%

2. 台塑企業成長帶動台灣經濟成長

　　台塑企業自民國 60 年代多角化發展各項不同原料之纖維，延伸至紡織生產紗類供紡織織布加工，至民國 70 年起塑膠加工業帶動三次加工業之發展，至民國 76 年紡織及塑膠加工業生產毛額為 2,756 億元，佔製造業之 22%，加上台塑企業產值 1,502 億元，以加工外銷為主供應國內加工廠，則佔製造業 35%，至民國 86 年左右，加工業之高峰期生產毛額約 3,000 億，加上台塑企業產值 3,382 億元，共 6,382 億元，佔製造業將近 30%，也因加工業以外銷為主創造外匯，相對國際貿易、服務業及金融業之成長，而台塑企業也因下游加工產品產值之成長，中游中間原料如塑膠製品之塑膠粉用原料 VCM 用量激增，國內乙烯供料不足，台塑企業申請建烯烴廠受阻，不得不向美國購廠，生產 EDC 並建船運回台灣加工。纖維類所用原料如 PX、PTA、EG 均需向國外採購進口，自民國 76 年到 86 年，台塑企業雖然在這 10 年六輕停滯，三次加工業陸續外移，但台塑企業生產之各類產品品質佳、具有競爭力，並顧及下游廠之生存，仍受下游加工業之喜好，不斷擴充纖維及塑膠各項產品之製造供料，成為全球石化原料最大進口商之一。民國 77 年至民國 86 年，台塑企業產值增加 1 倍以上，達到 3,382 億元，此階段因加工業創造台灣經濟奇蹟，有了製造業造就了各項服務業(貿易、金融、運輸等)，也因此台灣經濟於民國 70～80 年代，向外賺取大量外匯，使國人所得增加，每人平均超過萬美元，促進股市高漲及不動產（房屋）大量建設，並對電子產品需求增加，雖然三次加工外移，但電子產品銜接得上，電子產品生產毛額由 1981 年 500.67 億元到 1997 年增加至 4,722.03 億元，佔製造業 21%，超越塑膠紡織加工產品，年約 3,000 億元生產毛額(如圖四、表一)，爾後延伸創造台灣電子科技業的發展。

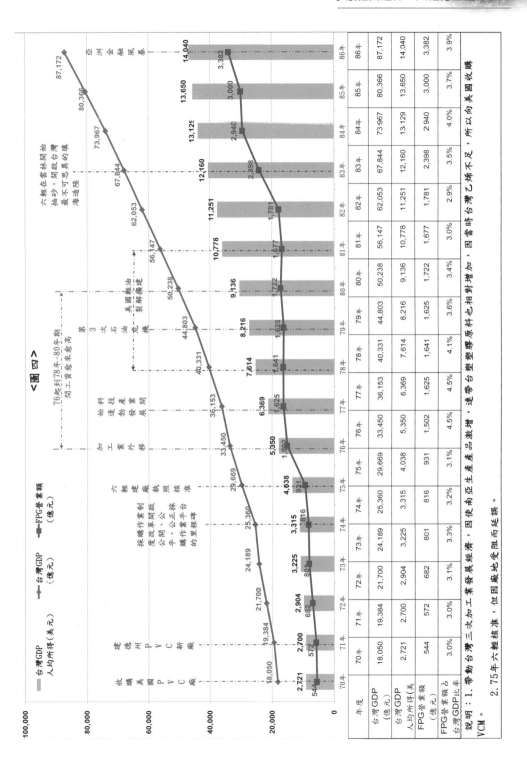

＜圖 四＞

年度	70年	71年	72年	73年	74年	75年	76年	77年	78年	79年	80年	81年	82年	83年	84年	85年	86年
台灣GDP （億元）	18,050	19,384	21,700	24,189	25,360	29,669	33,450	36,153	40,331	44,803	50,238	56,147	62,053	67,844	73,967	80,366	87,172
台灣GDP 人均所得（美元）	2,721	2,700	2,904	3,225	3,315	4,038	5,350	6,369	7,614	8,216	9,136	10,778	11,251	12,160	13,129	13,650	14,040
FPG營業額 （億元）	544	572	682	801	816	931	1,502	1,625	1,641	1,625	1,722	1,677	1,781	2,398	2,940	3,000	3,382
FPG營業額占 台灣GDP比率	3.0%	3.0%	3.1%	3.3%	3.2%	3.1%	4.5%	4.5%	4.1%	3.6%	3.4%	3.0%	2.9%	3.5%	4.0%	3.7%	3.9%

說明：1. 帶動台灣三次加工業發展經濟，因使南亞生產產品激增，連帶台塑膠原料相對增加，因當時台灣乙烯不足，所以向美國收購 VCM。
　　　2. 75年六輕核准，但因廠地受阻而延誤。

271

國內各業生產毛額(2008SNA) （當期價格，1981年～2014年） <表一>

單位：新臺幣百萬元

項目		70		76		78		86		70年與86年比較 差異金額
製造業	塑膠加工與紡織品	137,335	23%	275,624	22%	257,939	20%	296,704	13%	159,369
	電子	50,067	8%	125,702	10%	146,771	11%	472,203	21%	422,136
	其他製造業	402,503	68%	826,702	67%	914,527	69%	1,460,136	66%	1,057,633
	小計	589,905		1,228,028		1,319,237		2,229,043		1,639,138
技術服務業及資訊傳播業		54,110		52,921		70,317		231,265		177,155
批發及零售業		226,275		390,173		488,594		1,314,194		1,087,919
不動產、服務、金融、運輸與社會安全產業		622,911		1,117,257		1,568,701		3,988,015		3,365,104
合計		1,493,201		2,788,379		3,446,849		7,762,517		6,269,316
其他		311,842		556,583		586,222		954,724		642,882
GDP		1,805,043		3,344,962		4,033,071		8,717,241		6,912,198
ICT產業		76,106		180,884		214,135		653,480		577,374

資料來源：主計總處／歷年國內各業生產與平減指數

3. 台塑企業六輕及科技業再創台灣經濟成長

台灣塑膠及紡織加工業民國 80 年代產值陸續減少到 103 年減為 2,408.26 億元，僅佔製造業 5%，而台塑企業六輕於民國 87 年開始生產，全面生產後於民國 96 年創造年產值超過 1.5 兆元以上，佔 GDP 約 10%，則台塑企業總產值於民國 96 年突破 2 兆元到 103 年達到 2.5 兆元，佔 GDP 約 16%~17%(如附圖五、表二)。另台灣於民國 78 年有電子科技業之發展，於 1995 年年產值 3 千億元以上，取代三次加工業，到民國 103 年創造 2 兆多元電子科技產品，以上為使台灣經濟維持成長的主因。

10 餘年來對石化的發展，台塑企業及其他石化業之投資者，因環境所限而停擺。雖有科技業的接棒發展再創台灣經濟的成長，如今科技業發展至此也屬高峰期，依過去加工業之例，也陸續外移，或被大陸所取代者，屆時台灣沒有再創新行業或突破現有經營條件，再創高技術高價值的產業、產品者，這是政府與產業須思考的隱憂。

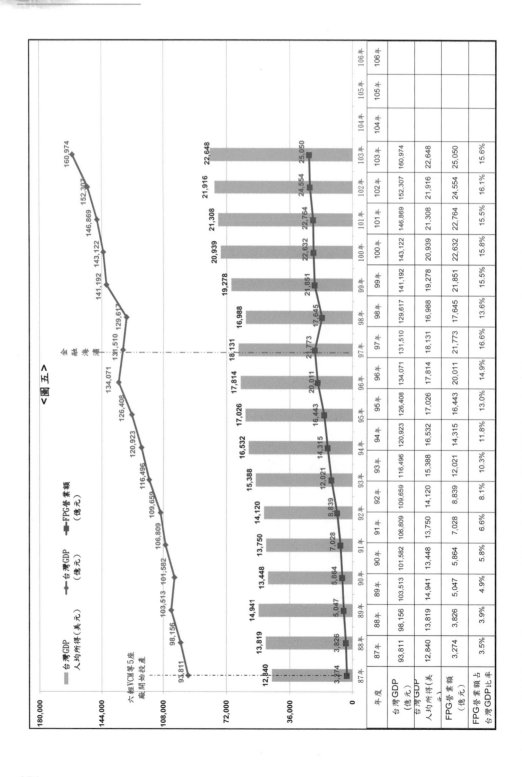

國內各業生產毛額(2008SNA) （當期價格，1981年～2014年）　〈表二〉

單位：新臺幣百萬元

項目	87		90		96		103		70年與103年比較差異金額
製造業　塑膠加工與紡織品	312,101	13%	265,802	11%	191,379	5%	240,826	5%	103,491
電子	567,768	24%	706,402	29%	1,604,111	43%	2,318,791	49%	2,268,724
其他製造業	1,503,505	63%	1,473,967	60%	1,969,079	52%	2,198,988	46%	1,796,485
小計	2,383,374		2,446,171		3,764,569		4,758,605		4,168,700
技術服務業及資訊傳播業	252,834		307,035		476,297		578,310		524,200
批發及零售業	1,455,165		1,700,819		2,309,925		2,635,811		2,409,536
不動產、服務、金融、運輸與社會安全產業	4,238,993		4,661,103		5,622,153		6,657,828		6,034,917
合計	8,330,366		9,115,128		12,172,944		14,630,554		13,137,353
其他	1,050,775		1,043,081		1,234,118		1,466,846		1,155,004
GDP	9,381,141		10,158,209		13,407,062		16,097,400		14,292,357
ICT產業	792,054		1,023,571		1,949,483		2,676,299		2,600,193

■ (八) 台塑企業永續發展與科技業發展之探討

1. 產業永續經營，把持企業成長：

在本書中提到台塑企業於每一階段所遇到困境，總是在王創辦人永慶先生的那股超人毅力下，為求生存，而開疆闢土使企業永續經營，能持續成長。如今也一樣，長期來建立的企業文化，當今主持者，為能把經營之路繼續走下去，因石化產品均與食、衣、住、行及科技產品有關係，能將石化產品開創為更有價值，投資仍以台灣為優先。但投資環境惡化而受阻，不得不尋求他地，如美國因有頁岩氣油，以「再工業」號召使製造業回籠，其他石化廠也相繼擴充乙烯，而台塑企業在美國廠部份也不例外，且較有競爭力，能與遠東地區乙烯延伸之產品有互補，並以全球化客戶為導向，這就是台塑企業繼續要走的路，所以長期來建立石化體系，仍須不斷擴建乙烯、丙烯烴煙廠。

2. 科技業自從塑膠加工業與紡織加工業之興起，使中上游原料供應廠商不斷擴充增加產能供給所需，帶動台灣經濟成長並延伸科技業的發展

(1) 各產業的企業集團組織結構相繼擴大，仍須一套制度化，進而電腦化，首先於 1970 年如美國、歐洲、日本等電腦科技產業的崛起，進而台灣開始以電腦處理管理工作上的事務，以台塑企業為例，於 1975 年起實施電腦化演進到 PC（個人電腦）操作，而帶動了科技產業的發展。科學園區的成立、科技人才回歸，從事科技電子產品的生產及半導體晶圓代工，有如早期「三次加工業」雨後春筍般的相繼設立，為台灣經濟再一波注入一股營養素，ICT 產業自 1981 年 761 億元，到 1997 年擴展至 6,534.5 億元，增加 8.6

倍，到 2014 年在提高至 2.6763 兆元，比 1981 年增加 35 倍。在
這之間也建立自己的品牌行銷全球，如個人電腦有宏碁（ACER）、
手機有宏達電（HTC）等，而台塑企業發展電子產品也不缺席，
於 1984 年首先於南亞建立「印刷電路板廠」，爾后由南亞製造「銅
箔基板」自玻纖絲->織玻纖絲布->樹脂貼合銅箔(買銅線製造銅
箔)，以製程自動化確保品質，完成電子材料產業鏈，供應全球電
路板廠，完成此一系列上下游垂直整合。

又於 1993 年投入 DRAM，初期與日本技術合作，後來與 IBM、
英飛凌合作，最後與美國美光合資生產 12 吋 DRAM。而台塑企
業也配合產業的發展，亦與日本合資生產 8 吋及 12 吋晶圓廠，自
用以外並供應半導體業者，也成立福懋科技投入封裝測試業，可
說完成 DRAM 產業的垂直整合。

(2) 台塑集團高科技電子材料及產品 2014 年營收總共約 3,000 億元，
占製造業之電子產業的 12.9%，其中銅箔基板電子材料係為南亞
主力產品占該公司營業額 31%，亦為全球第 1 大銅箔基板製造商
且有競爭力，所以此項產品把持成長。而 DRAM 部份，礙於技術
力受制於他人，長期來供給過剩，價格低迷，南亞科近 20 年至
2013 年止，累計虧損 2,333 億元，幾乎賠掉股本。南亞高層為拯
救南亞科繼續營運，即減資調整財務結構，資金不足即由企業四
大公司的支持，經 2014、2015 年記憶體稍有起色，南亞科、華亞
科兩家公司共獲利 1,250 億元，但至今 2016 年來，仍將持續受到
全球供給過剩、價格續跌。又台灣 DRAM 競爭力實在不及韓國、
美國，於 2015 年 12 月與美光合資的華亞科，台塑集團的股權全
部由美光收購，則台灣 DRAM 產業在全球地位恐更加下降，南亞
科仍仰賴美光的技術求生存。

(3) 台灣科技產品的發展，源從 1970 年代開始，各企業相繼實施電腦化需求，則使用電子類產品也就增加，進而台塑企業王永慶創辦人大力號召工商界使用電腦作帳防止逃漏稅，營業大使全球做生意，可攜帶式電腦，即以「筆電行銷」走遍天下，則台灣筆電暢銷全球，尤其「宏碁」也以自己品牌行銷全球名列前茅，排名 3 名內的地位，而使台灣成為全球製造電腦最大供應商。2015 年全球筆電出貨量較前一年衰退 6.3%，但在品牌市占率方面有變化，前 4 名美國有 3 家惠普、戴爾、蘋果，前兩家夾擊美國市場，排名第 2 的大陸聯想已在歐洲深耕，這三家均有成長，所以造成宏碁的衰退 16.6%，而華碩第四季成長 7 成，但蘋果在筆電方面有新機種推出，使其市占率提升與華碩伯仲之間，列進四名、五名，宏碁為第六名（取自經濟日報 2016 年 2 月 17 日報導）。爾后三星仍欲捲土重來擴大市占率，另大陸小米、華為也將延伸到筆電。

(4) 終端產品，群雄爭占與上游供應鏈之競合。

筆電及智慧型手機，台灣兩家自有品牌在全球市占率舉足輕重之勢，至 2015 年已重新洗牌，智慧型手機方面，「宏達電」以「HTC」自創品牌，在 2012 年以前全球名列前 5 名內，這幾年一直衰退，到 2015 年造成虧損。。2015 年全球智慧型手機出貨量 12.93 億支，年增率 10.3%，三星 3.2 億支年增 2.1%，市占率 24.8%，蘋果 2.3 億支年增二成、市占率 17.5%，分居第一、二名，大陸華為 1 億支、年增 44.3%，居全球第三、市占率 8.4%，以大陸整體而言含小米 5.6%、聯想 5.4% 等共 19.4%，超過蘋果。如以大陸出貨量，排名第 1 小米出貨量 6,490 萬支年增 23.2%、第 2 華為出貨量 6,290 萬支年增 53%、第 3 蘋果出貨量 5,840 萬支年增 56%，而三星跌到 5 名外。大陸智慧型手機前 5 名僅蘋果一家外商，全球市占前五名大陸廠商就占三名，這 2 年來大陸崛起大幅成長，宏達電退出排名，以 2016 年預測三星及蘋果微衰退，而大陸華為、小米及

聯想均稍有成長，照其預測3家市占21.2%，已逼近第1名三星。
智慧型手機以上分析了解，三星、蘋果、仍分居第1、2名，大陸
廠家來勢兇猛，其供應鏈仍以大陸及台灣爲主，三星仍全數由韓
國國內供應，唯有蘋果大部分以台灣科技廠商供應，模組以鴻海
及和碩爲主，而處理器仍由台積電晶圓代工，封測仍由日月光及
矽品供應，大立光的鏡頭、均爲蘋果供應鏈。但蘋果及三星預警
2016年市場大環境不佳、蘋果出貨量恐由去年成長20%，今年可
能降爲1%，三星甚至於衰退1%，如果如此則台灣科技業蘋果供
應鏈的廠商，除台積電長期來積極強化先進製程研發不斷創新，
如10奈米2016年試產，下半年量產，至於7奈米，預定2017年
第2季完成設計定案，開發時程僅差5季越來越快，而台積電能
保持成長、獲利較佳的半導體業晶圓代工地位更加穩固。唯有在
技術研發以5奈米的技術研發，積極強化先進製程布局腳步，所
以台積電爲半導體產業的領頭羊，因台積電晶圓代工市占50%以
上，也爲大陸華爲、小米需用的晶圓代工。發展科技產業，其終
端產品如智慧型手機及筆電如何行銷全球取得市占率之優勢，有
如早期台灣三次加工塑膠製品、鞋類及皮包等，首先確保品質爲
第一要素，再經由勤勞之老闆兼任營業大使到有購買力的國家進
行短距離的行銷，能取得買方的信任，而打入市場，無論到何地
製造、維持品質，做爲永續供應者，例如寶成鞋廠加工，台灣經
濟就這樣起飛的，如今科技產品也不例外。
早期宏碁個人電腦及筆電與宏達電智慧型手機以自有品牌
「ACER」及「HTC」打入國際市場取得名列前茅的國際地位，但
近幾年來大陸華爲、小米在中高階智慧型手機大力推出，於2015
年獨霸大陸市場，雖三星、蘋果在全球長期來的穩定成長，仍高
居第一、二名，但受到大陸這兩家高速成長威脅，也緩慢甚至有
衰退跡象，「HTC」已退出智慧型手機排名行列，而宏碁筆電則退

到第六名，但慶幸另一家華碩不斷擴大市場把持成長的態勢，仍可占一席之地，筆電與蘋果同列 4、5 名，智慧型手機目前推銷中，預定 2016 年可入 10 名內排名。

台灣科技產品建立品牌行銷全球，以此三家宏碁、宏達電、華碩，以 2014 年營收 9.018 億元占電子製造業之 39%，以往所開拓市占實在不容易，如今不得不在衝刺擴大全球市場，發揮早期加工業開拓市場的精神，建立品牌使永續生存更茁壯。

而台灣上游供應鏈長期來累積的實力，仍不可忽視！以半導體產業而言，在台灣的地位，仍對全球電子產業具影響力，以 2014 年產值 725 億美元（約 2 兆 4,287 億元），其中 IC 設計占第二、晶圓產能第一名、IC 封測占全球第一、而記憶體（DRAM）占第四，整個半導體產業產值占全球第二、為台灣 GDP 貢獻 14%，出口也占台灣出口 20%，可說是台灣目前經濟命脈。在加上鴻海與和碩的模組，係為蘋果的供應鏈，同時也是台灣終端產品的供應鏈，至今來大陸電子終端產品崛起，大陸廠家如華為有如台灣早期行銷三次加工產品一樣，營業大使及工程師遍佈全球，近年來華為智慧型手機品牌後起直追，業務越做越大，其零組件的供應鏈需求相對擴大，除了大陸海思同步大增，海思 IC 設計廠，也向台灣華晶科下訂雙鏡頭影響訊號處理器，並擴大對台灣半導體生產鏈下單，而晶圓代工廠台積電、封測廠及京元電均直接為海思代工廠，有感台灣半導體業供應鏈裡資源被分配的角色。

3. 大陸終端產品崛起代工轉為品牌，凡是具備齊全才能前進衝刺，屆時大陸智慧型手機的品牌漸漸成為全球領導者，又大陸對半導體的發展，近年來已有動作，形成自給自足完整的供應鏈。現回歸台灣半導體業在全球產業鏈的產值名列第一、二名，欠缺終端產品，須各自走入市場與各國競爭，單打獨鬥的思維。如何促進競爭力，目

前依趨勢來看，唯有上下游的資源整合，或水平整合，如日月光、矽品封測業的整併，但要構成經營理念的共識，對需求者的談判議價能力的揳升，如能再將終端產品，智慧型手機及筆電等開創時優勢，不斷求新求變，再創新品牌如華碩等結合供應鏈的優勢取得市場再占一席之地，而當局須提供一個具有資源的投資環境，而由強有力業者為能求生存而結合上下游一股力量，有如台塑企業王永慶創辦人當時與下游加工業唇齒相依的結合共存，而保持上游供應鏈具有競爭力的優勢！

九、期許

　　台灣經濟發展自民國 50 年～60 年代，起源於塑膠加工業及紡織加工業的蓬勃發展，其加工產品生產毛額自民國 60 年至 70 年，最高達 2,000 億元，到民國 76 年塑膠及紡織加工產品生產毛額達到 4,258 億元，佔製造業的 35%，為台灣經濟成長奠定了基礎。爾後因環境變化而此加工業漸漸外移，導致塑膠加工及紡織品生產毛額逐年下滑，至民國 103 年剩 2,000 億元僅佔製造業 5%，台灣經濟環境台灣接單國外生產，產業空洞化，是台灣 GDP 雖有成長但薪資卻倒退的原因之一。另台灣服務業比率不斷提高，而薪資太低，流動率很高，留不住人，台灣的教育大學私校多，增加服務業科系，大學錄取率高達 98%，畢業後現在部分年輕人吃不了苦，雖然沒有熱門工作專業背景，但仍不去製造業工作，造成缺工的主因。台灣投資環境不佳，國外投資比率比國內至目前提升為 55：45，後續可能越擴大，國內廠商經營越來越困苦，薪資停滯不增，以 103 年就有 76%廠商未調薪，又遭逢油電等物價上漲，房價高漲與薪資成長不成比例，這都造成 10 幾年來薪資倒退原因。但確幸民國 80 年左右，雖三次加工外移，而台灣電子等科技業此時一批留美學人歸國，開創科學園區，也為台灣於民國 75 年以后再創經濟成長支柱，也因為有了這些高薪的科技新貴如台積電、聯發科、華碩、鴻海、廣達、仁寶、群創、大聯大、宏達電、宏碁等及台北科大〈前台北工專〉畢業的校友，創立超過百家以上上市櫃公司，如和碩、光寶、晶電等皆為科技先鋒，其電子產品生產毛額，由民國 76 年 1,257 億元佔製造業 10%，到 103 年增為 2 兆 3,188 億元佔製造業之 49%，增加 18 倍。再帶動了台灣經濟成長，其薪資平均高出甚多，不致於倒退現象吧！另傳統產業以台塑企業為例，為追求卓越績效在

本書中提起台塑企業發展及如何經營，也因有六輕之建設，造就台塑企業第二春，增加 1.5 兆元以上的營收創造利益，所以台塑企業 10 年對員工薪資之加薪約 21.9%，扣除 10 年來物價上漲指數還有 11.9%，實質薪資仍上漲 10%。如沒有這些優良廠商打拼，台灣經濟處境不是會更嚴重嗎？

但當今台灣經濟受到環境的變化，投資環境更加惡化，造成投資的阻礙，如台塑企業衍生六輕的高質化產品的擴建 4 點 6、8、9 期投資， 10 多年仍未有著落；另一家公營機構規劃興建與六輕類似之石化工業區－國光石化，也一樣被擋下。為能供應台灣產業的材料所需，以石化業為例，乙烯產能佔全球名次自 2007 年之第 8 名至 2012 年退居第 11 名，依目前趨勢至 2016 年後退至第 15 名左右。

又最近 5 輕烯烴廠其設備外移之報導，如此者，乙烯產能再減少 100 萬噸則排名仍再往後退縮。另對於最近雲林提議禁止燒煤發電之動作，但中央能源政策，目前且沒有禁止燒煤之規定，依目前燒煤發電仍佔發電之 40%，據了解全球也沒立法禁止燒煤，其他先進國家如美國、德國、英國燒煤發電仍占約 40%以上，南韓、日本 30%以上，其他開發中國家如中國、印度超過 7 成，雖然全球朝向此方面努力，但全球對燒煤所占比率仍大，如有所變化政府須研討能源政策，須有其他替代配套，所以目前此議題最主要還是空汙防制問題。在本書中提到台塑集團王創辦人在規劃設電廠時就相當重視汙染問題，在設備購置時，以不超過國家標準為目標，SOX 及 NOX 實際都做到 20PPM 以下，所以台塑企業在六輕對廢氣全面回收及廢水處理，不斷改善減少汙染物，環保單位均有在監測散落在空間的數值，SO_2 在六輕施工前(82 年 7 月～83 年 5 月)背景值為 3.7ppb，施工期間(83 年 6 月～87 年 12

月)為 3.3ppb,六輕一期(88 年 1 月～90 年 3 月)為 2.5ppb,六輕二期(90 年 4 月～91 年 3 月)為 3ppb,六輕三期(91 年 4 月～93 年 6 月)為 3.2ppb,六輕四期採用自動監測設備時(93 年 7 月～99 年 3 月)背景值為 4.6ppb,六輕四期採手動監測時(99 年 4 月～104 年 1 月)背景值為 3.1ppb,均比國家標準 30ppb 為低;NO_2 施工前背景值為 12ppb,施工期間為 9.9ppb,六輕一期為 11.3ppb,六期二期為 11.5ppb,六輕三期為 10.7ppb,六輕四期為 10.1ppb,六輕四期為 8ppb,均比國家標準 50ppb 為低。所以台塑企業在六輕產值 1.5 兆元,對國家經濟的貢獻,但對環保同樣重視係為企業責任。

對當今投資環境除傳產石化業受阻外,科技業的投資也越來越困難,到時候產業有何競爭力?在沒有製造業為基礎的服務業繼續增長,又有何條件與對岸競爭?這些都是當局需思考的課題。大陸經濟自從開放 20 餘年來,每人每年 GDP 由 3~4 百餘美元提高至 6 千美元以上,如圖六,沿海大都市如廣州、深圳、上海及首都北京人均 GDP 亦達到 15,000~16,000 美元,這也造成加工廠從華南地區外移至其他地點,如今對科技業大力推廣,積極發展半導體產業,大陸科技業崛起,終端產品如智慧型手機、筆電投入全球市場已占一席之地位,依目前成長趨勢估算,不出 8 年人所得平均超過萬美元,對台灣目前僅有特色的科技業會有所影響,台灣競爭力漸漸遞減,如宏碁的筆電、宏達電的智慧型手機已漸退出排名。所以台灣當局及各企業要了解台灣經濟如何起飛,創造經濟成長奇蹟,當下各行各業如何以長期來建立經驗,再創新,確保實力。而政府應提供一個安定環境給業者安心投資,再以美國當今號召〝再工業〞使製造業回籠,台灣傳統工業如石化業將以先進國家經驗,創造高質化石化產品配合科技業發展。由上述解析

台灣科技業的發展，並如何確保既有半導體科技業的優勢，這是當局當務之急！

　　台灣當局應以台灣人民福祉為考量，有如以一小單位(家庭)為例，一家庭成員需有專業、有本領向外賺錢，增加收入，而家內需有一安定環境，家裡成員懂得如何勤儉持家。而政府當作一個大家庭，比如政府機構各項公共工程或公營事業也不浪費公帑，及本書中台電前總經理提到對各項支出如何節省。政府當局應了解，台灣屬於島國經濟，沒有資源，人民為求生存，從三次加工業發展起，以勞力血汗賺取外匯，創造財富。爾後發展上游石化工業、科技產業，以長期培養的人才及留美歸國學人靠知識、專業、腦力賺錢，台灣當局需把握既有基礎，不要流失，石化產業高質化續留台灣，科技業求新求變，仍須採取水平及垂直整合鞏固實力及原有研發能力。政府以整體發展，提供安定投資環境，再拓展中小企業及生物科技的發展，仍維持石化之發展供料產出高值化產品，把持經濟成長，為全民創造財富，縮小貧富差距。講歸講，最重要領導者走向要明朗，對於核四要做不做，當局要明確決定，否則一下子拆、一下子封，愈陷愈深，浪費公帑。執行者如何落實依本書中提及王永慶創辦人的開創事業的方向及願景(Vision)，王永在創辦人的執行落實。最重要依本書中強調為能求生存，一個人的本事不斷求新求變，具有本身的特殊競爭力，才能永續生存！

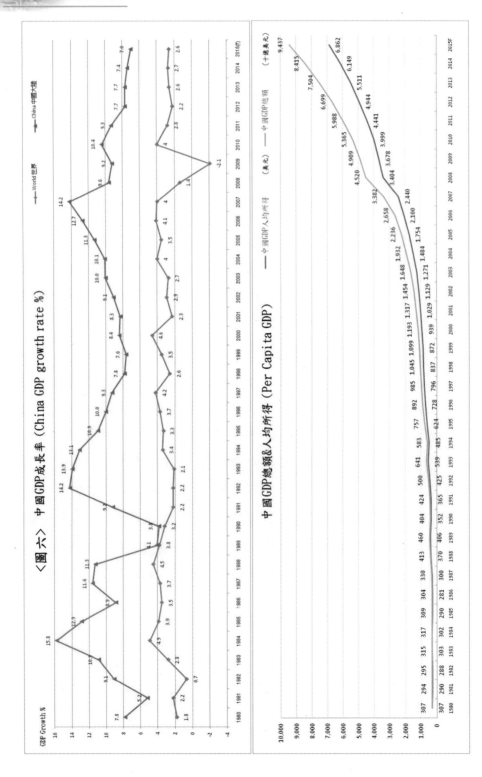

〈圖六〉 中國GDP成長率 (China GDP growth rate %)

中國GDP總額&人均所得 (Per Capita GDP)

■　『台塑阿媽』101歲大壽慶生會

■　1999年台塑大樓內舉辦台化紡織展－董座、總座、現任王文淵總裁

創造願景、展現實力

發行	國立台北科技大學
發行人	姚立德
校址	台北市忠孝東路三段一號
電話	(02) 2771-2171
傳真	(02) 8773-0662
網址	www.ntut.edu.tw
作者	楊映煌
文字編輯	王興岳、賴思妤、謝鎮璘
出版者	全華圖書股份有限公司
地址	23671 新北市土城區忠義路 21 號
電話	(02) 2262-5666
傳真	(02) 6637-3695、6637-3696
圖書編號	10454
二版一刷	2016 年 1 月
定價	新台幣 380 元
ISBN	978-986-463-047-9